Firmengründung in den USA

Nikolaus Buch · Sven C. Oehme
(Hrsg.)

Firmengründung in den USA

Ein Handbuch für die Praxis

2. Auflage

Hrsg.
Nikolaus Buch
New York, USA

Sven C. Oehme
New York, USA

ISBN 978-3-662-58421-7   ISBN 978-3-662-58422-4   (eBook)
https://doi.org/10.1007/978-3-662-58422-4

Die Deutsche Nationalbibliothek verzeichnet diese Publikation in der Deutschen Nationalbibliografie; detaillierte bibliografische Daten sind im Internet über http://dnb.d-nb.de abrufbar.

Springer Gabler
Springer Gabler ist ein Imprint der eingetragenen Gesellschaft Springer-Verlag GmbH, DE und ist ein Teil von
Springer Nature
Die Anschrift der Gesellschaft ist: Heidelberger Platz 3, 14197 Berlin, Germany

Vorwort

In 2003 haben wir das Vorwort für die erste Ausgabe verfasst. Seitdem hat sich eine Menge geändert, wodurch eine Neufassung erforderlich ist. E-Commerce gehört heute zum täglichen Leben. Die Digitalisierung ist dramatisch fortgeschritten. Der Bereich der Dienstleistungen und Services ist deutlich gewachsen. Wir sehen eine signifikante Zunahme von europäischen *Start-ups,* die in die USA kommen wollen.

In früheren Jahren hat sich ein Unternehmen zunächst auf dem Heimatmarkt etabliert, bevor es daran gedacht hat, in die USA zu expandieren. Heutzutage blicken *Start-ups,* insbesondere jene im digitalen Bereich, von Anfang an in die USA, weil Kapital dort leichter zu erhalten ist und sie ihre Geschäftstätigkeit viel schneller und unbürokratischer ausbauen können als in Europa.

Neben erfolgreich verlaufenen U.S. Markteintrittsprojekten erfahren wir in unserer täglichen Beratungspraxis allerdings immer wieder „Notrufe", um etwa Schwierigkeiten mit Vertriebs- und Geschäftspartnern, schlecht gewählte Gründungs- und Steuerkonstruktionen und nicht zuletzt Visa Probleme entsandter Mitarbeiter abwenden zu helfen.

Das vorliegende Buch kann nicht den idealen Plan für Aktivitäten in den USA aufzeichnen. Es ist aber ein sehr hilfreicher Leitfaden, um zu sehen, was in den USA anders ist und worauf man daher zu achten hat. Nach der Lektüre des Buches, welches als Einführung in den amerikanischen Markt gesehen werden sollte, hat man einen Überblick: rechtliche und steuerrechtliche Rahmenbedingungen, Markteintritts- und Standortplanung, Finanzierungsmöglichkeiten sind kompakt zusammengefasst. Ebenfalls eine Analyse der *soft facts* zu den Themen Personal und interkulturelles Management. Ein zusätzlicher Wissensvorsprung und zahlreiche Tipps aus der Praxis ergeben sich aus den Fallstudien, in denen die Höhen und Tiefen einer Unternehmensgründung in den USA „hautnah" beschrieben werden.

An dieser Stelle danken wir folgenden Personen, durch deren Mitarbeit und Unterstützung die Umsetzung dieses Buches erst möglich wurde: zunächst unserer Lektorin, Vivien Bender, und unserer Programmleiterin, Anna Pietras, die das Projekt verlagsintern realisierte, sowie unseren Co-Autoren, Birgit Findeis, Gerhard Apfelthaler, Helmut Kratky, wie auch unseren Mitarbeitern, Tobias Dose, Michael Huber, David Scherberich und Patrick Weber.

Wir hoffen mit diesem Buch Deutsche, Österreichische und Schweizer Firmen bei der Planung und Umsetzung einer erfolgreichen Unternehmensgründung in den USA zu unterstützen.

New York   Nikolaus Buch
im Dezember 2018   Sven C. Oehme

Inhaltsverzeichnis

Herausgeber- und Autorenverzeichnis

Über die Herausgeber

Dr. Nikolaus Buch (Hrsg.) berät öffentlich rechtliche Wirtschafts- und Investitionsförderungsagenturen in operativen und strategischen Fragestellungen. Er verfügt über umfangreiche Beratungserfahrung in Standortentwicklung und internationalen Markteintrittsstrategien für Klein- und Mittelunternehmen. Herr Dr. Buch startete seine berufliche Karriere für den deutschen Medienkonzern Bertelsmann. Im Jahr 1996 gründete Dr. Buch die Firma AT Consult, Inc. in New York City, USA. 2001 initiierte er eine Consulting-Partnerschaft in Wien, Österreich. Gemeinsam mit Partnern schuf er ein internationales Beratungsnetzwerk, das wichtige internationale Maerkte (Nordamerika, Europa, Südostasien, Indien und China) abdeckt.

Sven C. Oehme (Hrsg.) ist Präsident und CEO der European-American Business Organization, einem Consulting-Unternehmen, welches Firmen im transatlantischen Handel und bei Investments in den USA berät. Seine Expertise umfasst insbesondere die Europäische Wirtschafts- und Währungsunion, den Euro und den internationalen Handel sowie Freihandelsabkommen. Herr Oehme ist Executive Board Member des Transatlantic Business Council und des Transatlantic Business Dialogue. In 2012 wurde Herr Oehme zum Senior Advisor der American Chamber of Commerce in Germany für den Nordosten der USA berufen. Er ist seit 2005 ehrenamtlicher Hamburg-Ambassador in New York. Herr Oehme studierte Jura und Betriebswirtschaft an der Universität Hamburg. Er hat einen Master of Laws der Graduate School of Law der Fordham Universität, der einzigen Jesuiten-Universität in New York City.

Autorenverzeichnis

Dr. Gerhard Apfelthaler ist Dean der School of Management an der California Lutheran University in Kalifornien, USA, wo er auch Professor für International Business ist. Zuvor war er u. a. auch stellvertretender Handelsdelegierter für die USA, sowie für Singapur, Studiengangsleiter für International Business/International Management an den Fachhochschulen in Graz und Kufstein, und Unternehmensberater mit Schwerpunkt Internationale Geschäftsentwicklung. Aktuell ist er auch Mitbegründer von zwei Start-Ups im pharmazeutischen Bereich, sowie eines Non-Profits, das Entrepreneurship-Ausbildung an Grund- und Mittelschulen in den USA bringt. Dr. Apfelthaler ist Autor zahlreicher Bücher und Fachartikel zu den Themen Internationale Markteintritte und Interkulturelles Management.

Birgit Findeis ist deutsche Rechtsanwältin, Steuerberaterin und Wirtschaftsprüferin mit mehr als 25 Jahren Berufserfahrung auf beiden Seiten des Atlantiks. Seit 2000 ist sie in New York City tätig und berät Mandanten hinsichtlich deren US Geschäftstätigkeit und Investitionen. Sie ist Partnerin der Boutique-Kanzlei EABO LLC. Nach dem Studium an der Ludwig-Maximilian-Universität in München und Referendarzeit in Bayern, hat sie ihre Berufslaufbahn bei KPMG begonnen und sich von Anfang an auf internationale Themen spezialisiert.

Helmut Kratky ist seit mehr als 30 Jahre im internationalen Bankgeschäft beschäftigt, in denen er in den USA, in Asien und in Europa aktiv war. Seit 1997 ist er in einer führenden europäischen Bank in New York für die Betreuung amerikanischer Tochtergesellschaften europäischer Unternehmen verantwortlich. Seine langjährige Erfahrung macht ihn zu einem herausragenden Kenner des amerikanischen Finanzmarktes und der Herausforderungen, mit denen sich die Europäer bei der US-Markterschließung konfrontiert sehen. Helmut Kratky begann seine Bankkarriere in Europa, bevor er Ende der 90er Jahre in die USA kam, arbeitete er elf Jahre in Asien. Seine Ausbildung absolvierte er am TGM Wien und studierte anschließend Betriebswirtschaft an der Wirtschaftsuniversität Wien.

Firmengründung USA: Trends und Motivationsfaktoren

Nikolaus Buch und Sven C. Oehme

Grenzüberschreitende Unternehmensverflechtungen, milliardenschwere Fusionen und feindliche Firmenübernahmen sorgten in der Vergangenheit regelmäßig für Schlagzeilen in den internationalen Medien. Die Liberalisierung von ausländischen Direktinvestitionen oder *Foreign Direct Investments (FDI)* und damit verbundene Lockerung bestehender Regulierungen, neue Technologien sowie fallende Transport- und Telekommunikationskosten beschleunigten den Prozess der Globalisierung genauso wie der erhöhte Konkurrenzdruck auf gesättigten Märkten, der vielen Unternehmen die Suche nach neuen Absatzmöglichkeiten abseits des Heimatmarktes nahe legt. Im Großen und Ganzen haben die Vereinigten Staaten nach wie vor eine grundlegend „offene Wirtschaft" und niedrige Barrieren für *FDI*.

Im Rahmen der weltweiten Internationalisierung stehen die USA als größtes Empfängerland ausländischer Investitionen eindeutig im Mittelpunkt des Interesses von expansionsfreudigen Firmen. In 2017 beliefen sich die ausländischen Direktinvestitionen in die USA auf insgesamt 277 Mrd. US$. Diese ausländischen Direktinvestitionen in den Vereinigten Staaten kamen vornehmlich aus Großbritannien, Kanada, Japan, Deutschland, Irland, Frankreich, Schweiz und den Niederlanden (Top 8). Die Gesamtposition der ausländischen Investitionen in den USA beträgt kumuliert bereits über vier Billionen US-Dollar. Gleichzeitig halten Amerikaner weltweit sechs Billionen US-Dollar an Auslandsinvestitionen und investierten letztes Jahr weitere 300 Mrd. US$.

N. Buch (✉) · S. C. Oehme
New York, USA
E-Mail: nbuch@atconsult.com

S. C. Oehme
E-Mail: oehme@eabo.biz

© Springer-Verlag GmbH Deutschland, ein Teil von Springer Nature 2019
N. Buch und S. C. Oehme (Hrsg.), *Firmengründung in den USA*,
https://doi.org/10.1007/978-3-662-58422-4_1

Trotz wiederkehrender Krisen – seien es die tragischen Ereignisse um den 11. September 2001 oder die Finanzkrise 2008/2009 – konnte sich das „Land der unbegrenzten Möglichkeiten" weiterhin als attraktivster Markt für ausländische Investoren positionieren. So finden in ausländisch besessenen Unternehmen 6,8 Mio. Amerikaner eine Beschäftigung.

1.1   Direktinvestitionen aus deutschsprachigen Ländern

Österreichische, Schweizerische und Deutsche Unternehmen vollziehen nach wie vor den strategisch wichtigen Sprung über den Atlantik und bestätigen damit indirekt das Ranking der USA als einer der attraktivsten und wettbewerbsfähigsten Wirtschaftsräume weltweit. Gleichzeitig zeigen Statistiken der Deutschen Bundesbank sowie der Schweizerischen und Österreichischen Nationalbank, dass spektakuläre und öffentlichkeitswirksame *Mega-Merger* nur die Spitze der Investitionstätigkeit in den USA darstellen und das Interesse an einer Firmenpräsenz auch in kleinen und mittleren Unternehmen stark ausgeprägt ist.

Im Kontext der *Mega-Merger* der letzten Jahre hält zweifelsfrei die Übernahme von Monsanto durch Bayer die Spitzenposition. Bayer zahlte im Jahr 2016 für den Erwerb von Monsanto – dem größten Hersteller von Saatgut und Herbiziden – mehr als 50 Mrd. EUR. In 2016 gab darüber hinaus Daimler bekannt, für 1,3 Mrd. US$ sein Werk in Tuscaloosa auszubauen und im selben Jahr plante Volkswagen trotz milliardenteurem Abgasskandal Investitionen über 900 Mio. US$ in den Standort Chattanooga zu tätigen. Es bleibt abzuwarten, ob dies tatsächlich eintritt.

Eine aktuelle Studie der TwinEconomics GmbH – in Zusammenarbeit mit der Vereinigung der Bayrischen Wirtschaft (vbw) – über den „ökonomischen Impact der bayerischen Wirtschaft in den USA" von 2018 zeigt den bemerkenswerten Einfluss Deutschlands. Allein ein Bundesland wie Bayern in Deutschland ist mittels direkter Unternehmensinvestitionen für insgesamt 528.500 Arbeitsplätze und somit für 0,5 % der gesamten US-amerikanischen Wertschöpfung verantwortlich.

Auch Schweizer Firmen haben die USA zu einem bevorzugten Firmenstandort gemacht. Im Jahr 2017 investierten Schweizer Unternehmen in Summe 21 Mrd. US$ in den USA, die kumulierte Gesamtinvestitionen betragen bereits über 200 Mrd. US$. Dies ist im Vergleich mit Deutschland, dessen Gesamtinvestitionsposition mit etwa 400 Mrd. US$ nur doppelt so hoch ist, bemerkenswert. Der Großteil fällt auf den Dienstleistungssektor, mit einem Schwergewicht auf Versicherungen und Finanzgesellschaften, doch auch Produktionsfirmen zieht es vermehrt in die USA. So hat beispielsweise der Schweizerische Energie- und Automationstechnikkonzern ASEA BROWN BOVERI (ABB) für circa zehn Milliarden US-Dollar seit 2010 mehrere umfangreiche Akquisitionen in den USA getätigt. ABB beschäftigt mehr als 25.000 Mitarbeiter in den USA und erzielt einen Jahresumsatz von über sieben Milliarden US-Dollar. ABB ist damit auch die erste Produktionsfirma von Industrierobotern, die direkt in den USA produziert.

Aufgrund der klein- und mittelbetrieblichen Wirtschaftsstruktur Österreichs sind die Österreichischen Direktinvestitionen in die USA im Vergleich zur Direktinvestitionen der Schweiz und Deutschland eher unspektakulär. Als Leuchtturmprojekt der letzten Jahre ist hier vor allem Voestalpine erwähnenswert. Das Unternehmen leistete die derzeit größte je in den USA getätigte Direktinvestition eines österreichischen Unternehmens. Die Stahlbau-Firma hat in Texas im Jahr 2016 ein Roheisenwerk mit 190 Mitarbeitern und einem Umfang von mehr als 500 Mio. EUR errichtet. Roheisen dient als Vormaterial zur Stahlerzeugung. Die Verarbeitungsanlage wird voraussichtlich einen Jahresumsatz von 450–650 Mio. EUR erwirtschaften. Der Vorstand gibt an, dass die Standortwahl aufgrund des politischen Umfelds, der interessanten Logistik und der billigen Energie gefallen ist. Im Vergleich zu den USA ist beispielsweise Industriegas in Österreich dreimal und Strom doppelt so teuer. Ein vergleichbares Werk in Österreich hätte allein aufgrund der Preisunterschiede bei Gas, Strom, und Logistik jährlich ca. 200 Mio. EUR mehr gekostet. Hinzu kommt in Österreich eine vergleichsweise hohe Steuer- und Abgabenquote von mehr als 40 %. In den USA beläuft sich die Steuer- und Abgabenquote nach der Steuerreform in 2017 bei lediglich 21 %.

1.2   Wirtschaftspolitische Rahmenbedingungen

Die USA verfügen mit einer achtfachen Landmasse im Vergleich zu Deutschland, d. h. circa zehn Millionen Quadratkilometer, sowie mehr als 325 Mio. Einwohnern und einem Pro-Kopf-Bruttoinlandsprodukt von 52.194 US$ (das sechstgrößte Pro-Kopf-BIP weltweit) über global weitreichende Ressourcen. Es ist davon auszugehen, dass der aktuelle Status der USA als führende Wirtschaftsnation mittelfristig bestehen bleiben wird.

Trotz der Herausforderungen auf nationaler Ebene und der sich rasch verändernden globalen Landschaft ist die US-Wirtschaft immer noch die größte und wichtigste der Welt. Die US-Wirtschaft macht etwa 20 % der gesamten globalen Produktion aus und ist immer noch größer als die Chinas. Die US-Wirtschaft bietet einen hoch entwickelten und technologisch fortgeschrittenen Dienstleistungssektor, auf den etwa 80 % der Produktion entfallen. Die US-Wirtschaft wird von dienstleistungsorientierten Unternehmen in Bereichen wie Technologie, Finanzdienstleistungen, Gesundheitswesen und Einzelhandel dominiert. Große US-Konzerne spielen auch auf der globalen Bühne eine wichtige Rolle. Mehr als ein Fünftel der Fortune Global 500-Unternehmen kommt aus den USA.

Neben einem sehr starken Dienstleistungssektor sind die USA auch Marktführer in hochwertigen Industriezweigen wie Automobil, Luft- und Raumfahrt, Maschinenbau, Telekommunikation und Chemie. In Hinblick auf die Landwirtschaft machen große Mengen an Ackerland, fortschrittliche Anbautechnologie und großzügige staatliche Subventionen die USA zu einem Nettoexporteur von Nahrungsmitteln und zum größten Agrarexportland der Welt.

In 2008 führten eine Mischung aus Faktoren wie niedrige Zinsen, weitverbreitete Hypothekenkredite, übermäßige Risikobereitschaft im Finanzsektor, hohe Verschuldung der Verbraucher sowie lasche staatliche Regulierung zu einer großen Rezession. Der Immobilienmarkt und mehrere Großbanken brachen zusammen und die US-Wirtschaft schrumpfte bis zum dritten Quartal 2009 in den tiefsten und längsten Abschwung seit der Weltwirtschaftskrise des letzten Jahrhunderts. Die US-Regierung intervenierte, indem sie 700 Mrd. US$ für den Ankauf von Not leidenden hypothekenbezogenen Vermögenswerten und die Unterstützung großer in die Insolvenz geratener Unternehmen verwendete, um das Finanzsystem zu stabilisieren. Darüber hinaus wurde ein Konjunkturpaket in Höhe von 831 Mrd. US$ beschlossen, das in den folgenden zehn Jahren zur Ankurbelung der Wirtschaft verwendet wurde.

Mittlerweile erholt sich die US-Wirtschaft seit den Tiefen der Rezession im Jahr 2009 stetig, jedoch regional uneinheitlich. Die Wirtschaft wurde durch eine expansive Geldpolitik der Amerikanischen Zentralbank, der Federal Reserve Bank *(Fed)*, weiter unterstützt. Dazu gehört nicht nur die Fixierung von Zinssätzen am unteren Ende, sondern auch die unkonventionelle Praxis der *Fed,* große Mengen an finanziellen Vermögenswerten zu kaufen, um die Geldmenge zu erhöhen und die langfristigen Zinsen niedrig zu halten – eine Praxis, die als „quantitative Lockerung" bekannt ist.

Während sich der Arbeitsmarkt deutlich erholt hat und die Beschäftigung mittlerweile über das Vorkrisenniveau zurückgekehrt ist, gibt es immer noch eine breite Debatte über die Gesundheit der US-Wirtschaft. Auch wenn die schlimmsten Auswirkungen der Rezession nachgelassen haben, steht die Wirtschaft immer noch vor einer Reihe bedeutender Herausforderungen. Unzureichende Infrastruktur, Lohnstagnation, steigende Einkommensungleichheit, erhöhte Renten- und Krankheitskosten sowie hohe Leistungsbilanz- und Staatsdefizite sind Themen, mit denen sich die US-Wirtschaft konfrontiert sieht.

Die USA haben durchgehend ein Handelsdefizit verzeichnet, hauptsächlich aufgrund der Abhängigkeit von ausländischem Öl zur Deckung ihres Energiebedarfs und einer hohen Inlandsnachfrage nach im Ausland erzeugten Konsumgütern.

Als wichtiger Player im internationalen Handelssystem wurden die USA bis zur Wahl von Donald Trump zum US-Präsidenten als Befürworter von Freihandelsabkommen angesehen. In den USA gibt es derzeit mehr als ein Dutzend Freihandelsabkommen. Zu ihnen gehört das Nordamerikanische Freihandelsabkommen *(NAFTA)*, das 1994 in Verbindung mit Kanada und Mexiko gegründet wurde. Die wichtigsten Handelspartner der USA sind die Europäische Union, Kanada, China, Mexiko und Japan. Kanada ist das Hauptziel für US-Exporte, während China die Haupteinfuhrquelle ist. Die Vereinigten Staaten sind auch ein aktives Mitglied der Welthandelsorganisation *(WTO)*. Wie sich allerdings die handelspolitische Position der USA in Zukunft weiterentwickelt, ist momentan nicht abzusehen; ob es bei den Drohgebärden der aktuellen Regierung bleibt oder tatsächlich ein Paradigmenwechsel ins Haus steht.

Obwohl die USA sicherlich kein Patentrezept für eine positive Wirtschaftsentwicklung haben, lassen sich jedoch einige Faktoren, die die ökonomische Lage langfristig positiv beeinflusst haben, identifizieren. Dazu zählt etwa die Entwicklung von Informationstechnologien als eine treibende Kraft für Wirtschaftswachstum und

Produktivitätsgewinne. Die öffentliche Verwaltung, aber auch die Privatindustrie durchliefen immer wieder mehrere Rationalisierungswellen und Deregulierungsschritte. Amerikanische Management-Methoden wie *Downsizing* und *Re-Engineering* erhöhten die internationale Wettbewerbsfähigkeit der Wirtschaft und die Gewinnsteigerungen der einzelnen Unternehmen enorm, auch wenn dies oft zulasten des sozialen Ausgleichs ging. Ebenso ist die Umwidmung hoher militärischer Forschungsbudgets zugunsten ziviler Anwendungen nach dem Ende des kalten Krieges zu nennen. Weiters ist auch der konstant steigenden Bevölkerungsentwicklung der USA ein Garant für die auch zukünftig erwartete positive Wirtschaftsentwicklung zu sehen. So stieg die Bevölkerung seit Erscheinen der ersten Ausgabe dieses Buches in 2003, von 290 Mio. Einwohnern auf mittlerweile über 325 Mio. Bis 2050 wird die Gesamtbevölkerung auf immerhin 438 Mio. Menschen wachsen Tab. 1.1.

Letztlich hat auch die professionelle und vorausschauende Zinspolitik der amerikanischen Notenbank eine stabile, krisenfeste Wirtschaftsentwicklung ermöglicht. Ausgezeichnete und stabile makroökonomische Fundamentaldaten spielen bei der Bewertung der Eigenschaften und der Attraktivität des potenziellen Ziellandes für eine Auslandsinvestition eine entscheidende Rolle.

Die Zinsentwicklung in den USA kann Abb. 1.1 entnommen werden. Wie leicht zu erkennen ist, hat sich das Zinsniveau in den letzten Jahren seit der Finanzkrise 2008 nach einer Stagnationsphase bis 2014 ein wenig erholt.

Die dynamische Wirtschaftsentwicklung der letzten zwei Jahrzehnte hat nicht nur zu Rekordergebnissen im Bereich ausländischer Direktinvestitionen geführt, sondern auch für die Handelsbeziehungen zwischen den USA einerseits und Deutschland, Österreich und der Schweiz auf der anderen Seite enorme Impulse gebracht.

Tab. 1.1 Fundamentaldaten der USA. (Quelle: US Department of Commerce, soweit nicht anders gekennz)

Statistische Übersicht	2014	2015	2016	2017
Bevölkerung (Mio.)	319	321	323	326
Inflationsrate (%)	2,26	1,71	1,54	1,98
Zinssatz (%) *Quelle:* focus-economics.com	0,2 %	0,5 %	0,75 %	1,5 %
Arbeitslosenrate (%)	6,2	5,3	4,9	4,4
BIP Nominal (Mrd.)	17.428	18.121	18.624	19.391
Handelsbilanz (Mrd.) *Quelle:* statista.com	−792,02	−812,73	−799,14	−862,77
Gesamtimporte (Mrd.)	2883	2789	2736	2916
Gesamtexporte (Mrd.)	2374	2265	2215	2344
Staatsausgaben (Mrd.) *Quelle:* statista.com	6191	6372	6596	6915
Staatseinnahmen (Mrd.) *Quelle:* statista.com	5486	5733	5815	6028
EUR zu USD *Quelle:* statista.com	1.33	1.11	1.11	1.13
USD zu SFR *Quelle: XE Corporation*	0,899	0,994	1,001	1,027

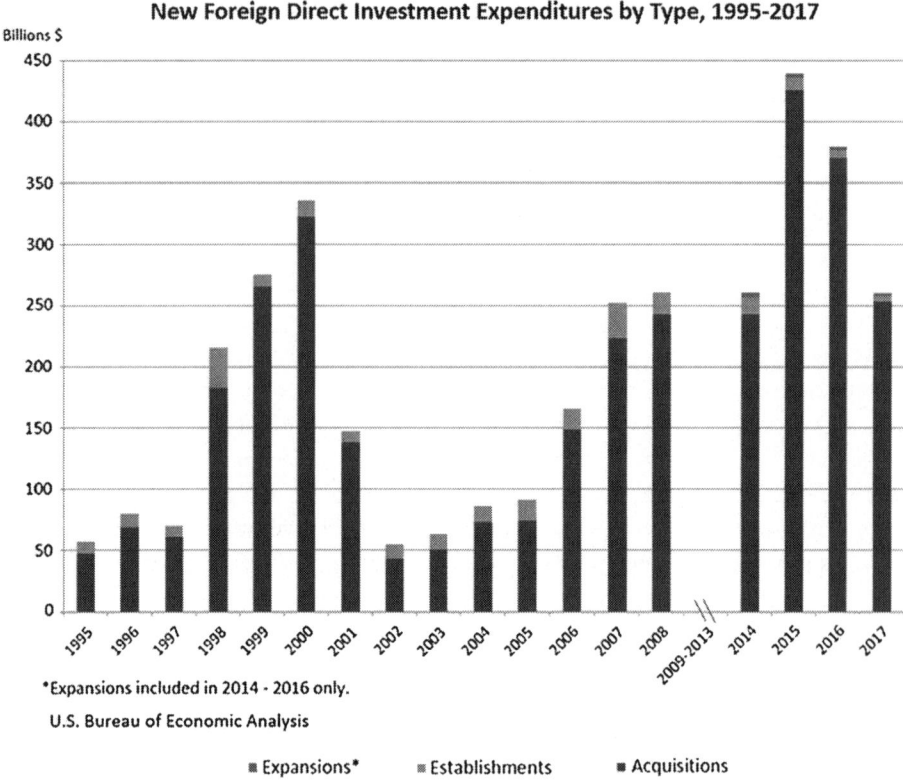

New Foreign Direct Investment Expenditures by Type, 1995-2017

*Expansions included in 2014 - 2016 only.

U.S. Bureau of Economic Analysis

■ Expansions*   ■ Establishments   ■ Acquisitions

Abb. 1.1 Zinsentwicklung in den USA von 2000 bis 2016. (Quelle: focus-economics.com)

Der Warenaustausch findet in beide Richtungen auf hohem technologischen Niveau statt. So spielen Rohstoffe eine untergeordnete Rolle, insbesondere im Vergleich zu Fertigprodukten in den Sektoren Straßenfahrzeuge und Kraftfahrzeugteile, Maschinen- und Anlagenbau, Medizinische und pharmazeutische Waren, Chemische Industrie, Elektronische Industrie, sowie Metallverarbeitung.

Die USA sind mit Abstand der wichtigste Überseemarkt für Österreich. Und Deutschlands Wirtschaft hätte in den letzten zwanzig Jahren sicher geringere Wachstumsraten erzielt, wenn der exportorientierte deutsche Mittelstand nicht auf die hohe Aufnahmefähigkeit des amerikanischen Marktes hätte zählen können. Die zahlreichen Niederlassungsgründungen der letzten Jahre werden die bilateralen Handelsbeziehungen auf Dauer günstig beeinflussen.

1.3 Direktinvestitionen: Motivationsfaktoren

Die Vereinigten Staaten sind nach wie vor ein attraktives Ziel für ausländische Direktinvestitionen, laut Financial Times sogar die wichtigste Destination für FDI in 2017. In Abbildung Abb. 1.2 ist die Entwicklung ausländischer Direktinvestitionen in die USA dargestellt. Wie man sieht, haben FDI seit 2014 stark zugenommen, was das gleichbleibend gute Investitionsklima in den USA belegt. Die Gesamtposition der ausländischen Investitionen in den USA beträgt kumuliert bereits über vier Billionen US-Dollar.

Nach detaillierter Analyse wurden die USA in 2018 an erster Stelle des *World Competitiveness Yearbook* der hochrenommierten Schweizer Managementschule IMD gereiht, gefolgt von Hongkong, Singapur, den Niederlanden und der Schweiz. Im Jahr 2017 lag die USA noch an vierter Stelle.

Was motiviert nun Deutsche, Schweizerische und Österreichische Firmen in den USA wirklich, viele Milliarden Euro zu investieren? Das gute Klima in Florida, das pulsierende Leben in New York oder die nette Bekanntschaft in Kalifornien? In der Praxis fallen Investitionsentscheidungen gerade bei mittelständischen Unternehmen gar nicht so selten aus persönlichen Gründen.

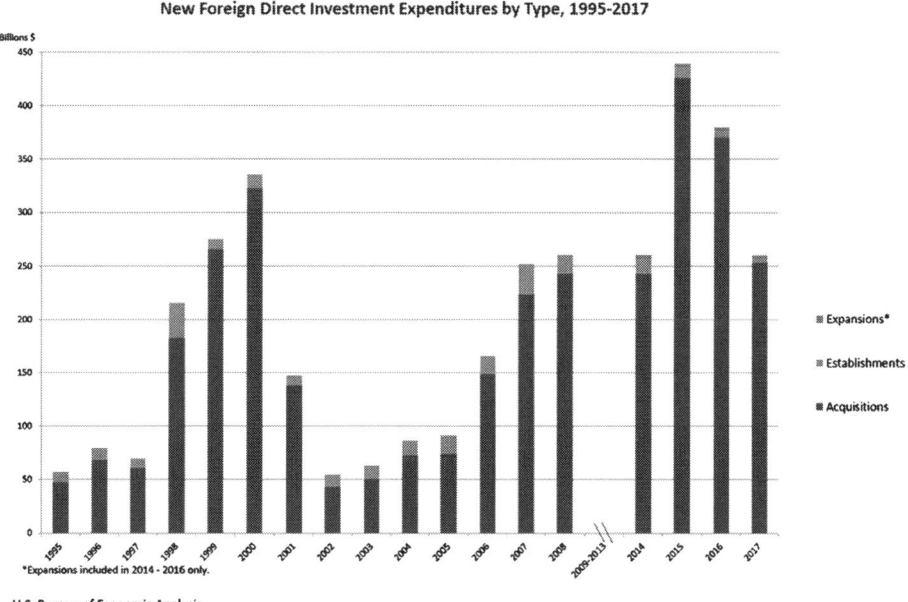

Abb. 1.2 FDI in den USA von 1996 bis 2016. (Quelle: Department of Commerce. Bureau of Economic Analysis: International Monetary Fund)

Ökonomisch-strategisch gesehen rechtfertigen allerdings vor allem folgende Faktoren eine Direktinvestition in den USA:

- Die Möglichkeit, bestehende materielle und immaterielle Vermögenswerte eines Unternehmens, etwa Marken und Patente, spezielles technologisches Know-how und Vertriebsnetze gewinnbringend auf einem neuen Markt zu nützen.
- Gewinne, die im Rahmen der Direktinvestition einen höheren Ertrag als die Vergabe von Lizenzen oder die Erträge aus dem direkten oder indirekten Export versprechen.
- Eine Expansion von Unternehmensbereichen in einen Auslandsmarkt, die im Vergleich zur inländischen Produktion mit anschließenden Exporten Kostenvorteile verspricht.

1.3.1   Relative Marktattraktivität

Als spezifische Beweggründe für die Etablierung eines eigenen Unternehmens in den USA werden von Niederlassungsgründern immer wieder folgende strategische Motivationsfaktoren angeführt:

- Großer Absatzmarkt
- Zugang zum Arbeitsmarkt
- Senkung der Transport- und Infrastrukturkosten
- Steuervorteile
- Energiekosten
- Nutzung öffentlicher Förderungen
- Zugang zu Forschung und Entwicklung
- Wechselkursrisiko
- Stabiles, politisches Umfeld
- Unternehmerfreundliches Arbeitsrecht
- Zugang zu Venture Capital

Großer Absatzmarkt
Die USA stellen den größten homogenen Absatzmarkt der Welt mit einer entsprechend hohen Kaufkraft dar, womit ein Hauptmotiv für eine Niederlassungsgründung auch schon eindeutig geklärt ist. Ein direkter oder indirekter Export reicht für eine effiziente Marktbearbeitung oft nicht aus. Die Abhängigkeit vom Handelsvertreter oder Exporthändler erschwert eine aktive Steuerung der Marktbearbeitung und lässt direkte Kundenkontakte und den Aufbau lokalen Know-hows kaum zu. Es besteht dadurch eine meist nur sehr eingeschränkte Möglichkeit Verkaufsquoten, Geschäftsanalysen und eine

entsprechende Marktsegmentierung einzufordern. Die Niederlassungsgründung in den USA ermöglicht vor allem den uneingeschränkten Markteintritt sowie:

- Größere Marktnähe und damit bessere Kenntnis des Konsumverhaltens, sowie die direkte Steuerung von Marketing, Vertrieb und Serviceleistungen.
- Flexible und effiziente Gestaltung von Produktion und Logistik im wirtschafts-politischen Rahmen der Nordamerikanischen Freihandelszone.
- Realisierung von Wachstumspotenzialen auf Basis der sehr attraktiven Marktgröße, des hohen Pro-Kopf-Einkommens sowie stabilen Wirtschaftswachstums.

Zugang zum Arbeitsmarkt

Hohe Lohnkosten und der Mangel an qualifizierten Arbeitskräften veranlassen viele Unternehmen, ihre Produktionsstätten ins Ausland zu verlegen. Deutsche, Schweizer und Österreichische Firmen nutzen diesbezüglich die geografisch viel näher liegenden ost-europäischen Schwellenländer sehr intensiv. Die USA stellen kein Billiglohnland dar, die Lohnnebenkosten und Basisgehälter sind durchschnittlich aber unter dem Niveau des deutschsprachigen Wirtschaftsraums angesiedelt.

Oft wird argumentiert, dass mit dem niedrigeren Lohnniveau auf Arbeiter- und Ange-stelltenebene gleichzeitig auch niedrigere Ausbildungsniveaus und geringere Arbeits-produktivität verbunden sein können. Die USA scheinen hier allerdings das Gegenteil zu beweisen. Die Produktivitätssteigerungen lagen im letzten Jahrzehnt technologie-bedingt regelmäßig über den Werten der Europäischen Union. Das Fehlen eines starren dualen Ausbildungssystems mit Lehre und Berufsschule wie in Österreich oder Deutsch-land wirkt sich hier nicht unbedingt nachteilig aus. Das *learning by doing* hat amerika-nische Arbeiter und Angestellte besonders flexibel und innovativ gemacht. Gleichzeitig garantiert das von Eliteschulen geprägte Universitätswesen eine hohe Zahl bestens aus-gebildeter Führungskräfte. Nachdem Englisch nicht zuletzt auch durch das Internet zur globalen Wirtschaftssprache aufgestiegen ist, bedeuten die meist schwach ausgeprägten Fremdsprachenkenntnisse der amerikanischen *work force* auch keinen Nachteil mehr.

Senkung der Transport- und Infrastrukturkosten

Trotz der vielen und kostengünstigen Kurierdienste und des intensiven Frachtschiffver-kehrs zwischen Europa und den USA können die Transport- und Zollkosten die immer geringer ausfallenden Margen von reinen Exportgeschäften rasch unattraktiv machen.

Eine Niederlassung in den USA garantiert hingegen den unbeschränkten Zugang zu einer an sich sehr gut ausgebauten Wirtschaftsinfrastruktur. Regelmäßige Klagen über die vergleichsweise schlechte Qualität des öffentlichen Verkehrsnetzes, der Straße-, Brü-cken- und Bahnverbindungen sowie Gesundheits- und Stromversorgung im Zuge weit-gehender Deregulierungsmaßnahmen und Privatisierungswellen in den achtziger Jahren werden von pragmatischen US-Politikern lapidar mit dem Motto „as long as it works, it's fine" beantwortet.

Steuervorteile

Die USA können sicher nicht als Steuerparadies angesehen werden, auch wenn potenzielle Deutsche, Österreichische und Schweizerische Investoren regelmäßig das
niedrigere Niveau der Unternehmenssteuern als wichtigen Grund für eine etwaige
Firmengründung in den USA nennen. Tatsache ist, dass sich die durchschnittliche und
langfristige abgabenrechtliche Gesamtbelastung für Unternehmen in den USA, Deutschland, Schweiz und Österreich trotz unterschiedlicher Steuersysteme stark angepasst
hat. Ein wesentlicher Unterschied fällt sicher in den Einkommenssteuern auf, wo der
Spitzensatz in den USA deutlich unter dem EU-Niveau angesiedelt ist. Doch nicht nur
die Höhe der Steuerbelastungen, auch ihre Stabilität und die entsprechende Rechtssicherheit sind ein wesentlicher Faktor bei der Standortentscheidung. Länder mit wenig
ausgeprägtem Steuerrecht werden oft als risikoreich eingestuft, auch wenn die Steuerbelastungen niedriger ausfallen. Die USA gelten auch in dieser Frage als Land mit
Transparenz und Verlässlichkeit.

Nutzung öffentlicher Förderungen

Regelmäßig taucht im Vorfeld einer Investitionsentscheidung die Frage nach staatlichen Fördermodellen auf. Die hohen Erwartungen werden zumeist enttäuscht, da
sich Niederlassungsgründer mit der Eröffnung einer kleinen Handelsniederlassung
oder Produktionsstätte und anfänglich oft nur wenigen Mitarbeitern nicht für spezielle
Investitionsförderprogramme qualifizieren. Erst große Investitionsprojekte kommen in
den Genuss einer gezielten Investitionsförderpolitik auf einzelstaatlicher Ebene. Sobald
ein Niederlassungsgründer mehrere hundert Arbeitsplätze schaffen möchte, kann er
auch mit den amerikanischen Verwaltungsbehörden die außerordentliche und unentgeltliche Bereitstellung von Infrastruktur und besondere Marktzugangsrechte verhandeln.
Gleichzeitig kann allerdings in der Praxis festgestellt werden, dass selbst bescheidenere
Geschäftsvorhaben von den jeweiligen Beratungsstellen für Unternehmensgründer in den
einzelnen Bundesstaaten und Gemeinden sehr engagiert betreut und mit umfassenden
Informationen unterstützt werden. Anders als in Europa gibt es in den USA einen Sub-
ventionswettbewerb.

Zugang zu Forschung und Entwicklung

Laut jüngstem Bericht der *Organization of Economic Cooperation and Development*
(ÖCD 2017) betrugen die amerikanischen Bruttoausgaben für Forschung und Entwicklung 2,79 % vom Bruttoinlandsprodukt. Im Vergleich dazu stehen die Schweiz
mit 3,42 %, Deutschland mit 2,93 % und Österreich mit 3,12 % sogar besser dar. Man
darf allerdings nicht die Landesgröße vergessen, die diese Ergebnisse relativiert. Pro
Einwohner gesehen ergibt sich ein umgekehrtes Bild, wenn man diese Tatsache mit
betrachtet.

Über 88 % der amerikanischen Bevölkerung nutzt das Internet. Der Erfolg des Silicon
Valleys, die verhältnismäßig hohe Zahl an Nobelpreisträgern und die Technologiebörse
NASDAQ sind nur einige Schlagworte, mit welchen die enorme Innovationskraft der

amerikanischen Gesellschaft beschrieben werden kann. Elite-Universitäten wie *Harvard* und das *Massachusetts Institute of Technology (MIT)* in Boston betonen den Wissenstransfer und eine enge Kooperation mit der Privatwirtschaft. Auch der viel leichtere Zugang zu den universitären und staatlichen Forschungseinrichtungen darf als starker Investitionsanreiz für ausländische Firmengründer in den USA nicht unterschätzt werden.

Wechselkursrisiko

Wer jemals die Auswirkungen einer Währungskrise erlebt hat, kennt die Tücken des Wechselkursrisikos. Eine Abwertung der Währung des Geschäftspartners kann den weiteren gewinnbringenden Vertrieb eines zuvor mühsam und mit hohem finanziellen Aufwand eingeführten Produktes für unabsehbare Zeit gefährden.

Die pragmatische Wechselkurspolitik der USA hat in der Vergangenheit immer wieder zu drastischen Währungsschwankungen geführt. Die Entwicklung des Wechselkurses zwischen EUR und USD zeigt, dass durchaus auch zweistellige Wertsteigerungen beziehungsweise Verluste innerhalb eines Jahres möglich sind. Mit der Investition in eine lokale Produktion kann das Wechselkursrisiko jedoch gut neutralisiert werden.

Stabiles politisches Umfeld

Für Investoren sind und bleiben die USA eine der stabilsten Demokratien der Welt. Die Gesetzgebung, das sehr stark in der politischen Mitte – trotz aller ideologischen Unterschiede zwischen Demokraten und Republikanern – angesiedelte Zweiparteiensystem sowie eine effiziente öffentliche Verwaltung mit geringer Korruptionsrate tragen wesentlich dazu bei, dass die USA weiterhin Hauptzielland ausländischer Investitionen sind. Auch die im Vergleich zu Westeuropa bestehenden viel größeren sozialen Unterschiede und die hohe multikulturelle Vielfalt haben bisher das amerikanische Staatswesen nicht destabilisiert. Auch das in den USA bestehende Selbstbestimmungsrecht der US-Staaten wirkt sich positiv auf das Investitionsklima aus. Dies zeigt sich zum Beispiel daran, dass trotz der Ankündigung der USA in 2017, aus dem Pariser Klimaabkommen bis zum Jahr 2020 aussteigen zu wollen, ein Bundesstaaten wie New York oder Kalifornien an ihren Plänen zur Einhaltung des Abkommen festhalten und somit auch die Türen für ausländische Investoren für den Bereich der erneuerbaren Energien weiter offen bleiben.

1.3.2 Risiken

Auch wenn nach objektiven Kriterien die USA das wohl attraktivste Zielland für Auslandsinvestoren darstellen, so hat die Praxis gezeigt, dass die Expansion in die USA eine sehr schwierige und risikoreiche Aufgabe darstellt.

Die Liste der gescheiterten Unternehmensgründer, Joint Venture Partner und Firmenkäufer ist lange. Insbesondere die ersten fünf Geschäftsjahre in den USA stellen eine besonders komplexe Herausforderung an das Management in den Firmenzentralen deutschsprachiger Unternehmen. Hohe Anlaufverluste und ein Rückzug aus dem Markt in dieser Phase können regelmäßig beobachtet werden, wobei zumeist immer ähnliche Fehler gemacht werden:

- fehlende Marktforschung
- kein expliziter Businessplan mit Bezug auf die spezifischen Marktbedingungen des US-Marktes
- mangelhafte rechtliche Vorbereitung
- falsche Wahl bei Mitarbeitern, Kooperationspartnern und Beratern
- fehlendes Verständnis für US-spezifische Vertriebssysteme

Es ist wichtig hervorzuheben, dass es erheblicher Managementkapazitäten bedarf, um einen erfolgreichen US-Markteintritt zu schaffen. Sichtbare Erfolge stellen sich nicht von einem Tag zum anderen ein – sprich ein erfolgreicher und nachhaltiger Markteintritt kostet nicht nur Geld, sondern vor allem auch Zeit.

Das vorliegende Handbuch soll dazu beitragen, das erhebliche finanzielle Risiko einer Direktinvestition in den USA zu reduzieren, die äußerst kritische Start-up-Phase durch Vorlage kompakter Informationen besser zu meistern und das einmal gegründete Tochterunternehmen langfristig auf eine prosperierende Basis zu stellen.

Die folgenden Kapitel enthalten umfassende und praxisorientierte Informationen zu den Themen Management, Rechtsordnung, Formen der Unternehmensgründung, Standortwahl, Finanzierung, Personalmanagement und interkulturelle Beobachtungen.

Der potenzielle Niederlassungsgründer aus Deutschland, Österreich oder der Schweiz erhält mit diesem Handbuch die Instrumente der langfristigen strategischen Geschäftsplanung und Projektentwicklung mitgeliefert. Im Sinne eines Werks von Praktikern für Praktiker wurden auch Interviews mit mehreren Niederlassungsleitern und Firmengründern geführt. Die auf dieser Basis erstellten Fallstudien lassen sensible und selbstkritische Einblicke in den Alltag einer Tochterfirma in den USA zu. Hier werden Insiderinformationen preisgegeben, die man sonst nur im Rahmen von jahrelanger Berufserfahrung und engen Geschäftsbeziehungen in den USA hätte generieren können.

Die für den reibungslosen Unternehmensstart in den USA notwendigen Analysen, Instrumente und Informationen sind in diesem Buch enthalten. Die Umsetzung kann dem Leser nicht abgenommen werden und so bleibt zu wünschen:

„just do it"

und das mit möglichst großem Erfolg!

Rahmenbedingungen des Managements

2

Nikolaus Buch

Amerika ist anders, die Amerikaner sind anders. „The business of America is business". Diese und ähnliche immer wieder verwendete Zitate haben es zum Ziel dem an den USA interessierten Unternehmer und Wirtschaftsmanager die Andersartigkeit des amerikanischen Wirtschaftsraumes zu verdeutlichen. Nur wenn es gelingt, die Direktinvestition mit Bezugnahme auf amerikanische Gegebenheiten zu managen, wird letztlich eine erfolgreiche Geschäftstätigkeit sichergestellt werden. Die Besonderheit des amerikanischen Kontextes kann durch Faktoren wie

- Historische Einflüsse auf die moderne Arbeitswelt,
- Bevölkerungszusammensetzung,
- Ausbildungssystem,
- Mobilität und
- Materielle Ungleichheit

charakterisiert werden. Diese und weitere Elemente bilden die Rahmenbedingungen des Managements in den USA. In diesem Sinne ist nicht die Übernahme eines neuen, amerikanischen Führungsstils gefragt, um eine US-Niederlassung erfolgreich zu führen, sondern die Anpassung des eigenen Stils an die amerikanischen Verhältnisse. Auch werden sich Amerikaner in einer Organisation, die sich an deutschen Prinzipien orientiert, schwer zurechtfinden und negative Auswirkungen auf Motivation und Arbeitsleistung sind zu befürchten. Nicht nur Klein- und Mittelbetriebe, sondern auch Großkonzerne sind mit dieser Problematik konfrontiert. Daimler-Chrysler, zunächst als Erfolgsstory eines deutsch-amerikanischen Mergers propagiert, kämpfte in den ersten *post merger*

N. Buch (✉)
New York, USA
E-Mail: nbuch@atconsult.com

© Springer-Verlag GmbH Deutschland, ein Teil von Springer Nature 2019
N. Buch und S. C. Oehme (Hrsg.), *Firmengründung in den USA*,
https://doi.org/10.1007/978-3-662-58422-4_2

Jahren mit großen wirtschaftlichen Problemen in den USA, was schließlich zu einem Auseinanderbrechen des Unternehmensverbundes führte. Dies kann auch mit mangelndem Verständnis und Sensibilität der beteiligten deutschen Manager begründet werden. Zu hoffen bleibt, dass die neulich gebilligte Übernahme von Monsanto durch Bayer erfolgreicher *gemanagt* wird.

So steht der deutschsprachige Niederlassungsgründer vor großen Herausforderungen, um den Erfolg der amerikanischen Direktinvestition sicherzustellen: Einerseits gilt es den eigenen Managementstil an amerikanische Gegebenheiten anzupassen und andererseits dem deutschsprachigen Mutterhaus gegenüber die möglicherweise unterschiedlichen Handlungsweisen zu rechtfertigen. Dass dies Einfühlungsvermögen verlangt und kein einfaches Unterfangen ist, wird jeder deutschsprachige Manager mit Erfahrung im US-Geschäft bestätigen können. Obwohl die nachfolgenden Ausführungen natürlich nicht erlebte Erfahrungen ersetzen können, sollen sie vor allem zur Vorbereitung und besserem Verständnis in entsprechenden Situationen beitragen.

Neben den nachfolgend besprochenen Elementen sei auf eine weitere Besonderheit – der unterschiedlichen Rechtsordnung – hingewiesen, der ein eigenes Kapitel gewidmet ist. Ebenfalls ist in diesem Zusammenhang das Kap. 10 interkulturelle Beobachtungen zu sehen, wo neben kulturspezifischen *soft facts* das Wertesystem der modernen amerikanischen Arbeitswelt besprochen wird.

2.1 Historische Einflüsse auf die moderne Arbeitswelt

Zum besseren Verständnis der amerikanischen Arbeitswelt von heute ist die Beschäftigung mit historischen Einflüssen sicher hilfreich. Die Arbeitsethik der Puritaner, Einflüsse der französischen Aufklärung, die sich in der Bewegung des Amerikanischen Individualismus wieder finden, die britische Philosophie des Sozialdarwinismus sowie die entgegesetzte Anschauung des *Scientific Management* sind wichtige Elemente, die die moderne amerikanische Arbeitswelt prägen.

Protestantische Arbeitsethik
Der Begriff der protestantischen Arbeitsethik stammt von dem deutschen Soziologen Max Weber. In seinem Werk *Die protestantische Ethik und der Geist des Kapitalismus* analysiert Weber, dass Unternehmensführer und Kapitaleigner überwiegend protestantischen Ursprungs sind. Die Begründung hierfür sieht er in dem von Luther und Calvin vorgegebenen strikten Wertesystem, dessen Befolgung dem Gläubigen den Weg zu einem sündenfreien Leben und in Folge einem Platz im Himmel weisen. Im Gegensatz zum Imperativ des Katholizismus *ora et labora* („bete und arbeite!") wird ein Wertesystem, das die Eigenständigkeit und Verantwortung des Individuums betont, propagiert.

In diesem Sinne sind es vor allem folgende Werte, die die protestantische Arbeitsethik bestimmen:

- Selbstverantwortung und -kontrolle,
- Ausdauer,
- der Wert harter Arbeit,
- Vorausplanung und
- Ehrlichkeit.

Weber greift in seinen beispielhaften Beschreibungen immer wieder auf den Amerikaner Benjamin Franklin, der für ihn als typischer Vertreter des frühen Puritanischen Wertesystems gilt, und dessen 1758 erschienenem Werk, *The Way to Wealth,* zurück. Franklin schreibt:

> „God helps them that help themselves. Diligence is the mother of good luck and God gives all things to industry" und: „work while it is called today for you know not how much you may be hindered tomorrow. Be ashamed to catch yourself idle".

Interessant ist auch, dass Reichtum als Resultat harter Arbeit, nicht aber als dessen Ziel angesehen wird. Als Ziel gilt die Erlösung des menschlichen Daseins und dieses wird lediglich durch das Einhalten puritanischer Werte erreicht. Reichtum und Eigentum verpflichtet und ist ein Mittel zur Zielerreichung, nicht aber Selbstzweck.

Erst mit dem Entstehen der industriellen Gesellschaft ändert sich diese Einstellung, sodass der Erwerb und die Rechtfertigung von Reichtum im Umkehrschluss eine religiöse Ideologisierung erhält. So schreibt Russell Conwell, ein sehr beliebter Literat und Redner seiner Zeit in dem Bestseller *„Acres of Diamonds"* im Jahr 1915:

> I say that you ought to get rich and it is your duty to get rich. Because to make money honestly is to preach the gospel. The men who get rich may be the most honest men you will find in the community.

Amerikanischer Individualismus
Die Amerikaner und vor allem amerikanische Unternehmerpersönlichkeiten werden immer wieder als ausgeprägte Individualisten beschrieben, für die persönliche Freiheit und Autonomie wichtige Grundwerte darstellen. Die Gedankenwelt des Amerikanischen Individualismus wurde von Ralph Waldo Emerson (1803–1882) begründet, der, beeinflusst von der französischen Aufklärung und vor allem von Rousseau, das Individuum und dessen Entwicklung in den Mittelpunkt seiner Betrachtungen stellt: Nur wenn dem Einzelnen entsprechende Freiheit zuteil wird, ist die individuelle Persönlichkeitsentfaltung zum eigenen Vorteil und dem Vorteil der Gemeinschaft möglich. Behinderungen der individuellen Freiheit sieht er in starren kulturellen Regeln einer Gesellschaft und der Verwaltung und Vorschriften der Staatsmacht.

In Emersons bekannter Schrift, *The conduct of Life and Other Essays,* überträgt er sein Wertesystem auf das Wirtschaftsleben. Folgt der Einzelne seiner Berufung, so ist es für Emerson eine natürliche Folge, dass dieses Individuum nicht nur gesellschaftliche Beiträge leistet, sondern im Prozess auch entsprechenden Reichtum empfängt. Materieller Reichtum ist für Emerson keine besondere Fähigkeit, sondern für alle, auch mit jeweils unterschiedlichen Fähigkeiten, erreichbar. Emerson schreibt:

> Wealth is in applications of mind to nature, and the art of getting rich consists not in industry, much less in saving, but in better order, in timeliness, in being at the right spot. One man has stronger arms, or longer legs; another sees by the course of streams, and growth of markets, where land will be wanted, makes a clearing to the river, goes to sleep, and wakes up rich.

Seiner Überzeugung nach sollten Individuen zum Nutzen der Gesellschaft Beiträge leisten und nicht nur Leistungen empfangen. Dieses Gedankengut ist bis heute tief in der amerikanischen Gesellschaft verankert und kann in dem von Präsident John F. Kennedy geprägten Satz auf den Punkt gebracht werden:

> Ask not what your country can do for you, ask what you can do for your country.

Emersons Anschauungen sind noch heute aktuell und bilden in der heute so populären Schule des *Positive Thinking* eine Synthese mit den Ausläufern des Wertesystems der protestantischen Arbeitsethik.

Sozialdarwinismus

Der Begriff des Sozialdarwinismus wurde Mitte des 19. Jahrhunderts von dem Briten Herbert Spencer geprägt und ist im Kontext der industriellen Revolution und der damals revolutionären Erkenntnisse des Darwinismus zu sehen. Die Theorie des Sozialdarwinismus propagiert eine *survival of the fittest* Philosophie: Da die Armen und Behinderten einer Gesellschaft mehr kosten als sie für diese beitragen können, sollten sie auch nicht in den Genuss staatlicher Wohlfahrt kommen, sondern besser sich selbst überlassen bleiben. Empfundenes Mitleid für schwache Mitglieder der Gesellschaft wäre auf alle Fälle zu vermeiden, denn durch den Überlebenskampf und den „natürlichen Eliminationsprozess" würde die Gesellschaft als Ganzes ja gestärkt.

Dem Sozialdarwinismus war der *selfmademan,* der hart arbeitende amerikanische Individualist, der aufgrund seiner Fähigkeiten im Leben entsprechend weiterkommt und große Erfolg erzielt, ein Vorbild der Amerikaner. Der Traum des schnellen Erfolgs und Reichtums, „Vom Tellerwäscher zum Millionär" wurde Teil des Mythos *land of opportunity.*

Dies trug dazu bei, dass sich das proletarische Klassenbewusstsein nicht wie in Europa ausbildete, obwohl Arbeiter teilweise unter katastrophalen Bedingungen lebten.

Taylorismus: Scientific Management

Im Vergleich mit Europa verfügte die USA zwar über enormen Reichtum an Rohstoffen, aber nicht über entsprechend gut ausgebildetes Personal, um einen optimalen Produktionsoutput zu erzielen. Das Scientific Management, begründet von Frederick Winslow Taylor, empfahl standardisierte Arbeitsverfahren zu entwickeln, um bessere Produktionsergebnisse zu erzielen und nicht – wie im sozialdarwinistischen Gedankengut propagiert – den Schwerpunkt vor allem auf die Auswahl der besten Arbeitskräfte zu setzen. Im Rahmen standardisierter Arbeitsverfahren konnten Arbeitskräfte auch ohne entsprechende Ausbildung Tätigkeiten im Produktionsprozess wahrnehmen, sofern diese Aufgaben entsprechend vordeterminiert waren. Die Ausläufer dieser Entwicklung sind bis in die heutige Zeit sichtbar. Nunmehr werden derartige Jobs etwas moderner als sogenannte *McJobs* bezeichnet, abgeleitet aus dem *McDonalds Franchise System,* in dem ebenfalls jede Arbeitsstelle genauestens vordeterminiert ist.

2.2 Bevölkerungszusammensetzung

Die Bevölkerungsvielfalt, die die Vereinigten Staaten kennzeichnen wird begrifflich als *diversity* bezeichnet. *Diversity* impliziert die Akzeptanz und den Respekt gegenüber allen Individuen unabhängig von der ethnischen Herkunft, dem Geschlecht, dem Glauben, dem Alter und der sexuellen Orientierung.

Den wohl stärksten Gegensatz zum deutschen Sprachraum bildet die große ethnische Vielfalt der Arbeitsbevölkerung. Für Amerikaner eine Selbstverständlichkeit, ist dies für deutschsprachige Manager wahrscheinlich eine der größten Herausforderungen und Umstellung.

Betrachtet man die in den USA alle zehn Jahre verpflichtend durchgeführte Volkszählung, den sogenannten *Census,* so ergibt sich ein Bild wie in Tab. 2.1 dargestellt. Dabei wird zwischen den hier aufgelisteten *races* (Rassen) und der sogenannten *ethnicity* (ethnische Gruppe) unterschieden.

Tab. 2.1 Zusammensetzung der Gesamtbevölkerung

Population in Mio.	Census 2000	%	Census 2010	%
White	211,5	75,1	223,6	72,4
Black/African	34,7	12,3	38,9	12,6
American Indian	2,8	0,9	2,9	0,9
Asian	10,2	3,6	14,7	4,8
Pacific Islander	0,4	0,1	0,5	0,2
Other or Multiple	22,2	8,0	28,1	9,1
Total	281,4	100,0	308,7	100,0

Quelle: U.S. Census Bureau, Census 2000 and Population Division, 2012

Der Anteil der weißen Bevölkerung hat sich im Gegensatz zu den Bevölkerungs-gruppen der *Black/Africans* und *Asians* in den letzten zehn Jahren verringert. Die Gruppe der *Asians* wächst gesehen an der Gesamtbevölkerung prozentual am stärksten. Bei genauer Betrachtung der statistischen Zahlen zeigt sich, dass die asiatische Bevölkerung auch zahlen-mäßig die höchste Zuwachsrate, nämlich 44 %, aufweist. Ebenfalls stark – 27 % – wächst die Gruppe der Personen, die sich mit einer anderen oder mehr als einer Ethnie identi-fizieren. Die Gruppe der Hispanics ist hier nicht getrennt aufgeführt, da sie eine *ethnicity* und keine *race* darstellt. Ihr Anteil stieg allerdings im gleichen Zeitraum von 12,5 auf 15,8 %.

Zusammensetzung der Arbeitsbevölkerung

Die Veränderungen in der Bevölkerungszusammensetzung spiegeln sich natürlich auch in der amerikanischen Arbeitsbevölkerung wieder. Laut Trendprojektion des *U.S. Bureau of Labor Statistics* wird erwartet, dass der Anteil der nicht-weißen Arbeitskräfte bereits bis 2024 etwa ein Viertel aller Arbeitskräfte ausmachen wird. Basierend auf der in perio-dischen Abständen durchgeführten statistischen Erhebung des U.S. Department of Labor ergibt sich das Bild der Arbeitsbevölkerung wie in Tab. 2.2.

Die Verteilung zwischen den Geschlechtern nähert sich damit immer mehr einer Gleichverteilung an, wenn auch nicht mit der prognostizierten Geschwindigkeit. Wei-ters wird bis zum Jahr 2024 laut statistischer Trendberechnung folgende Entwicklung erwartet (vgl. Tab. 2.3):

Tab. 2.2 Zusammensetzung der Arbeitsbevölkerung 2016

	Workers (Mio.) over 16		% of Total Work Force	
	Male	Female	Male	Female
White	67,6	57,1	42,4	35,9
Black/African	9,3	10,3	5,9	6,5
Asian	5,1	4,8	3,2	2,8
Other	2,8	2,5	1,7	1,6
Total	84,8	74,4	53,2	46,8

Tab. 2.3 Zusammensetzung der Arbeitsbevölkerung 2024

	Workers (Mio.)		% of Total Work Force	
	Male	Female	Male	Female
White	67,8	58,3	41,4	35,6
Black/African	9,7	11,1	5,9	6,8
Asian	5,7	5,1	3,5	3,1
Other	3,3	2,8	2,0	1,7
Total	86,5	77,2	52,8	47,2

Quelle: Employment Projections program, U.S. Bureau of Labor Statistics, 2015

Folgende Trends sind aus dieser Entwicklung ableitbar: Die Zahl der Arbeiter und Angestellten wächst innerhalb von acht Jahren um etwa 3 % von 159 Mio. auf 164 Mio. Beschäftigte, wobei die so genannte *workforce diversity* zunimmt. Die ehemals wichtigste Säule der Wirtschaft, *„white, male and married"* verliert zunehmend an Bedeutung, das Geschlechtergleichgewicht verschiebt sich zugunsten der Frauen.

Das Geschlechterverhältnis in höheren Positionen wird sich dementsprechend ändern, wobei nach statistischen Kennzahlen aus dem Jahre 2017, der Frauenanteil im höheren Management (CEOs of the S&P 500) nach wie vor sehr gering ist und lediglich 5,2 % beträgt. Auch die verschiedenen ethnischen Gruppen sind nicht proportional vertreten. So halten nur 3,4 % der *Black/Africans executive jobs,* obwohl sie 11,9 % der gesamten Arbeitskräfte repräsentieren. Demnach wird auch hier eine zahlenmäßige Änderung in den nächsten Jahren erwartet, da sich das überproportionale Wachstum der einzelnen ethnischen Gruppen dann verstärkt auswirkt.

Das stärkste, prognostizierte Wachstum erfährt die ethnische Gruppe der Hispanics, die im Jahre 2026 bereits 20,6 % der Arbeitsbevölkerung ausmachen wird. Die Konsequenzen für Unternehmen sind vielschichtig und Spanisch wird zu einer immer wichtigeren Geschäftssprache.

2.3 Ausbildungssystem

Die Gesetzgebung für das Ausbildungssystem ist in den Vereinigten Staaten nicht bundesweit geregelt, vielmehr verfügt jeder Bundesstaat auch über eine legislative und exekutive Kompetenz im Bereich des Schul- und Ausbildungssystems. Letztendlich üben aber die lokalen Kommunen den Haupteinfluss auf das Schulsystem aus. Der Einfluss des *Federal Government* beschränkt sich lediglich auf die Erstellung von grundsätzlichen Ausbildungsrichtlinien, wie etwa das Schulpflichtalter. Auch in der Finanzierung des Schulwesens ist dieser Aufbau wieder zu finden. Das öffentliche Schulsystem ist nur zu einem geringen Teil von bundesstaatlicher Seite finanziert, um eine Grundversorgung zu gewährleisten. Als Resultat dieses dezentralisierten Prozesses ist eine große Variationsbreite in den Lehrplänen und in der Leistungserwartung quer durch die Vereinigten Staaten festzustellen. Schüler, die unterschiedliche Schulen besuchen, müssen nicht unbedingt die gleichen Lehrinhalte absolvieren und nicht unbedingt dasselbe gelernt haben.

Ausbildungsstufen
Amerikanische Schüler absolvieren das Schulsystem mit relativer Leichtigkeit aufgrund fehlender klarer und rigoroser Standards. Schüler müssen zwar mehrere standardisierte Tests innerhalb ihrer Schullaufbahn durchlaufen, aber das Ergebnis dieser Tests beeinflusst zumeist nicht das Aufsteigen in die nächsthöhere Klasse. Eine Ausnahme hiervon bilden Kalifornien und New York. Durch die sinkende Qualität an den öffentlichen Schulen erhalten die Privatschulen einen immer höheren Stellenwert (vgl. Tab. 2.4).

Tab. 2.4 Überblick über
Schulstufen in den U.S

Schultyp/US	Schulstufe/Titel	Alter
Preschool		3–5
Kindergarden		5–6
Primary Education	1–6	6–12
Middle School	7–9	12–16
High School	10–12	16–18
Undergraduate	Bachelor	18–22
Graduate	Master	22–25

Quelle: U.S. Network for education Information, Washington D.C.

In den USA beginnt die Schulpflicht in einigen Bundesstaaten mit dem fünften Lebensjahr. Diese Schulstufe wird als *kindergarden* bezeichnet und dient als allgemeine Schulvorbereitung. Anders als im deutschsprachigen Raum gibt es keine Unterteilung in Hauptschule und Gymnasium. Die *secondary education* beginnt nach der Schulstufe 6 mit der *Middle School* und endet entweder mit der Schulreife, die im Regelfall mit 16 Jahren erreicht ist, oder mit der *High School Graduation* an einer *High School,* die im Altersvergleich der deutschsprachigen Matura/Abitur entspricht und die Hochschulzugangsberechtigung darstellt.

Im Rahmen der *High School* muss eine gewisse Anzahl von Kursen verpflichtend belegt werden, die von Alter und Schulgrad abhängen. Anders als im deutschsprachigen Raum bewirkt dies einerseits eine spezialisierte Ausbildung, aber auch die Gefahr mangelnder Allgemeinbildung. Bemerkenswert ist, dass es keinen bundesweit vorgegebenen, allgemeingültigen Lehrplan gibt, sodass Schüler je nach staatlichem Lehrplan Fächer belegen, ohne zwingende Kernfächer berücksichtigen zu müssen. Bereits in der *High School* können Schüler ihre ersten berufsspezifischen Kurse belegen und somit bei ihrer *High School Graduation* einen Berufsabschluss erlangen.

Da es im Gegensatz zum deutschsprachigen Raum keine duale Ausbildung gibt, in dem neben dem Beschäftigungsverhältnis eine umfassende theoretische Ausbildung von staatlichen Institutionen angeboten wird, erhält man diese Ausbildung in den meisten Fällen über Fachverbände und Trainingscenter. Das ist aber für den Teilnehmer natürlich mit einem entsprechenden Kostenaufwand verbunden.

Hochschulstudium

Laut *US Department of Education* besuchen über 95 % aller Jugendlichen eine *High School,* und über 80 % erlangen ein *High School Diploma.* Von den jährlich etwa drei Millionen *High School* Absolventen beginnen 69 % ein weiterführendes Studium, wobei etwa zwei Drittel ein *Bachelor Degree* und ein Drittel das sogenannte *Associate Degree* anstreben. *Census*-Daten wie auch andere durchgeführte Untersuchungen des *Department of Education* besagen allerdings, dass die Abbruchrate entsprechend hoch ist. Bemerkenswert ist die Tatsache, dass immerhin 29 % der Gesamtbevölkerung ein *Bachelor* beziehungsweise *Associate Degree* besitzen. Der Bevölkerungsanteil mit einem

Master Degree stieg in den letzten 15 Jahren von 2 % auf 8 % und knapp 3 % erreichen den Titel eines PhD (Doctor of Philosophy), dem Äquivalent zum nicht-medizinischen Doktor.

Die Vereinigten Staaten verfügen über das größte und vielfältigste Ausbildungssystem der Welt. Es gibt über 4600 öffentliche und private *Colleges* und Universitäten und nahezu doppelt so viele technische und berufsbildende Institutionen. Allerdings hat beinahe ein Drittel der *Colleges* keine Eingangsstandards und die Institutionen, die über einen entsprechenden Selektionsprozess verfügen, bilden ihre eigenen Kriterien. In den meisten Fällen ist dies der *SAT (Scholastic Achievment Test),* welcher elementare Mathematik und verbale Fähigkeiten prüft. Aufgrund dieses Systems können die Ausbildungsniveaus der verschiedenen Ausbildungseinrichtungen schwer verglichen werden. In der Regel werden den renommierten Universitäten aber höhere Standards zugeschrieben.

Auch der Studienablauf verläuft unterschiedlich, ein amerikanischer Student kann bereits nach zwei Jahren Studium, bspw. an einem öffentlichen *Community College,* ein sogenanntes *Associate Degree* erhalten. Nach weiteren zwei Jahren Studium, also insgesamt vier Jahren, wird die Ausbildung mit dem *Bachelor Degree* (z. B. *B.A.* für *Bachelor of Arts*) an einem College abgeschlossen. Dieser erste Abschluss wird als *Undergraduate Degree* bezeichnet und zieht zumeist eine Unterbrechung oder das Ende der Ausbildung nach sich, nur ein verhältnismäßig kleiner Anteil erwirbt in Folge ein *Graduate Degree.* Lediglich 8,2 % der Erwachsenen verfügten 2016 über ein *Master Degree.*

Das *Graduate* Studium erfolgt an einer Universität, und endet mit einem *Master Degree* (z. B. *MBA, Master of Business Administration*) oder einem *PhD* (z. B. *Doctor of Philosphy*). Anders als im deutschen Sprachraum kann dieses weiterführende Studium in einer anderen Studienrichtung erfolgen. So kann ein *Bachelor of Arts* mit einer Ausbildung zum Juristen fortfahren.

Ein wichtiger Unterschied zum Studium in Europa sind die Studienkosten. Da das öffentlich unterstützte Schulsystem mit dem *High School* Abschluss endet, ist die nächste Ausbildungsstufe, das *College* und im Anschluss die Universität, in weiterer Folge von den Studenten, beziehungsweise deren Eltern, selbst zu finanzieren. Selbst an öffentlichen Einrichtungen sind im Grundstudium für Studiengebühren und Lebenshaltungskosten jährlich US$ 25.000 zu entrichten. Für das optionale, konsekutive Studium bspw. eines LL. M. an einer *law school* muss man für ein drei Jahre dauerndes Studium ein Budget für Schulgeld und Lebenshaltung von zumindest US$ 200.000 veranschlagen.

2.4 Mobilität

Zwischen 2015 und 2016 wechselten 35,1 Mio. Amerikaner, also über 11 % der Gesamtbevölkerung, ihren Wohnort. Durchschnittlich wechseln Amerikaner 11,6-mal ihren Wohnsitz.

Umzugscharakterisika

Die Umzugsraten unterscheiden sich nach den Kategorien Alter, ethnischer Herkunft, Einkommen, Eigentumsverhältnis, Ehestand und Ausbildung. Insgesamt haben sich die Umzugsraten in den letzten 15 Jahren verringert, die Menschen sind „sesshafter" geworden. Wie aus Tab. 2.5 ersichtlich korreliert die Umzugshäufigkeit und Mobilität mit dem Alter negativ:

Anders als im deutschsprachigen Raum stellt die untere Einkommensschicht den mobileren Bevölkerungsanteil dar. Von der Einkommensschicht unter US$ 25.000 wechseln jährlich etwa 11,2 % ihren Wohnsitz, während von den Top-Verdienern mit einem Jahresverdienst über US$ 100.000 nur knapp 8 % umzogen.

Die Eigentumsverhältnisse üben ebenfalls einen wesentlichen Einfluss auf das Mobilitätsverhalten aus. Mehr als jeder fünfte Mieter zog durchschnittlich jährlich um, im Gegensatz zu 5 % der Personen mit Wohneigentum.

Die weiße Bevölkerungsschicht wies im Jahre 2016 die niedrigste Umzugsrate auf. Asiaten hatten die höchste Umzugsrate. Zusammenfassend ist festzustellen, dass US-Bürger generell eine wesentlich höhere Mobilitätsrate aufweisen als deutschsprachige Europäer (vgl. Tab. 2.6).

Tab. 2.5 Umzugsrate nach Alter

Alter	Umzugsrate in %
20–24	23
25–29	24
30–44	12,8
45–64	6,6

Quelle: U.S. Census Bureau, Current Population Survey, 2016 Annual Social and Economic Supplement

Tab. 2.6 Umzugsrate nach ethnischem Ursprung

Ethnische Herkunft	Umzugsrate in %
White	9,6
Black/African	12,6
Asian	13,7
Hispanic/Latino	11,9
Other	14,6

Quelle: U.S. Census Bureau, Current Population Survey, 2016 Annual Social and Economic Supplement

2.5   Materielle Ungleichheit

Der Unterschied zwischen Arm und Reich im Vergleich zum deutschen Sprachraum ist in den Vereinigten Staaten deutlicher ausgeprägt. Dies ist ein Trend, der sich in den letzten Jahren verstärkt hat, obgleich der bemerkenswerten Tatsache, dass erstmals seit den „goldenen sechziger Jahren" die Haushaltseinkommen aller Bevölkerungsschichten verhältnismäßig gestiegen sind. Der Grenzwert zur Armut steigt seit Beginn der Messungen. Obwohl der Anteil der in Armut lebenden Bevölkerung im langfristigen Trend sinkt, in der jüngeren Vergangenheit vor allem zwischen 1993 und 2000, ist ein Anstieg seit Beginn des Jahrtausends festzustellen. Absolut steigt die Anzahl der in Armut lebenden Personen. Abb. 2.1 zeigt die historische Entwicklung der in Armut lebenden Bevölkerung von 1959–2015.

Der Einkommensgrenzwert für Personen, die unter die Armutsgrenze fielen, betrug im Jahre 2017 für einen Einpersonenhaushalt US$ 12.060 und für einen Haushalt mit zwei Personen US$ 16.240. Dies bedeutet, dass 13,5 % der Gesamtbevölkerung unter der Armutsgrenze lagen.

Ethnische Armut
Wie aus Tab. 2.7 ersichtlich wird, lässt sich auch feststellen, dass die Einkommensverteilung je nach ethnischer Herkunft variiert. Zwar stieg das Durchschnittseinkommen absolut für alle ethnischen Gruppen (*race* und *ethnicity*), doch vergrößerten sich dabei auch die Unterschiede. Spitzenreiter sind die Asiaten mit einem Zuwachs von über 40 %, Schlusslicht bildet die schwarze Bevölkerung mit einem Zuwachs von nur etwa einem Viertel.

Der unter der Armutsgrenze lebende Bevölkerungsanteil, kann nach ethnischen Gesichtspunkten differenziert werden, wobei die verhältnismäßig hohen Anteile der Afroamerikaner und Hispanics bemerkenswert sind (Tab. 2.8).

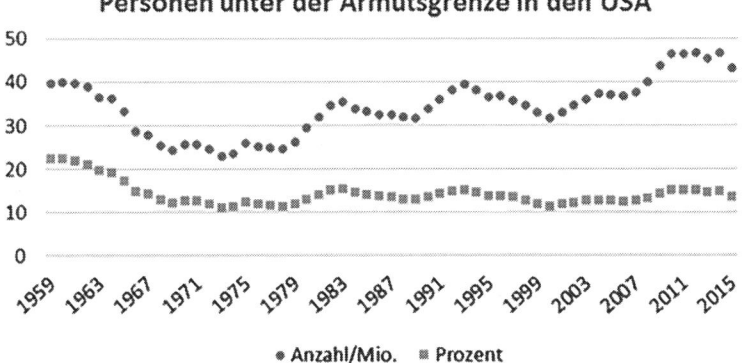

Abb. 2.1 Personen unter der Armutsgrenze in den USA. (Quelle: U.S. Bureau of the Census, Current Population Survey, 2016 Annual Social and Economic Supplements)

Tab. 2.7 Haushaltseinkommen nach ethnischer Herkunft in USD

Population	2001	2015	Zuwachsrate (%)
Non Hispanic White	46.305	62.950	35,9
Black/African	29.470	36.898	25,2
Asian	53.635	77.166	43,9
Hispanic	33.565	45.148	34,5

Quelle: U.S. Census Bureau, 2002 und Current Population Survey, 2015 and 2016 Annual Social and Economic Supplements

Tab. 2.8 Armutsgrenze nach ethnischer Herkunft in %

Population	2001	2015
Non Hispanic White	7,8	9,1
Black/African	22,7	24,1
Asian	10,2	11,4
Hispanic	21,4	21,4

Quelle: U.S. Census Bureau, 2002 und Current Population Survey, 2016 Annual Social and Economic Supplement

Grundsätzlich ist aus den Tabellen zu erkennen, dass sich die Ungleichheiten zwischen den einzelnen Bevölkerungsgruppen vergrößert haben. Eine tendenzielle Zunahme der an der Armutsgrenze lebenden Menschen ist zu erkennen. Besonders die Verteilung gibt zu denken, bspw. lebt jeder vierte Afroamerikaner in Armut. Betrachtet man die Verteilung der Armutsgrenze nach regionalen Gesichtspunkten, so ist der Armutsanteil in allen Regionen gestiegen und im Süden der Vereinigten Staaten nach wie vor am höchsten (vgl. Tab. 2.9):

Soziale Wohlfahrt

Obwohl die USA in Europa oft als Land des Sozialdarwinismus bezeichnet werden, gibt es für die an der Armutsgrenze lebenden Bevölkerung zumindest eine wenn auch ziemlich lose Grundversorgung. Beispielhaft können auf bundesstaatlicher Ebene folgende Programme erwähnt werden:

Tab. 2.9 Anteil in Armut lebender Personen im Regionenvergleich in %

Region	2001	2015
Northeast	10,7	12,4
Midwest	9,4	11,7
South	13,5	15,3
West	12,1	13,3

Quelle: U.S. Census Bureau, Current Population Survey, 2001/2002 und 2016 Annual Social and Economic Supplement

- Das sogenannte *Supplemental Security Income* vergibt Unterstützung für ältere und behinderte Personen.
- An der Armutsgrenze lebende Menschen können Anspruch auf öffentliche geförderte Wohnungen. Etwa 1,2 Mio. Haushalte leben in solchen Sozialwohnungen.
- Das Supplemental Nutrition Assistance Program (SNAP, ehemals Food Stamp Program) wird erschreckenderweise immerhin von etwa 44.2 Mio. Menschen, also knapp 14 % der Amerikaner, in Anspruch genommen und dient zum Erwerb von Nahrungsmitteln im Rahmen eines Markenprogrammes.

Neben diesen *Federal Programs* gibt es auch, auf einzelstaatlicher und lokaler Ebene Programme, die auf die individuellen Bedürfnisse des entsprechenden Bundesstaates Bezug nehmen.

Neben den Sozialabgaben, die sowohl Arbeitgeber wie auch Arbeitnehmer ableisten müssen, und den damit verbundenen Anspruch auf gewisse Sozialleistungen, stellt der Staat Wohlfahrtsprogramme für Arbeitnehmer im öffentlichen Dienst zur Verfügung. Diese Programme sind im Gegensatz zum deutschsprachigen Raum ausschließlich für diese Berufsgruppe gedacht, ähnlich den Beamtenprivilegien im deutschsprachigen Raum.

Weitere Programme betreffen vor allem Veteranen, die in der U.S. Army gedient haben. Details zu den Sozialregelungen sind im Kapitel Personalmanagement zu finden.

Gewerkschaften

Eine gesetzlich verankerte Verpflichtung der Arbeitnehmervertreter im Aufsichtsrat eines Unternehmens teilzuhaben, können sich Amerikaner nicht vorstellen und die, wenn auch nicht immer praktizierte, Konsensbereitschaft deutschsprachiger Sozialpartner wird man in den meisten Fällen ebenso vergeblich suchen.

2016 war nur etwa jeder zehnte Arbeiter Gewerkschaftsmitglied. Im historischen Vergleich erkennt man, dass in den USA der Anteil an Gewerkschaftsmitgliedern im öffentlichen Dienst immer schon wesentlich höher war als im privaten Sektor. Im Jahre 2000 hatten Bundesangestellte einen substanziell höheren Anteil (37,5 %) als Arbeiter im privaten Sektor (9 %), ein ähnliches Bild ergibt sich auch für 2016 mit 34,4 % und 6,4 %.

Im öffentlichen Sektor hatten die Gruppe der Lehrer, Polizisten und Feuerwehrleute den höchsten Anteil an gewerkschaftlicher Organisation, nämlich 34,6 % und 34,5 %. Die höchste Mitgliederrate im privaten Sektor weisen Versorgungsunternehmen auf (21,5 %), die niedrigste Rate an Gewerkschaftsmitgliedern stellt der Bereich des Finanzwesens mit lediglich 1,2 % dar.

Geografisch gesehen ist die gewerkschaftliche Organisation in den Bundesstaaten Kalifornien (2,6 Mio.), New York (1,9 Mio.) und Illinois (0,8 Mio.) am höchsten, wobei New York die größte relative Mitgliederrate hat (23,6 %). Insgesamt ist ein Rückgang des Engagements in Gewerkschaften zu verzeichnen.

Grundsätzliche Unterschiede in der Rechtsordnung

Sven C. Oehme und Birgit Findeis

Das Rechtssystem in den USA unterscheidet sich wesentlich von dem im deutschsprachigen Europa. Die folgenden Seiten geben einen Überblick über grundlegende Aspekte der amerikanischen Rechtsordnung, die bei jeder Unternehmensentscheidung mit USA-Bezug wichtig werden können. Zunächst werden der Aufbau der Gerichtsbarkeit und wirtschaftsrechtlich wichtige Bereiche des Vertragsrechts wie z. B. Formvorschriften und Besonderheiten des Handelskaufs dargestellt. Wegen der Bedeutung der Eigentumssicherung für den Unternehmer und der diesbezüglichen Unterschiede zum Recht im deutschsprachigen Raum wird dieses Thema im Abschnitt „Sicherungsrechte" gesondert behandelt. Schließlich wird den Bereichen Produkthaftung, Patente und Marken, Kartellrecht, sowie Insolvenzverfahren jeweils ein eigener Abschnitt gewidmet. Diese Themen betreffen wichtige Schutzrechte, die man von Anfang an bei einer Entscheidung über eine Investition in den USA berücksichtigen sollte.

An dieser Stelle sei auch auf das amerikanische Prozessrechtsverständnis hingewiesen. In den USA zahlt grundsätzlich jede Partei ihre Anwalts- und Gerichtskosten selbst, unabhängig davon ob sie gewinnt oder verliert. Da die Prozesskosten sehr schnell sehr hohe Beträge erreichen können, muss dieser Aspekt berücksichtigt werden, bevor ein Verfahren angestrengt wird. Noch wichtiger, da aus europäischer Sicht noch ungewöhnlicher, ist aber der Hinweis auf das amerikanische *Discovery-Verfahren*. Dieses Verfahren erlaubt den Prozessparteien im Rahmen der Beweiserhebung voneinander die Herausgabe von jeglichen Informationen und Dokumenten zu verlangen, die prozessrelevant sein könnten. Auf Grundlage des Discovery-Verfahrens kommt es oft zur Ausforschung des

S. C. Oehme · B. Findeis (✉)
New York, USA
E-Mail: birgit.findeis@eabo.biz

S. C. Oehme
E-Mail: oehme@eabo.biz

© Springer-Verlag GmbH Deutschland, ein Teil von Springer Nature 2019
N. Buch und S. C. Oehme (Hrsg.), *Firmengründung in den USA*,
https://doi.org/10.1007/978-3-662-58422-4_3

Privatbereiches der Gegenpartei, die aus europäischer Perspektive einen schwerwiegenden Eingriff in grundrechtsgeschützte Persönlichkeitsrechte darstellen würde.

Ein weiterer Punkt, der für Europäer überraschend oder gar unverständlich ist, ist die territoriale Zuständigkeit amerikanischer Gerichte. Das amerikanische Recht und die Rechtsprechung gehen von einer weltweiten Zuständigkeit aus, sofern amerikanische Interessen in irgendeiner Form betroffen sind oder soweit die einem Gericht vorgelegte Fallgestaltung einen Berührungspunkt mit den USA hat.

Darüber hinaus findet man im amerikanischen Rechtssystem ernannte und gewählte Richter. Diese Differenzierung kann für den deutschsprachigen Unternehmensgründer im Falle eines Rechtsstreits eine Rolle spielen. Da die Zuständigkeit des Richters jedoch von der Gerichtsorganisation des jeweiligen Bundesstaats abhängt, kann auf Einzelheiten hier nicht eingegangen werden.

3.1 Gerichtsbarkeit

Die Wahl des zuständigen Gerichts ist in den USA nicht so eindeutig abgrenzbar, wie man es aus Europa gewöhnt ist. In vielen Fällen sind die Grenzen fließend. Anstelle einer ausschließlichen, liegt oft eine überlappende oder konkurrierende Zuständigkeit vor. Anders als im deutschsprachigen Raum gibt es in den USA sowohl auf Bundesebene als auch auf Bundesstaatenebene eine eigene Gerichtsorganisation mit meist jeweils drei Instanzen. Eine übergeordnete Instanz als Rechtsmittelgerichte für einzelstaatliche Gerichte gibt es in den USA nicht.

Die entsprechenden Zuständigkeiten zwischen Bund und Einzelstaaten sind in der Bundesverfassung im Grundsatz geregelt. Die Bundesgerichte sind zum Beispiel ausschließlich zuständig bei Streitigkeiten hinsichtlich der Bundesverfassung, bei Streitigkeiten zwischen zwei oder mehreren Bundesstaaten, wenn die USA (der Bund) Partei ist und insbesondere auch für Insolvenz-, Patent- und Urheberrecht, Bundeskartell- und Bundessteuerrecht. Weiterhin wird in den USA im Gegensatz zum deutschsprachigen Raum eine allgemeine Zuständigkeit der ordentlichen Bundesgerichte angenommen und keine Aufteilung für Arbeits-, Sozial-, Verwaltungs- oder Finanzgerichte vorgenommen.

Auf Bundesebene bilden die *District Courts* die erste Instanz, die in jedem Bundesstaat mindestens einmal angesiedelt sind. Bevölkerungsreiche Staaten werden in regionale *districts* unterteilt. Berufungen in der zweiten Instanz werden bei den *Courts of Appeals* durchgeführt. Diese stellen im Gegensatz zum deutschsprachigen Raum keine erneute Tatsacheninstanz dar, sondern befassen sich ausschließlich mit Rechtsfragen. In den USA gibt es dreizehn dieser *Courts of Appeals,* von denen zwölf für verschiedene Regionen zuständig sind und ein weiteres Gericht ausschließliche Rechtsmittelinstanz für Klagen gegen den Bund sowie bei Patentsachen und internationalen Handelsfragen ist.

Das Revisionsgericht ist schließlich der *Supreme Court* mit Sitz in Washington, D.C.

Auf Ebene der Bundesstaaten kann dem meist ebenfalls dreistufigen Gerichtssystem zur Entlastung der Eingangsinstanz ein Spezialgericht mit einem formlosen Verfahren vorangestellt sein, so zum Beispiel bei Familienstreitigkeiten oder bei geringen Streitwerten von bis zu US$ 2500. Wie auf Bundesebene ist auch auf einzelstaatlicher Ebene die Eingangsinstanz allgemein zuständig, sodass hier sowohl über Zivil-, als auch Straf-, Handels-, Arbeits- und Finanzsachen entschieden wird.

Die Zuständigkeit der Gerichte in den Bundesstaaten ist immer dann gegeben, wenn keine durch die Bundesverfassung festgelegte Bundeskompetenz besteht, wobei sich unter Umständen die Zuständigkeitsbereiche überschneiden können. Bei dinglichen Streitigkeiten ist das Gericht des Bundesstaates ausschließlich zuständig, in dem die streitbefangene Sache belegen ist. Der Bund und die Bundesstaaten sind verpflichtet, ihre unterschiedlichen Gesetze und Urteile gegenseitig anzuerkennen. Bundesrechtliche Fragen werden verbindlich und abschließend durch den *Supreme Court* in Washington entschieden.

Schon diese kurze Einführung in die Gerichtsbarkeit macht eines deutlich: In den USA ist es unbedingt erforderlich, sich anwaltlich beraten zu lassen. Anders als im europäischen Rechtsraum schaltet der amerikanische Unternehmer den Anwalt von Anbeginn seiner Überlegung ein, um die richtigen rechtlichen Strukturen zu finden und die richtigen Schritte zu planen.

3.2   Rechtsquellen

Da sich das im angelsächsischen Rechtskreis verbreitete *Common Law* eher am Fallrecht (case law) oder Richterrecht *(judge-made law)* orientiert, erscheint es für Kontinentaleuropäer schwierig verlässliche Rechtsquellen zu finden. Entgegen der recht einheitlich und umfassend kodifizierten Gesetzeslage in Europa lassen sich vergleichbare kodifizierte Gesetzessammlungen auf Bundesebene jedoch vor allem im *United States Code (USC)* wiederfinden. Dieser stellt eine Sammlung des allgemeinen und permanenten Bundesrechts dar, welcher aus insgesamt 54 Titeln (wobei Titel 53 zurückgestellt ist) besteht. Insbesondere hervorgehoben werden sollte Titel 26 der den Internal Revenue Code und damit das gesamte bundesgesetzliche Steuerrecht enthält. Weitere nennenswerte Bereiche sind Titel 11 (Insolvenzrecht), Titel 17 (Urheberrecht), Titel 19 (Zollrecht) und Titel 35 (Patentrecht).Eine weitere wichtige Rechtsquelle, besonders in Hinblick auf Unternehmen in den USA, stellt der Entwurf des *Uniform Commercial Code (UCC)* dar. Hiermit wurde versucht, ein einheitliches Handelsrecht in den USA zu etablieren. Dieser aus 13 Artikeln bestehende Code konnte, aus Gründen der fehlenden Gesetzgebungskompetenz des Bundes, nur freiwillig durch die einzelnen Bundesstaaten übernommen werden, was mittlerweile – abgesehen von Louisiana, aufgrund seiner französischen Rechtstradition – durch alle Bundesstaaten geschehen ist.

Es sei hierbei angemerkt, dass die kodifizierten und adaptierten Gesetzessammlungen oft bewusst offen formuliert sind, da der Interpretationsfähigkeit der Richter im Einzelfall mehr Gewicht zugemessen wird, als im deutschsprachigen Europa.

3.3   Vertragsrecht

Wie im deutschsprachigen Raum herrscht in den USA grundsätzlich Vertragsfreiheit. Verträge können entweder ausdrücklich oder konkludent durch zwei übereinstimmende Willenserklärungen in Form von Angebot und Annahme geschlossen werden. Bestimmte Verträge unterliegen jedoch der Schriftform. Dies gilt insbesondere für Grundstücksverträge, Kaufverträge über einen Gegenstand im Wert von mehr als USD 500 und Verträge, die nicht innerhalb eines Jahres erfüllt werden können. Der Inhalt und die Unterschrift der Parteien stehen dabei nicht im Vordergrund. Vielmehr reicht es aus, dass ein Schriftstück den Vertragsschluss erkennen lässt. Die Rechtsfolge bei Nichteinhaltung der Schriftform ist in den einzelnen Bundesstaaten unterschiedlich und variiert von Anfechtbarkeit des Vertrages bis zu seiner Nichtigkeit. Wird jedoch der Vertrag ordnungsgemäß erfüllt, tritt Heilung ein.

Das amerikanische Vertragsrecht weist viele Gemeinsamkeiten mit dem Vertragsrecht im deutschsprachigen Raum auf. Allerdings gibt es auch einige signifikante Unterschiede. Aufgrund der Komplexität dieses Themas soll hier nur auf Auszüge und einige gerade für Kaufleute interessante Aspekte des Vertragsrechts eingegangen werden.

Zunächst ist zu beachten, dass es, anders als im deutschsprachigen Raum, keine Prokura gibt, die in ein Register mit öffentlichem Glauben eingetragen wird.

Wegen der vorstehend erwähnten Übernahme des *Uniform Commercial Code,* haben alle Staaten außer Louisiana, insbesondere zu Vertragsfragen im Bereich des Kaufrechts über bewegliche Sachen (Art. 2 *UCC),* vereinheitlichte Regelungen. Hierbei werden nicht nur Handelskäufe, sondern alle Warenkäufe berücksichtigt. Handelskäufe unterliegen vielfach zusätzlichen Spezialregelungen der einzelnen Bundesstaaten. Seit 1988 gilt in den USA bei internationalen Warenkäufen das Wiener UN-Übereinkommen *(CISG),* das in Gestalt einer bundesrechtlichen Regelung das Recht der Einzelstaaten inklusive Art. 2 *UCC* verdrängt. Der Art. 2 *UCC* hat in diesem Zusammenhang lediglich eine ergänzende Funktion.

Art. 2 des *UCC* setzt hinsichtlich des Vertragsinhalts nicht notwendig die Angabe eines Preises voraus, sondern lediglich die hinreichende Bestimmbarkeit des Vertragsgegenstandes. Handelsbräuche oder frühere Geschäftsbeziehungen der Parteien sind mit zu berücksichtigen. Zum weiteren Inhalt eines Vertrages bei Handelsgeschäften sollte die Vertragslaufzeit gehören.

Bei Verträgen mit einer Laufzeit von über einem Jahr ist die Verwendung von Vertragsverlängerungsklauseln sinnvoll, um so einer nicht vorherzusehenden Änderung der Geschäftsbeziehung leichter Rechnung tragen zu können und nicht an einen langfristigen Vertrag gebunden zu sein. Selbstverständlich können weitere Vereinbarungen, wie etwa über Mindestmengen, Preiserhöhungsmechanismen etc., getroffen werden. Anders als im deutschsprachigen Raum sollte man sich alle Aspekte des beabsichtigten Geschäfts genau überlegen, auflisten und zum Vertragsinhalt machen. Was nicht vertraglich geregelt ist, kommt regelmäßig nicht zur Anwendung. Es gibt auch nicht den in deutschsprachigen Rechtskreisen üblichen Rückgriff auf das Gesetz. Notwendiger und zweckmäßiger Vertragsinhalt ist nach individueller Situation und Art der Handelsbeziehung zu bestimmen.

Gerade bei Handelsgeschäften ist zu berücksichtigen, dass in den USA der Begriff des Kaufmannes anders als im deutschsprachigen Raum definiert ist. Nach der Legaldefinition des Art. 2 des *UCC* ist jeder Kaufmann, der mit beweglichen Gütern handelt und vorgibt, eine besondere Kenntnis oder Befähigung hinsichtlich dieser Waren zu haben. Die Einordnung als Kaufmann kann zum Beispiel dann von Bedeutung sein, wenn dem Vertrag Inhalte hinzugefügt worden sind. Sind beide Parteien Kaufleute, ist das Angebot nicht ausdrücklich auf seinen Inhalt beschränkt und stellt das Verbot des Hinzufügens von Inhalten keinen wesentlichen Vertragsbestandteil dar, so werden spätere Vertragszusätze Vertragsbestandteil, wenn kein fristgerechter Widerspruch erfolgt. Schweigt der potenzielle Vertragspartner auf ein erfolgtes Angebot, stellt sein Schweigen keine Annahme dar, es sei denn es bestehen entsprechende ständige Geschäftsgepflogenheiten.

In jedem Fall muss die Annahmeerklärung so zugestellt werden, dass die andere Partei davon Kenntnis erlangen kann. Erfolgt die Übermittlung der Annahmeerklärung durch die Post, so gilt die Erklärung bereits mit Aufgabe zur Post als abgegeben, unabhängig vom tatsächlichen Zugang.

Art. 2 des *UCC* regelt weiterhin die Vertragspflichten der Parteien, wie zum Beispiel Erfüllungs- und Lieferverpflichtungen, Leistungsgefahren sowie Garantie- und Zusicherungsvereinbarungen des Verkäufers. Letztere werden immer Vertragsbestandteil, es sei denn sie wurden von Anfang an wirksam durch den Verkäufer ausgeschlossen. Ein Verkäufer in den USA muss sich im Gegensatz zum deutschsprachigen Raum stets darüber im Klaren sein, dass schon die bloße Beschreibung eines Gegenstandes eine ausdrückliche Zusicherung einer Eigenschaft darstellt. Hinsichtlich der Vertragserfüllung hat Art. 2 des *UCC* die so genannte „perfect tender rule" zur Grundlage, also die Pflicht zur mangelfreien Lieferung. Jede kleinste Abweichung stellt einen Vertragsbruch dar und hat zur Folge, dass der Vertragspartner einen Anspruch auf Schadensersatz geltend machen kann. Art. 2 *UCC* enthält dabei konkrete Regelungen bezüglich der unterschiedlichen Schadenspositionen. Unabhängig davon können die Vertragspartner Schadenshöchstgrenzen vereinbaren oder bestimmte Schadensersatzsummen festsetzen.

Ein weiteres wesentliches Element im Bereich des Vertragsrechts stellen Vereinbarungen über den Gerichtsstand, sogenannte *choice of forum*, dar, die insbesondere in einen internationalen Vertrag aufgenommen werden sollten. Bei der Wahl des Gerichtsstandes in den USA ist wegen der rechtlichen Unterschiede zwischen den jeweiligen Bundesstaaten darauf zu achten, in welchem Bundesstaat sich der Gerichtsstand befinden wird.

Im Grundsatz kann man davon ausgehen, dass ein Gericht in einem Bundesstaat mit starkem internationalem Handelsverkehr entsprechende Sachverhalte besser zu bewerten weiß, als ein Gericht in einem Bundesstaat, in dem die internationalen Handelsverbindungen weniger stark ausgeprägt sind. Im Zweifel lohnt sich die Aufnahme einer Schiedsgerichtsklausel in den Vertrag, um eine schnelle und kostengünstige rechtliche Auseinandersetzung sicherzustellen. Dazu ist jedoch eine konkrete inhaltliche Fixierung dahin gehend notwendig, welches Recht anzuwenden sein wird und in welchem Bundesstaat der Schiedsspruch ausgeführt werden soll.

3.4 Sicherungsrechte

Dem US-amerikanischen Recht ist das Modell des Eigentumsvorbehaltes, wie es in Deutschland und großen Teilen Europas besteht, unbekannt. Hat sich der Verkäufer das Eigentum an der Ware bis zur vollständigen Bezahlung mit einem Vermerk auf der Rechnung oder dem Lieferschein vorbehalten, wie es zum Beispiel in Deutschland üblich ist, so kann dies zwar gegenüber seinem Vertragspartner, nicht aber gegenüber Dritten geltend gemacht werden. Auch im Rahmen eines Insolvenzverfahrens des Schuldners bleibt der Einwand ungeachtet.

In den USA kann einem Verkäufer die Absicherung seiner Forderung mittels eines Sicherungspfandrechts, das öffentlich registriert werden muss, eingeräumt werden. Eine entsprechende Regelung befindet sich im *Uniform Commercial Code (UCC)* unter Artikel 9, der einheitlich und umfassend alle Sicherungsrechte an beweglichen Sachen regelt. Bei Immobilien ist die sogenannte *mortgage*, vergleichbar mit der Hypothek, das bekannteste Sicherungsrecht.

Der Oberbegriff für vertraglich vereinbarte Sicherungsrechte bei beweglichen Sachen ist das sogenannte *security interest*. Eine mit Europa vergleichbare Sicherung erfolgt in der Regel in einem zweistufigen Verfahren. Im ersten Schritt wird ein schriftlicher Vertrag zwischen Käufer und Verkäufer, das sogenannte *security agreement*, abgeschlossen, wonach dem Verkäufer bei noch nicht vollständiger Zahlung des Kaufpreises ein Aussonderungsrecht an den gesicherten Waren zusteht. Darüber hinaus können einem europäischen Verkäufer und Exporteur in diesem *agreement* die Erlöse aus dem Verkauf der Waren durch den US-Vertragspartner zugesichert werden *(security interest in proceeds)*. Der US-Vertragspartner sollte insbesondere beim Abschluss des Grundvertrages zu einer späteren Unterzeichnung eines *security agreement* verpflichtet werden. Eine solche Absprache ist im amerikanischen Geschäftsalltag üblich und wird daher nicht als Belastung der Geschäftsbeziehungen empfunden. In jedem Fall sollte das *security agreement* vor Lieferung der Waren eingetragen werden. Diese Eintragung stellt den zweiten Schritt des Verfahrens dar. Mit einer ordnungsgemäßen und vollständigen Eintragung wird die Sicherung der Waren auch gegenüber Dritten wirksam.

Artikel 9 des *UCC* enthält unter § 9–501 entsprechende Angaben, bei welchen Stellen – meistens dem *Secretary of State* als zuständige bundesstaatliche Behörde – die Eintragung zu erfolgen hat. Für eine wirksame Sicherung ist insbesondere eine genaue Beschreibung des Gegenstandes, sowie Nennung des Sicherungsgebers (§ 9–503) unter Verwendung der vorgeschriebenen und vorgefertigten Formulare notwendig.

3.5 Produkthaftung

Ein zentrales Problem für jeden Unternehmer ist das Thema Produkthaftung. Insbesondere in den USA erfordert dieses Thema erhöhte Aufmerksamkeit. Amerikanische Produkthaftungsprozesse sind für Europäer ein Schreckensszenario. Dieser Eindruck entsteht durch die hohen Schadensersatzforderungen der Kläger und die Großzügigkeit der *juries*.

Produkthaftungsprozesse sind zumeist Juryprozesse. Ungefähr 90 % dieser Klagen enden in Vergleichen. In der Presse liest man regelmäßig von hohen Schadensersatzzahlungen, zu denen Unternehmen verurteilt werden. Zu beachten ist jedoch, dass die erste Entscheidung in einem solchen Produkthaftungsprozess von einer *Jury* getroffen wird, die sich aus einem Bevölkerungsquerschnitt rekrutiert. Eine so zusammengesetzte *Jury* tendiert eher dazu, zugunsten des Klägers zu entscheiden und ihm eine hohe Schadensersatzsumme zuzusprechen. Diese Entscheidung wird dann vom Richter überprüft und meist ganz erheblich nach unten korrigiert. In der Presse findet die Korrektur meist keinen Niederschlag, wodurch leicht der Eindruck von völlig überzogenen Schadensersatzleistungen entsteht. Zweifellos liegen aber die zugesprochenen Ersatzleistungen auch nach der Korrektur durch den Richter noch ganz erheblich über dem europäischen Niveau. Die Firma *Philip Morris* wurde beispielsweise von einer *Jury* verurteilt an eine an Lungenkrebs erkrankte Raucherin USD 28 Mrd. Schadensersatz zu bezahlen, da man sie nicht hinreichend auf die Risiken des Rauchens hingewiesen hatte. Ein Richter milderte das Urteil ab, indem er *Philip Morris* zur Zahlung von Schadensersatz in Höhe von USD 28 Mio. verurteilte.

Ein umfassender Überblick zur Produkthaftung ist schwer darzustellen, da die Gesetze zur Produkthaftung in den Kompetenzbereich der Staaten fallen und es somit aufgrund mangelnder einheitlicher Bundesgesetzgebung zu großen Unterschieden kommen kann.

Das US-Handelsministerium hat lediglich einen Leitfaden herausgegeben, dem sich die Staaten auf freiwilliger Basis unterwerfen. Danach liegt die Beweislast hinsichtlich eines aufgetretenen Mangels immer beim Geschädigten, allerdings haften Hersteller oder Lieferant auch bei von ihnen ordnungsgemäß angewandter Sorgfalt. Ein Produkt wird als mangelhaft angesehen, wenn es unangemessen gefährlich ist. Dies wird zum einen immer bei fehlenden oder schlecht sichtbaren Warnungen hinsichtlich des Gebrauchs des Produkts angenommen. Ein prominentes Beispiel ist der Fall *Liebeck v. McDonald's Restaurants.*, bei dem der Klägerin hohe Schadensersatzzahlungen zugesprochen wurden, nachdem sie sich mit schlecht gekennzeichnetem, heißen Kaffee übergoss. Als Konsequenz aus diesem Verfahren ist nun auf Kaffeebechern verbreitet die Warnung „Caution: Hot Beverage" zu lesen. Zum anderen wird in einem Test zwischen Nützlichkeit des Produktes und seiner Gebrauchsgefahr abgewogen. Der Geschädigte muss außerdem eine Alternative hinsichtlich der Herstellung vortragen, die der Hersteller zur Schadensvermeidung hätte verwenden können, ohne dass die Gebrauchsfähigkeit des Produkts dadurch eingeschränkt worden wäre.

Bei einem Konstruktionsfehler kann sich der Hersteller zu seiner Verteidigung zwar auf die Anwendung üblicher Industriestandards berufen *(state of the art defense)* oder zu seiner Entschuldigung vorbringen, dass andere Hersteller sich derselben Methode bedienen. Die Verteidigung greift jedoch nicht, wenn die gesamte Branche falsche Berechnungen zugrunde gelegt hat. Bei einem Herstellungsfehler muss der Geschädigte nachweisen, dass der Fehler tatsächlich vom Hersteller ausging. Kann der Geschädigte dies nicht beweisen, so hat er unter Umständen in den Fällen der so genannten *alternative and marketshare liability* trotzdem einem Ersatzanspruch gesamtschuldnerisch bzw. gemäß ihrem Marktanteil gegenüber allen Herstellern, wenn diese keinen Entlastungsbeweis erbringen können und der Geschädigte die Ursache für den eingetretenen Schaden keinem einzelnen Hersteller zuordnen kann.

In allen Bundesstaaten kommen für einen Schadensersatzanspruch die drei gleichen Anspruchsgrundlagen in Betracht: Es gibt die sogenannte *negligence*, also die Haftung aufgrund von Fahrlässigkeit. Hierbei muss der Geschädigte beweisen, dass der Hersteller Sorgfaltspflichten gegenüber dem Verbraucher hatte, die er verletzt hat und dass der Schaden des Geschädigten auf der Sorgfaltspflichtverletzung beruht.

Bei der *strict liability*, der veschuldensunabhängigen Gefährdungshaftung, muss der Geschädigte nur darlegen, dass das Produkt vom Hersteller vertrieben wurde und zu diesem Zeitpunkt unabhängig vom Wissen des Geschädigten unangemessen gefährlich war.

Schließlich gibt es die *warranty*, die Gewährleistungshaftung, bei der im Falle eines Mangels und entsprechendem Schaden vorher eine ausdrückliche oder stillschweigende Gewährleistungszusage seitens des Herstellers gegeben wurde.

Um eine mögliche Schadensersatzpflicht zu vermeiden, sollten ein einwandfreies Produkt geliefert werden, dem eine ausführliche Beschreibung beigelegt ist, die auf alle Gefahren der Nutzung deutlich hinweist, und eine entsprechende Versicherungen für das Unternehmen in den USA abgeschlossen werden.

In den USA sind die Möglichkeiten einer wirksamen vertraglichen Haftungsbeschränkung sehr gering. Produkthaftung ist daher ein ernst zu nehmendes Thema für europäische Unternehmer. In diesem Zusammenhang muss aber auch gesehen werden, dass eine Vielzahl von Unternehmern aus Europa in den USA seit vielen Jahren auch gefährliche Produkte vertreiben, ohne jemals einer Produkthaftungsklage ausgesetzt gewesen zu sein.

3.6 Patent- und Markenrecht

In den USA werden die Patent- und Markenrechte durch das *United States Patent and Trademark Office (USPTO* oder *Office)* vergeben, einer Behörde des US-Handelsministeriums. Wie im deutschsprachigen Raum dient diese reglementierte Vergabe dazu, Produkte, Marken und Investitionen der Antragsteller nach entsprechender Prüfung der Anträge zu sichern. Darüber hinaus nimmt das *Office* beratende Tätigkeiten im Bereich des geistigen Eigentums wahr, veröffentlicht Informationen zu Patenten und Neuvergaben, unterhält Daten von US- und ausländischen Patenten und stellt eine Suchmaschine hinsichtlich sonstiger Patent- und Markenthemen für die Öffentlichkeit zur Verfügung. Weiterhin bietet es Schulungen für Fachleute und Antragsteller über Anforderungen für die Vergabe von Patenten und Markenrechten an.

Mit dem *America Invents Act* wurde am 16. September 2016 eine Art Schiedsgericht für Patentstreitigkeiten eingeführt. Weiter wurde mit dem sogenannten *inter partes review* (IPR) ein Verfahren geschaffen, um die Gültigkeit eines US-Patents vor dem *USPTO* klären zu lassen. Diese neuen Verfahren, welche vor dem sogenannten *Patent Trial and*

Appeal Board, einem Verwaltungsorgan des USPTO, stattfinden, wurde geschaffen, um Patentstreitigkeiten möglichst schnell und fachgerecht beizulegen. Die durchschnittliche Verfahrensdauer hat sich hierdurch maßgeblich verkürzt, was auch daran liegen mag, dass die Antragsteller bzw. Anfechtenden als neue Klagevoraussetzung eine „hinreichende Wahrscheinlichkeit" der Patentverletzung nachweisen müssen.

3.6.1 Patente

Bis auf bestimmte Ausnahmen darf nur der Erfinder ein Patent beantragen. Patente, die sich in den Händen fremder Personen befinden werden ungültig, es sei denn sie unterliegen einer ordnungsgemäßen Rechtsnachfolge. Falls zwei oder mehrere Personen eine Erfindung gemeinsam machen, müssen sie ein gemeinsames Patent beantragen. Hingegen wird eine Person, die sich nur finanziell an dem Projekt beteiligt hat, hinsichtlich der Patentvergabe nicht berücksichtigt.

Obwohl jeder Erfinder selbst einen Antrag bei der *USPTO* stellen und das Verfahren alleine betreiben darf, ist es aufgrund der besonderen Verfahrensweise und den dortigen Schwierigkeiten sehr ratsam fachanwaltlichen Rat einzuholen. Der fachliche Rat wird von Patentanwälten und Patentagenten erteilt, die zu diesen Zwecken von der *USPTO* zugelassen werden müssen. Die *USPTO* führt eine Kartei aller zugelassenen Patentanwälte und Patentagenten, die man zum Zwecke der Beauftragung bei der *USPTO* anfordern kann. (Daneben bieten auch bei der *USPTO* nicht registrierte Firmen und Privatleuten entsprechende Dienstleistungen an, von deren Beauftragung abzuraten ist, da diese die Interessen der Erfinder nicht vor der *USPTO* vertreten dürfen). Nachdem ein zugelassener Patentanwalt oder Patentagent beauftragt worden ist, wird die weitere Korrespondenz nur noch zwischen diesem und dem *USPTO* geführt, wobei der Erfinder jederzeit selbst den Status seines Antrages bei der *USPTO* abfragen kann.

Hinsichtlich der Patentbeantragung wird zwischen zwei Möglichkeiten unterschieden: zum einen gibt es die so genannte *non-provisional application* und zum anderen die *provisional application*. Letztere ist mit geringeren Kosten verbunden und stellt ein Mittel zur frühzeitig wirksamen Patentanmeldung dar, denn sie erlaubt es die Erfindung schon unter der Bezeichnung des *patent pending,* also eines schwebenden Patents, zu etablieren. Dabei muss der Erfinder versichern und beeiden, dass er seiner Meinung nach der Ersterfinder ist. Eine *provisional application* muss innerhalb von zwölf Monaten in eine *non-provisional application* umgewandelt werden, um wirksam zu bleiben.

Das Patent erhält derjenige Erfinder, der es zuerst wirksam beantragt hat (*first-to-file*) und nicht der, der es zuerst erfunden hat (*first-to-invent*). Es besteht die Möglichkeit der bevorzugten Behandlung eines Antrages gegen Gebühr, das sogenannte Track One Programm.

Im Patent- und Markenrecht wird in den USA kein Unterschied zwischen US-amerikanischen und ausländischen Erfindern und den entsprechenden Eintragungsanträgen gemacht. Allerdings müssen Antragsteller, die sich im Ausland befinden einige

Besonderheiten beachten. Zum einen muss der Erfinder den Antrag persönlich stellen und, wie oben bereits erwähnt, einen Eid leisten. Zum anderen wird ein US-Patent nicht vergeben, wenn die Erfindung vor dem Antrag auf Eintragung in den USA bereits in einem anderen Land eingetragen ist oder wenn der ausländische Eintrag länger als zwölf Monate gesichert ist.

3.6.2 *Trademarks* – **Markenrecht**

Die Registrierung einer Marke in den USA ist nicht zwingend erforderlich, vielmehr kann ein Unternehmer Rechte an einer Marke begründen, sofern er sie als Berechtigter benutzt.

Die Registrierung der Marke bringt jedoch viele Vorteile mit sich:

- der Eigentumsanspruch an der Marke wird gegenüber der Öffentlichkeit konstruktiv bekannt gemacht.
- die gesetzliche Vermutung dahin gehend, dass der Unternehmer, für den die Marke registriert wurde, Eigentümer der Marke ist und in Verbindung mit dem Produkt oder der Dienstleistung, für das oder die die Marke registriert wurde, landesweit das exklusive Nutzungsrecht an der Marke hat.
- hinsichtlich der Marke kann beim *Federal Court* Klage eingereicht werden.
- die Registrierung in den USA kann zur Grundlage für die Registrierung in anderen Ländern gemacht werden.
- die Registrierung kann beim *US customs service* eingereicht werden, um die Einfuhr von Gütern zu verhindern, die das Markenrecht des Unternehmers verletzen.

Der Unternehmer sollte vor einem Antrag auf Registrierung prüfen, ob der Registrierung seiner Marke andere Marken entgegenstehen. Dazu stellt das *USPTO* auf seiner Website einen Suchdienst zur Verfügung.

Sobald das *USPTO* entschieden hat, dass die Mindestanforderungen für die Registrierung erfüllt sind, leitet es den Antrag auf Registrierung an einen Rechtsanwalt weiter, den sogenannten *examining attorney*. Der *examining attorney* sieht den Antrag dahin gehend durch, ob er mit dem anwendbaren Recht übereinstimmt und ob alle erforderlichen Gebühren entrichtet wurden. Er prüft unter anderem, ob andere Marken der Registrierung entgegenstehen. Dies dauert einige Monate. Wenn der *examining attorney* zu dem Schluss kommt, dass die Marke nicht registriert werden soll, so legt er die Gründe für die Ablehnung des Antrags in einem Brief an das *USPTO,* dem sogenannten *office action* dar. Der Antragsteller muss dann innerhalb von sechs Monaten gegenüber dem *USPTO* zu den Ablehnungsgründen Stellung beziehen, andernfalls gilt der Antrag als gegenstandslos. Wenn die Stellungnahme des Antragstellers zu keinem anderen Ergebnis führt, so legt der *examining attorney* die Ablehnungsgründe in einem letzten Schreiben dar.

Macht der Unternehmer Ansprüche an einer Marke geltend, kann er die Bezeichnung „TM" *(trade mark)* oder „SM" *(service mark)* verwenden, unabhängig davon ob ein Antrag auf Registrierung bei der *USPTO* eingereicht wurde. Das Registrierungssymbol des Bundes „®" darf er nur benutzen, wenn die *USPTO* die Marke tatsächlich registriert hat, nicht bereits wenn ein Antrag auf Registrierung anhängig ist. Das Registrierungssymbol darf wiederum nur auf oder in Zusammenhang mit dem Produkt oder der Dienstleistung verwendet werden, für das oder die die Marke registriert wurde. Es sei abschließend jedoch darauf hingewiesen, dass Eintragungen in den Registern der einzelnen Staaten vorliegen können, welche der Eintragung bei der USPTO vorgehen können.

3.7   Antitrustbestimmungen

Bis auf wenige Ausnahmen unterliegen Kartellangelegenheiten bundesrechtlichen Regelungen. Im Wesentlichen sind drei Antitrustgesetze zu erwähnen, der *Sherman Act,* der *Clayton Act* und der *Federal Trade Commission Act,* die durch vereinzelte Bundesgesetze und in beschränktem Umfang auch durch einzelstaatliche Gesetze ergänzt werden.

Der *Sherman Act* verbietet alle „Verträge, Zusammenschlüsse und geheime Vereinbarungen, die den Handel beeinträchtigen" sowie das „Ausnutzen einer Monopolstellung und Zusammenschlüsse und Vereinbarungen zur Erlangung einer Monopolstellung innerhalb irgendeines Teils der Wirtschaft". Der Begriff Handel *(trade)* ist weit auszulegen. Handel und Wirtschaft versteht man hier im Sinne zwischenstaatlichen wie auch internationalen Wirtschaftsverkehrs. Verstöße in diesem Zusammenhang können empfindlich Strafen von bis zu US\$ 100.000.000,- nach sich ziehen.

Der *Clayton Act* verbietet verschiedene Arten der Diskriminierung. Bei Kaufgeschäften zum Gebrauch, Verbrauch oder Weiterverkauf in den USA sind beispielsweise Preisdiskriminierungen und Alleinbezugs- oder Koppelungsabsprachen nicht erlaubt. Weiter untersagt dieses Gesetz Diskriminierungsverbote für die Gewährung von Rabatten und Kommissionen, wobei hierfür keine territoriale Beschränkung gilt. Auch sind Fusionen von Gesellschaften ebenso wie direkte oder indirekte Übernahmen von Unternehmen durch Erwerb der entsprechenden Anteile verboten, wenn dies irgendwo im Lande zu einer wesentlichen Beeinträchtigung des Wettbewerbs oder zur Bildung eines Monopols führen könnte.

Der *Federal Trade Commission Act* ist auf den internationalen Handelsverkehr anwendbar. Nach ihm sind Wettbewerbsbeschränkungen durch Preisabsprachen, irreführende Werbung, Boykottmaßnahmen, Kartellbildung und andere unlautere Wettbewerbshandlungen verboten.

Für den Fall einer kartellrechtswidrigen Vereinbarung besteht ein dreistufiges Sanktionsmodell:

Erstens können Verträge die kartellrechtswidrig geschlossen wurden als von Anfang an für zivilrechtlich unwirksam erklärt werden. Geschädigte haben dann einen Schadensersatzanspruch in dreifacher Höhe (Ersatz für den tatsächlich entstandenen Schaden zuzüglich

Geldstrafe, *punitive damage,* die sich auf das Doppelte des eigentlichen Schadensersatzes beläuft) zuzüglich Gerichts- und Anwaltskosten, den sie im Wege einer Privatklage geltend machen können und mit dem sie als Privatpersonen oder Konkurrenten auch Fusionen gerichtlich überprüfen lassen können. Klagen kann allerdings nur, wer aufgrund der Kartellabsprache einen Nachteil erlitten und somit eine Klagebefugnis hat. Dies ist nicht der Fall, wenn die Fusion den Wettbewerb fördert.

Zweitens können Geldstrafen in Höhe von bis zu US$ 50.000 oder Gefängnisstrafen verhängt werden.

Drittens besteht seitens der *Federal Trade Commission* die Möglichkeit, kartellrechtswidrige Vorgehensweisen zu untersagen.

3.8 Insolvenzverfahren

Das in Titel 11 des *United States Code* beschriebene Insolvenzrecht unterliegt in den USA ausschließlich der Bundesgesetzgebung und wird an den *District Courts* meist durch Insolvenzrichter entschieden. Durch bestimmte Verfahren im Rahmen des Insolvenzrechts wird dem Schuldner die Möglichkeit gegeben geschäftlich tätig zu bleiben und erwirtschaftete Einkünfte zum Abbau seiner Schulden zu nutzen. Ein weiteres Ziel des Insolvenzrechts in den USA ist es, bestimmten Schuldnern die Möglichkeit zu geben sich selbst von den angehäuften finanziellen Verpflichtungen zu befreien nachdem ihr Vermögen verteilt worden ist, auch wenn ihre Schulden dadurch nicht vollständig beglichen worden sind.

Wer in die USA expandieren will, denkt sicher nicht an ein Insolvenzverfahren. Ein solches Verfahren kann aber sogar sinnvoll sein, wenn ein bestehendes Unternehmen sich vor gerichtlich geltend gemachten Forderungen, z. B. aus Produkthaftung schützen will, die den Bestand des Unternehmens ernsthaft gefährden. In den USA sind grundsätzlich zwei verschiedene Insolvenzverfahren denkbar.

3.8.1 *Chapter 7* – Liquidation

Zum einen gibt es das im *US Federal Bankruptcy Code* unter *Chapter* 7 geregelte Verfahren der Liquidation, das die Auflösung des Schuldnervermögens bedeutet. Es beinhaltet die Bestellung eines vom Gericht ausgewählten Insolvenzverwalters, der das nichtbefreite Eigentum des Schuldners einzieht, es verkauft und den Erlös dann an die Gläubiger verteilt.

Ein Verfahren nach *Chapter* 7 dauert von dem Zeitpunkt des Insolvenzantrags an bis zum endgültigen Abschluss ungefähr drei Monate. Dabei kann das Insolvenzverfahren entweder durch einen entsprechenden Antrag durch den Schuldner selbst eingeleitet werden oder von den Gläubigern bei Zahlungsunfähigkeit des Schuldners betrieben werden. Im Falle einer Ablehnung des Insolvenzantrages kann erst nach 180 Tagen ein neuer Antrag gestellt werden. Ist ein Insolvenzverfahren beantragt, darf ein Gläubiger seine Forderungen nicht weiter beim Schuldner eintreiben. Werden Schulden dennoch eingetrieben, können wegen Missachtung des Gerichts Strafen verhängt werden und Schadensersatzpflichten entstehen. Zur Insolvenzmasse zählen grundsätzlich alle weltweit zum Vermögen des Schuldners gehörenden Gegenstände und Rechte, nicht jedoch der Lohn sowie Renten- und Pensionsleistungen. Die Aufteilung der Insolvenzmasse an die Gläubiger erfolgt nach deren entsprechenden Rang.

Durch eine Änderung des Insolvenzrechts im Jahre 2005, wurde die Möglichkeit eine Chapter 7 Liquidation durchzuführen erheblich erschwert. Nach dem neu eingeführten § 707 (b) des Chapter 7 muss eine sogenannte „two-part means-Prüfung" durchgeführt werden, um den Anforderungen für eine Chapter 7-Liquidation zu entsprechen. Diese Prüfung findet auf zwei Stufen statt. Auf der ersten Stufe wird geprüft, ob der Schuldner 25 % der nicht priorisierten, ungesicherten Schulden aus dem eigenen Vermögen begleichen kann. Auf der zweiten Stufe wird das Einkommen des Schuldners mit dem Durchschnittseinkommen des jeweiligen Staates, in dem die Liquidation stattfinden soll, verglichen. Liegt das Einkommen darüber und wurde die erste Stufe ebenfalls positiv geprüft, muss der Schuldner zunächst eine Chapter 11 Reorganisation durchführen.

3.8.2 *Chapter 11* – Reorganisation

In den *Chapters 11, 12* und *13* ist ein Reorganisationsverfahren vorgesehen, das dem Schuldner erlaubt weiterhin die Kontrolle über sein Vermögen zu haben und zukünftige Einkünfte dazu zu verwenden, die Gläubiger zu befriedigen. Insbesondere das Verfahren gemäß *Chapter 11* ist beliebt, wenn ein Unternehmen sich vor den Forderungen seiner Gläubiger schützen will, um mittels einer Restrukturierung das Unternehmen zu erhalten. Beispiele hierfür sind United Airlines sowie WorldCom im Jahre 2002, Lehman Brothers 2008, Chrysler und General Motors 2009 sowie seit 2017 Toys „R" Us. Das Unternehmen wird unter der Beaufsichtigung eines Richters fortgeführt.

Der Schuldner muss innerhalb von 120 Tagen einen eigenen Sanierungsplan vorlegen, der vom Gericht genehmigt werden muss. Gelingt dies dem Schuldner nicht, so können die Gläubiger einen entsprechenden Plan vorlegen. Im Verfahren nach *Chapter 11* werden die Gläubiger regelmäßig erhebliche Einbußen erleiden. Das Gesetz geht aber von der Vorstellung aus, dass es für alle Beteiligten besser sein kann die bestehenden Geschäftsbeziehungen auf einer konsolidierten und neu strukturierten Basis fortzuführen.

Für die Frage, welches Verfahren das geeignete ist, sollten ein Rechtsanwalt und ein Finanzberater konsultiert werden. Das Verfahren nach *Chapter 11* würde sich dann anbieten, wenn ein gesunder Unternehmenskern vorhanden ist und unter Berücksichtigung des monatlichen Budgets inklusive aller Rechnungen noch Geld übrig ist, um einen

Beitrag zur Schuldenverringerung zu leisten. Wenn allerdings kein Einkommensüberschuss nach Abzug der monatlichen Mindestkosten vorhanden ist, ist das Verfahren nach *Chapter 7* vorzuziehen, wobei ein Wechsel von einem Verfahren nach *Chapter 11* zum Liquidationsverfahren jederzeit möglich ist.

Grundsätzlich werden in den USA Insolvenzfälle von Kreditauskunfteien, z. B. *Dun & Bradstreet,* bis zu zehn Jahre registriert. Da ein Insolvenzfall ein gerichtliches Verfahren mit sich bringt, sind diese Dokumente auch öffentlich einsehbar, sodass Interessierte jederzeit die entsprechenden Informationen über Insolvenzfälle einholen können.

Allgemeinrechtliche Aspekte der Firmengründung

Sven C. Oehme und Birgit Findeis

Die Betrachtung des amerikanischen Gesellschaftsrechts kennzeichnet eine immer wieder auftauchende Besonderheit des Rechtssystems der USA. Beim amerikanischen Gesellschaftsrecht handelt es sich nicht um Bundesrecht *(federal law)*, sondern um Recht der einzelnen fünfzig Staaten *(state law)*. Zwar gibt es für die meisten Gesellschaftsformen Modellgesetze die den Staaten als Vorbild dienen sollen, jedoch weichen die Gesetze der Einzelstaaten teilweise recht erheblich von diesen Modellgesetzen ab. Einige Staaten, deren Gesellschaftsrecht weiterentwickelt ist als das anderer Staaten, spielen eine stärkere Rolle. Hervorzuheben ist dabei insbesondere der Staat Delaware. Weitere Ausführungen hierzu folgen unter Abschn. 4.2 Gründungsprozess.

Da sich die Rechtsordnungen der einzelnen fünfzig Bundesstaaten teilweise stark voneinander unterscheiden, haben die nachfolgenden Ausführungen zwangsläufig allgemeinen Charakter. Im Einzelfall sollte sich der Niederlassungsgründer daher von einem lokalen Anwalt beraten lassen.

4.1 Rechtsformen

Grundsätzlich unterscheidet das amerikanische Gesellschaftsrecht zwischen sogenannten *Partnerships*-Partnerschaften oder Personengesellschaften- und *Corporations*, Gesellschaften im engeren Sinne ähnlich Kapitalgesellschaften. Daneben existieren noch andere

S. C. Oehme · B. Findeis (✉)
New York, USA
E-Mail: birgit.findeis@eabo.biz

S. C. Oehme
E-Mail: oehme@eabo.biz

© Springer-Verlag GmbH Deutschland, ein Teil von Springer Nature 2019
N. Buch und S. C. Oehme (Hrsg.), *Firmengründung in den USA*,
https://doi.org/10.1007/978-3-662-58422-4_4

Formen, wie die sogenannte *Limited Liability Company* (wörtlich übersetzt „Gesellschaft mit beschränkter Haftung", abgekürzt *LLC*), die eine Mischform darstellt.

4.1.1 *Partnerships* – Partnerschaften

Eine *Partnership* ist ein Geschäfts- oder Investmentunternehmen, welches gemeinsam von zwei oder mehreren Personen (Partnern) mit dem Ziel geführt wird, Gewinne zu erzielen und diese nach vertraglich vereinbarter Gewinnverteilung auszuzahlen. Partner einer *Partnership* können nicht nur natürliche Personen, sondern auch Gesellschaften sein. *Partnerships* sind mit den deutschen Personenhandelsgesellschaften vergleichbar. Es gibt im Wesentlichen drei verschiedene Formen:

- Die *General Partnership* („Allgemeine bzw. Gewöhnliche Partnerschaft"), welche mit der OHG vergleichbar ist,
- die *Limited Partnership,* kurz *LP* („Begrenzte Partnerschaft"), die mit der KG vergleichbar ist und
- die *Limited Liability Partnership,* kurz *LLP* („Partnerschaft mit begrenzter Haftung"), die eine Zwischenform zwischen einer KG und einer GmbH darstellt.

Das Recht der *Partnerships* ist durch mehrere Modellgesetze geprägt. Der *Uniform Partnership Act,* das von fast allen Einzelstaaten übernommene Modellgesetz, regelt diesen Rechtsbereich. Seit 1992 gibt es eine überarbeitete Form, den *Revised Uniform Partnership Act.* Rechtliche Grundlage für die *Limited Partnership* bietet der *Uniform Limited Partnership Act* bzw. der *Revised Uniform Limited Partnership Act.* Die meisten Staaten wenden heute bereits die überarbeiteten Versionen an.

Partnerships unterscheiden sich von *Corporations* insbesondere in der Art der Haftung und der Art der Besteuerung. Dem Grundsatz nach haften Partner für die Verbindlichkeiten der *Partnership* persönlich mit Ihrem Vermögen, während die Haftung des Gesellschafters einer *Corporation* auf seine Einlage beschränkt ist. Die *Partnership* selbst ist kein Steuersubjekt. Die Gewinne der *Partnership* werden als Einkommen der Partner direkt bei diesen versteuert. Die Gewinne von *Corporations* werden grundsätzlich als Einkommen der Gesellschaft besteuert. Mehr hierzu unter Kap. 5.

Die Partner der **General Partnership** haften unbeschränkt mit ihrem gesamten Vermögen für die Verbindlichkeiten der *Partnership.* Jeder Partner berechtigt und verpflichtet durch sein Handeln auch gleichzeitig die anderen Partner. Die Teilhaber haften jedoch nicht nur für die vertraglichen Verpflichtungen, sondern auch für Fehler der anderen Partner und die daraus resultierenden Ansprüche wegen Vertragsverletzung oder deliktischer Schädigung. Ebenso haften sie für die Schäden, die aus Fehlern der Angestellten der *Partnership* entstehen. Ein Partner haftet den Gläubigem gegenüber für die gesamten Verbindlichkeiten der *Partnership,* kann aber im Innenverhältnis in der Regel von den anderen Partnern anteilig Ausgleich verlangen.

Die Rechtsform der **Limited Partnership** erlaubt es einzelnen Partnern, sich an einer *Partnership* zu beteiligen, dabei aber ihre Haftung auf ihren Kapitalbeitrag zu begrenzen. Jedoch muss mindestens ein Partner die unbegrenzte Haftung übernehmen und ist dann verantwortlich für das operative Geschäft. Wie bei der deutschen GmbH & Co. KG kann auch im amerikanischen Recht der unbeschränkt haftende Gesellschafter eine *Corporation oder LLC* sein, sodass auf diese Weise die persönliche Haftung einer natürlichen Person umgangen werden kann. Zu beachten ist in diesem Zusammenhang, dass sich der beschränkt haftende Partner unter Umständen dann mehr nicht auf die Haftungsbeschränkung berufen kann, wenn er sich aktiv an der Führung und dem Management der *Partnership* beteiligt.

Die **Limited Liability Partnership** ist eine weitere Sonderform der *Partnership*. Im Gegensatz zur *General Partnership* haftet ein Partner einer *LLP* in den meisten Staaten nicht für Verfehlungen der anderen Partner oder der Angestellten, die nicht unter seiner Aufsicht stehen. In einigen Staaten jedoch haftet der Partner, wenn er eine Schädigung durch einen anderen Partner duldet und wissentlich nicht verhindert. Der Umfang der Haftungsbeschränkung variiert insbesondere bei der *LLP* von Staat zu Staat erheblich. Teilweise wird nur die Haftung für deliktische Schädigungen ausgeschlossen, teilweise ist auch die vertragliche Haftung vom Haftungsausschluss erfasst. Diese Unternehmensform wird häufig von Freiberuflern wie Steuerberatern, Architekten oder Anwälten gewählt, also Berufen, welche anfällig für „Kunstfehler" sind, um die Haftung für Verfehlungen der anderen Partner zu begrenzen. Am ehesten ist die LLP mit der deutschen Partnerschaftsgesellschaft zu vergleichen.

Der Unternehmer sollte sich über das Recht der infrage kommenden Gründungsstaaten beraten lassen, bevor er sich für eine Rechtsform entscheidet. Bei der *LP* und *LLP* ist zu beachten, dass ihre Partner wie Partner einer *General Partnership* behandelt werden, wenn die Gesellschaft nicht entsprechend den gesetzlichen Bestimmungen gegründet wird. In diesem Fall verlieren sie den beabsichtigten Haftungsschutz.

4.1.2 *Corporations* – Kapitalgesellschaften

Anders als im Recht des deutschen Sprachraums gibt es nicht mehrere Formen von Kapitalgesellschaften, sondern lediglich Abstufungen der Grundform der *Corporation*. Die Gesellschafter der **Corporation** haften in der Regel nur mit der von ihnen eingezahlten oder bis zur Höhe der noch ausstehenden Einlage. Von dieser Grundregel, die der Rechtslage im deutschsprachigen Raum entspricht, gibt es jedoch einige von der Rechtsprechung entwickelte Ausnahmen. Die wichtigsten Beispiele sind Fälle, in denen die *Corporation* von Anfang an praktisch über kein eigenes Vermögen verfügte oder evident unzureichend mit Kapital ausgestattet wurde und die Gesellschafter auf diese Weise das gesamte unternehmerische Risiko auf die Kreditgeber abgewälzt haben. In diesen Ausnahmefällen erlaubt die Rechtsprechung einen Durchgriff auf das Vermögen der Gesellschafter, die dann persönlich für die Verbindlichkeiten der Gesellschaft haften.

Man nennt dies *piercing of the corporate veil*, d. h. der Schleier der Gesellschaft, der die Haftungsbeschränkung symbolisiert, wird durchbrochen.

Im Bereich des Rechts der *Corporations* gibt es bisher kein offizielles Modellgesetz, sondern nur den von der *American Bar Association* und dem *American Law Institute* entworfenen *Model Business Corporation Act*. Einige Staaten nutzen diesen Entwurf zwar als Vorbild, die großen und das Gesellschaftsrecht bestimmenden Staaten wie insbesondere Delaware orientieren sich jedoch nicht hieran. Hinsichtlich der *Corporations* sind die rechtlichen Unterschiede zwischen den Staaten daher bedeutender als im Bereich des Rechts der *Partnerships*.

Besondere Bestimmungen gelten für sogenannte *Closely Held Corporations*, also für *Corporations*, die sich in der Hand einiger weniger Gesellschafter befinden. Die Voraussetzungen für die Qualifikation einer *Corporation* als *Closely Held Corporation* sind von Bundesstaat zu Bundesstaat verschieden. Allgemein darf die Zahl der Gesellschafter eine bestimmte Höchstgrenze nicht überschreiten, wobei die Grenzwerte unterschiedlich sind. Der Vorteil einer *Closely Held Corporation* besteht in vereinfachten Verwaltungsvorschriften, die es den Gesellschaftern erlauben, die Gesellschaft selbst zu führen, ohne ein *Board of Directors* ernennen zu müssen.

Steuerlich unterscheidet man zwischen sogenannten *C-Corporations*, die die beschriebene Grundform darstellen, und *S-Corporations*, bei denen anders als bei den *C-Corporations* der Gewinn nicht auf der Ebene der Gesellschaft, sondern wie bei Partnerships direkt als Einkommen der Gesellschafter versteuert wird. Gesellschafter einer *S-Corporation* können nur natürliche Personen mit amerikanischer Staatsbürgerschaft oder einer Daueraufenthaltsgenehmigung *(Green Card)* sein. Aus diesem letzteren Grunde kann ein Tochterunternehmen einer europäischen Muttergesellschaft keinen Antrag auf Behandlung als *S-Corporation* stellen, weshalb von einer näheren Beschreibung hier abgesehen wird.

4.1.3 *Limited Liability Companies* – Gesellschaften mit beschränkter Haftung

Die **Limited Liability Company** fand das erste Mal im Jahr 1977 im Bundesstaat Wyoming in einem eigenen LLC-Gesetz Erwähnung. Sie zeichnet sich durch eine beschränkte Haftung der Gesellschafter, der sogenannten *Members*, aus. Diese haften anders als die Partner einer *General Partnership* nur mit ihrer Einlage. Außerdem genießt die *LLC* den Vorzug, steuerlich wie eine *Partnership* behandelt zu werden, d. h. die Gewinne werden nicht auf Ebene der *LLC* besteuert, sondern sie sind wie bei einer *Partnership* als Einkommen der Partner bzw. der *Members zu* versteuern.

Die Teilnahme der Gesellschafter an der Geschäftsführung hat anders als bei der *LP* und der *LLP* keinen Einfluss auf die Haftung der Gesellschafter für die Verbindlichkeiten der Gesellschaft. Ihre Haftung bleibt auch in diesem Fall auf die Einlage begrenzt.

Daher erfreut sich diese Rechtsform immer größerer Beliebtheit, was aufgrund jüngerer Entscheidungen wie beispielsweise *Pierre v. Commissioner (2009)* oder *Grecian Magnesite Mining v. Commissioner (2017)* unterstützt wird, da hierdurch nach und nach mehr Rechtssicherheit bezüglich dieser Gesellschaftsform geschaffen wird.

4.1.4 *Sole Proprietorship* – Der Einzelkaufmann

Der Vollständigkeit halber sei an dieser Stelle auch der Einzelkaufmann erwähnt, bei dem es sich nicht um eine Gesellschaftsform, sondern um die Geschäftstätigkeit einer einzelnen Person handelt. Der Verwaltungsaufwand im Zusammenhang mit der Gründung und dem Betrieb eines **Sole Proprietorships** ist geringer als bei den *Partnerships* oder *Corporations,* teilweise kann der Unternehmer schon als Einzelkaufmann agieren, wenn ihm eine Steuernummer für das Einzelunternehmen zugeteilt wurde.

Der Einzelkaufmann haftet persönlich und unbegrenzt für sämtliche Verbindlichkeiten, die im Rahmen seiner Tätigkeit entstehen. Da eine *Partnership* oder eine *Corporation* nach amerikanischem Recht ohne größeren Aufwand gegründet werden kann und hierfür nur eine geringe Kapitalausstattung erforderlich ist, ist die Bedeutung des Einzelkaufmanns gerade wegen des haftungsrechtlichen Gesichtspunktes eher gering.

4.2 Gründungsprozess

Aufgrund der bereits erwähnten unterschiedlichen Staatenregelungen lassen sich zum Gründungsprozess nur allgemeine Aussagen treffen.

Mehr als 50 % der an der *New York Stock Exchange (NYSE)* öffentlich gehandelten Gesellschaften sind nach dem Recht des Staates Delaware gegründet worden. Delaware hat sich in der Vergangenheit in besonderem Maße um die Entwicklung seines Gesellschaftsrechts und die Vereinfachung von Gesellschaftsgründungen bemüht. So kann eine Gesellschaft in Delaware über das Internet innerhalb weniger Stunden gegründet werden, was von den Autoren jedoch nicht angeraten wird.

Die Gerichte in Delaware, die sich mit gesellschaftsrechtlichen Fragestellungen befassen, sind mit professionellen und auf diesem Gebiet besonders erfahrenen Richtern besetzt, die eine schnelle und kompetente Behandlung der ihnen unterbreiteten Rechtsstreitigkeiten gewährleisten. Aus diesem Grunde wählen viele Konzerngesellschaften Delaware als Firmensitz.

Auch im Staat New York hat man in den letzten Jahren den Service für Geschäfts- und Firmengründungen erheblich verbessert und ausgebaut. Die Leistungen sind denen des Staates Delaware angepasst worden, um konkurrenzfähig zu sein. Auch hier gibt es inzwischen qualifizierte Gerichte für wirtschaftsrechtliche Fragen. Da viele Firmen, die in Delaware gegründet wurden, ihre Geschäfte von New York aus tätigen, müssen sie sich auch in New York State rechtlich und steuerlich registrieren. Daher sollte im Einzelfall überlegt werden, ob eine Gründung in New York State sinnvoll ist.

Investoren sind häufig der Ansicht, es sei besser, eine Firma in Delaware registrieren zu lassen, da dort keine Steuern bezahlt werden müssten. Diese Aussage stimmt so leider nicht. Der Bundesstaat Delaware erhebt für Unternehmen keine Einkommensteuer. Das ändert aber nichts an der Tatsache, dass ein in Delaware gegründetes Unternehmen zur Zahlung der *federal taxes* auf Bundesebene verpflichtet ist und auch in allen Staaten, in denen dieses Unternehmen operativ tätig ist.

Daher sollte der Unternehmensgründer zunächst entscheiden, in welchem Staat die Gesellschaft gegründet werden soll. Eine Gesellschaft kann ohne weiteres nach dem Recht eines Bundesstaates der Vereinigten Staaten gegründet werden und ihren Sitz in einem der anderen Staaten haben. Sitzstaat ist in der Regel der Staat, in dem die Gesellschaft hauptsächlich operativ tätig sein wird. Auch hier ist die Gesellschaft rechtlich und steuerlich zu registrieren. Falls die Gesellschaft in weiteren Staaten operativ tätig wird, d. h. einen sog. Nexus begründet, ist die Gesellschaft auch in diesen Staaten rechtlich und steuerlich zu registrieren. Das Gesellschaftsrecht der einzelnen Staaten bezeichnet Gesellschaften, die in einem anderen US-Staat gegründet wurden als *foreign,* also ausländische Gesellschaften.

4.2.1 Die Gründung einer *Partnership*

Die Partner gründen die *Partnership* durch Vertrag *(Partnership Agreement).* Dieser Vertrag bedarf keiner bestimmten Form, sondern ist auch in rein mündlicher Form gültig und bindend. Aus Gründen der Beweissicherheit werden aber in der Regel die Einzelheiten schriftlich festgelegt. Soweit ein Sachverhalt von den Partnern nicht geregelt ist, kommt das allgemeine *Partnership-Recht* des Gründungsstaats zur Anwendung.

Inhalt des Vertrages ist die Regelung aller Angelegenheiten der *Partnership,* wie z. B. die Festlegung des Namens der *Partnership,* der Zweck des Geschäftsbetriebes, die Gewinn- und Verlustverteilung, Name und Anschrift des Zustellungsbevollmächtigten sowie Rechte und Pflichten der Partner, insbesondere ihre Beteiligung an der Unternehmensführung und Höhe und Art ihrer Einlagen. Eine *Partnership* als Zusammenschluss mehrerer Personen kann schon nach seinem Wortlaut nicht von einer einzelnen Person gegründet werden. Es bedarf immer mindestens zwei Partner. Als Firma kann die *Partnership* eine beliebige Bezeichnung wählen. Die meisten Staaten erlauben heute als Gesellschaftszweck für alle Gesellschaftsformen die allgemeine Angabe: „jedes rechtlich zulässige Geschäft – any lawful business".

In vielen Staaten muss sich eine *Partnership* rechtlich registrieren lassen. Dazu muss sie ihren Namen sowie den Namen und die Anschrift der Partner oder mindestens eines Partners der jeweils zuständigen staatlichen Stelle mitteilen. Dies ist in der Regel der *Secretary of State,* der auch für sonstige Meldeangelegenheiten von *Partnerships, Corporations* und *Companies* zuständig ist.

Die *General Partnership* ist die Grundform der Partnership. Jede Partnership, die nicht die Voraussetzungen einer qualifizierten Partnership (Limited Partnership=LP; Limited Liability Partnership=LLP) erfüllt, ist demnach eine General Partnership. Besondere Gründungsvoraussetzungen, wie etwa eine Mindesteinlage gibt es für diese Grundform der Partnership nicht.

Um eine Beschränkung der Haftung einzelner Partner auf ihre Einlage zu erreichen und damit eine *Limited Partnership* zu gründen bzw. um eine bestehende *General Partnership* in eine *LP* umzuwandeln, muss von den Partnern der Gesellschaftsvertrag, das *Certificate of Limited Partnership*, bei der zuständigen staatlichen Behörde eingereicht werden. Diese Anmeldung muss den Namen der *Partnership*, den Gesellschaftszweck, die Namen der persönlich und beschränkt haftenden Partner und die finanzielle Struktur der Beteiligung enthalten. Meist wird eine Registrierungssteuer oder -gebühr in unerheblicher Höhe anfallen. In manchen Staaten gibt es darüber hinaus weitere gesetzliche Anforderungen, wie die Registrierung des Namens der *LP* oder die Verpflichtung zur Veröffentlichung des *Certificates of Limited Partnership*. Bei der Wahl der Firma der *LP* ist zu beachten, dass kein Partner mit beschränkter Haftung in den Namen aufgenommen werden darf. Auch sollte im Namen der Rechtsformzusatz *Limited Partnership* oder *LP* enthalten sein.

Die Gründung einer *Limited Liability Partnership* bzw. die Umwandlung einer *General Partnership* in eine *LLP* läuft im Wesentlichen wie die Umwandlung einer *General Partnership* in eine *Limited Partnership* ab. Die *Partnership* muss sich in der Regel bei einer zuständigen staatlichen Stelle unter Angabe der genannten Informationen als *LLP* registrieren lassen. Auch hier kann eine Registrierungsgebühr in unerheblicher Höhe anfallen.

Schließlich ist zu beachten, dass sich *Partnerships*, die in einem anderen Staat als ihrem Gründungsstaat aktiv werden wollen, in dem jeweiligen (Tätigkeitsstaat-) Staat als „*Foreign Partnership*" rechtlich und steuerlich registrieren müssen, um geschäftlich tätig werden zu dürfen.

4.2.2 Die Gründung einer *Corporation*

Die Gründung einer *Corporation* ist meist aufwendiger und teurer als die Gründung einer *Partnership*, jedoch verhältnismäßig unproblematisch im Vergleich zum Gründungsprozess einer Kapitalgesellschaft im europäischen Raum. Erster Schritt in der Gründung einer *Corporation* ist der Abschluss eines Gründungsvertrages *(Articles of Incorporation* oder *Certificate of Incorporation)*, der bei der zuständigen staatlichen Stelle, dem *Secretary of State*, eingereicht werden muss. Einige Staaten verlangen, dass der Vertrag durch einen Notar *(notary public)* beglaubigt wird. Als Mindestinhalt dieses Vertrages und der Anmeldung bei der zuständigen staatlichen Stelle werden verlangt:

- die Firma der Gesellschaft, die einen Bezug zur Rechtsform enthalten muss (z. B. „Corporation"; „Corp.", „Incorporated", „Inc."),
- der Gesellschaftszweck, wobei dieser wie bei den *Partnerships* in den meisten Staaten allgemein gehalten sein kann,
- ggfs. befristete Dauer der Unternehmung,
- Geschäftssitz,
- Name und Anschrift des Zustellungsbevollmächtigten,
- Angaben über die Art, Zahl und Wert der ausgegebenen Aktien,
- die Anzahl und die Namen der Direktoren,
- unter Umständen die Namen und Anschrift des oder der Gründer.

Der Zustellungsbevollmächtigte ist ein in dem Staat der Gründung befindlicher Vertreter der Gesellschaft. In den einzelnen Staaten gibt es zahlreiche Firmen, die gegen ein jährliches Entgelt als Zustellungsbevollmächtigte für Gesellschaften mit Hauptsitz außerhalb dieses Staates fungieren.

Corporations dürfen in den meisten Staaten von einem einzelnen Gesellschafter gegründet werden, sodass in diesem Fall kein Vertrag im eigentlichen Sinne vorliegt, sondern vielmehr eine sogenannte Gründungserklärung. Ratsam ist es, in dieses Dokument eine Passage aufzunehmen, die die Direktoren des Unternehmens von der persönlichen Haftung, wie sie in Gesetzen der einzelnen Staaten oft vorgesehen ist, ausschließt.

In einigen wenigen Staaten ist ein Mindestkapital erforderlich. Die Anforderungen sind jedoch erheblich niedriger als in Europa. Gewöhnlich wird ein Kapital von nicht mehr als US$ 1000 vorausgesetzt.

Mit der Einreichung der Anmeldung wird in der Regel wie bei einer *Partnership* eine Anmeldungsgebühr fällig. Manche Staaten sehen weitere Abgaben vor, wie z. B. der Staat Delaware, der eine Anmeldesteuer *(filing fee)* und eine jährliche Konzessionssteuer *(franchise tax)* erhebt. Diese Steuern werden nach Art und Zahl der ausgegebenen Aktien berechnet. Aufgrund unterschiedlicher Berechnungsmethoden variiert die Höhe der Abgaben, jedoch betragen die zu zahlenden Beträge in den meisten Staaten nur wenige hundert Dollar.

Die zuständige Stelle, bei der die Papiere eingereicht werden, bestätigt die Anmeldung durch die Ausstellung einer Gründungsurkunde, *Certificate of Incorporation*. Dies ist jedoch nicht etwa als eine Art Handelsregistereintragung zu verstehen. Die staatliche Stelle bestätigt damit lediglich, dass die *Corporation* bei ihr angemeldet worden ist. Die Meldung dient der Erfassung der Gesellschaft als Steuersubjekt.

Ein dem Handelsregister entsprechendes Verzeichnis, das öffentlichen Glauben genießt, gibt es in den USA nicht.

Mit der Gründungsurkunde wird den Anmeldern das Siegel der *Corporation* übersandt, sofern es beantragt wird. Die Bedeutung dieses Siegels nimmt zunehmend ab. Während früher viele gesellschaftliche Vorgänge und Transaktionen, wie z. B. die Ausstellung der Aktien, einer Siegelung bedurften, haben viele Staaten diese Vorschriften abgeschafft oder eingeschränkt.

Einige Bundesstaaten schreiben neben der Anmeldung der *Corporation* eine Veröffentlichung des *Certificates* in einer Zeitung vor oder verpflichten die *Corporations*, sich auch in jedem einzelnen Bezirk eines Staates *(county)*, in dem die Gesellschaft tätig werden will, eigens registrieren zu lassen.

Zu welchem Zeitpunkt die *Corporation* rechtlich entsteht, ist in den einzelnen Staaten unterschiedlich geregelt. Teilweise wird dabei auf den Zeitpunkt der Einreichung des Antrags auf Anmeldung abgestellt, teilweise beginnt die rechtliche Existenz erst mit der Ausstellung der Gründungsurkunde durch die zuständige staatliche Stelle.

Nächster Schritt in der Gründungsphase ist die Abhaltung der Gründungsversammlung, in der die Gründer die ersten Direktoren des *Board of Directors* wählen, die ihrerseits dann die *Executive Officers* bestellen. Im Hinblick auf die Unternehmensführung sieht das amerikanische Gesellschaftsrecht ein vom kontinental-europäischen System stark abweichendes Konzept vor. Das *Board of Directors* hat im Gegensatz zum in Europa bekannten Aufsichtsrat weitergehende Funktionen und Aufgaben und ist von daher eher mit dem schweizerischen Verwaltungsrat vergleichbar. Die *Officers* nehmen nur die Aufgaben der laufenden Geschäftsführung wahr. Es gibt keine strikte Trennung zwischen den beiden Organen, sodass die *Officers* durchaus oft auch die Stellung eines *Directors* der Gesellschaft innehaben.

Des Weiteren wird die Satzung der Gesellschaft, die sogenannten *by-laws*, verabschiedet. Diese Satzung regelt die internen Fragen der Gesellschaft, wie die Anzahl der Mitglieder des *Board of Directors,* die Befugnisse der *Officers,* Quoren. Die Satzung wird vom *Board of Directors* verabschiedet.

4.2.3 Die Gründung einer *Limited Liability Company*

Eine *LLC* wird gegründet, indem die Gründer den schriftlich geschlossenen Gründungsvertrag *(Articles of Organization)* bei der dafür zuständigen Behörde einreichen. Dieser Gründungsvertrag muss wenigstens den Namen der *LLC,* den Gesellschaftszweck, den Zustellungsbevollmächtigten *(Registered Agent)* und den Sitz der Gesellschaft *(Registered Office)* enthalten. Die Firma der *LLC* muss den Zusatz „*Limited Liability Company*", „*Limited Company*", LLC oder LC tragen. Nahezu alle Staaten lassen heute *LLCs* zu, die nur einen einzelnen Gesellschafter haben.

Neben den *Articles of Organization* ist von der *Company* eine Satzung, das sogenannte *Operating Agreement* aufzustellen. Darin werden verfahrensrechtliche Regelungen wie die Organisation der Mitgliederversammlung, Quoren und Form der Abstimmung festgelegt. Ein Mindestkapital ist für die Gründung nicht erforderlich.

4.2.4 Die Gründung eines *Sole Proprietorship*

Besondere Gründungsvorschriften gibt es nicht. In einigen Staaten besteht jedoch eine Registrierungspflicht, aufgrund deren der zuständigen staatlichen Stelle Firma, Name und Anschrift des Geschäftsinhabers mitgeteilt werden müssen.

4.3   *Mergers & Acquisitions* – Unternehmensübernahme

Eine andere Form der Investition in ausländische Märkte ist die Übernahme eines bereits bestehenden Unternehmens oder von Unternehmensteilen. Wie im deutschen Rechtsraum wird unterschieden zwischen sogenannten Fusionen/Verschmelzungen *(Mergers)* und Unternehmenskäufen bzw. -übernahmen im eigentlichen Sinne *(Acquisitions)*.

4.3.1   Formen des Unternehmenskaufs

Im amerikanischen Recht werden drei Formen der Unternehmensübernahme unterschieden:

- Der **Merger**, bei dem das zu erwerbende und das eigene Unternehmen verschmolzen werden und die Aktionäre des erworbenen Unternehmens Aktionäre des eigenen Unternehmens werden. Ein prominentes Beispiel hierfür war die Fusion der Daimler-Benz AG mit der Chrysler Corporation.
- Der sogenannte **Share Deal oder Stock Sale,** bei dem die Gesellschafteranteile, d. h. in der Regel die Aktien des anderen Unternehmens, erworben werden. Das erworbene Unternehmen bleibt dabei eine eigene rechtliche Einheit. Das amerikanische Unternehmen Voicestream wurde z. B. im Rahmen eines *Share Deals* von der Deutschen Telekom übernommen.
- Der **Asset Deal**, bei dem die Aktiva bzw. die einzelnen Wirtschaftsgüter des zu erwerbenden Unternehmens oder eines Unternehmensteiles erworben werden.

Wegen der weitreichenden rechtlichen Folgen muss die Art des Unternehmenskaufs sorgfältig ausgewählt werden. Je nachdem sind unterschiedliche Zustimmungsquoten der Aktionäre notwendig, steuerliche Konsequenzen müssen bedacht werden, ggfs. muss die Zustimmung von Gläubigern eingeholt werden, und teilweise lässt sich ein ungewollter Schuldenübergang nicht vermeiden. Des Weiteren gilt zu beachten, dass schon auf nationaler Ebene die Integration verschiedener Unternehmenskulturen Schwierigkeiten mit sich bringt. Bei bilateralen Zusammenschlüssen können sich solche Schwierigkeiten potenzieren, wenn nicht sorgfältig vorgegangen wird. Umfassende rechtliche und steuerliche Beratung und eine sorgfältige *due dilligence* ist hier zwingend erforderlich, da nach dem aus dem angelsächsischen Rechtskreis stammenden Prinzip des *caveat emptor* der Käufer das Risiko des mangelhaften Übergangs der Kaufsache trägt. Nachfolgende Ausführungen haben daher lediglich Überblickscharakter.

Asset Deal
Der große Vorteil eines *Assel Deal* besteht darin, dass das erwerbende Unternehmen nicht notwendigerweise die Schulden des verkauften oder verkaufenden Unternehmens übernehmen muss. Eine umfängliche Haftung für Firmenfortführung, wie sie das HGB vorsieht, gibt es in den USA nicht. Allerdings hat die Rechtsprechung in vielen Staaten,

insbesondere auch in New York, eine so genannte „Nachfolgerhaftung" *(Successor Liability)* entwickelt. Da die Gerichte die Kriterien der Nachfolgehaftung von Fall zu Fall kombinieren und anders entscheiden, sind allgemeine Aussagen nicht möglich. Wichtig ist, dass die Haftung in der Praxis vertraglich weitgehend ausschließbar ist.

Ein weiterer Vorteil ist, dass nicht alle Aktiva des veräußernden Unternehmens übernommen werden müssen, sondern der Käufer eine Auswahl treffen kann. Auch bietet der *Assel Deal* die Möglichkeit, durch eine günstige Verteilung des Kaufpreises auf die Einzelgegenstände entsprechende Abschreibungsmöglichkeiten für den Käufer zu schaffen. Das Gesellschaftsrecht der meisten Staaten sieht eine obligatorische Zustimmung der Aktionäre des veräußernden Unternehmens vor, soweit bei dem *Asset Deal* nahezu alle Aktiva eines Unternehmens verkauft werden. Dies hat den Vorteil, dass man nach dem Erwerb nicht Gefahr läuft, mit Minderheitsaktionären konfrontiert zu werden.

Hauptnachteil des *Asset Deal* sind die verhältnismäßig hohen Kosten, die daraus resultieren, dass für jeden einzelnen Gegenstand ein eigener Vertrag geschlossen und jeder Gegenstand einzeln übertragen werden muss. Auch lassen sich manche Gegenstände nicht oder nur unter Zustimmung Dritter übertragen.

In den meisten Staaten müssen die Aktionäre des verkaufenden Unternehmens dem Verkauf eines wesentlichen Teils der Aktiva zustimmen. Wegen der obligatorischen Aktionärsversammlung ist der Prozess meist langwieriger als ein *Share Deal*. In vielen Staaten ist zudem eine 2/3-Mehrheit erforderlich. Auch unterfällt der Verkauf von Aktiva in der Regel den Vorschriften der *Sales Tax,* was den Prozess zusätzlich verteuert.

Anders als beim *Share Deal* geht bei einem *Asset Deal* meist auch die *Corporate Identity* verloren, was negative Auswirkungen auf die Beziehung zu Kunden, Zulieferern und Angestellten haben kann.

Share Deal

Der *Share Deal* ist im Vergleich zum *Assel Deal* oftmals kostengünstiger, da nicht jeder einzelne Vermögenswert des Unternehmens gesondert übertragen werden muss. Eine Aktionärsversammlung ist weder aufseiten des Käufers, noch des Verkäufers erforderlich. Die Aktionäre können sich jeder einzeln für oder gegen das Angebot entscheiden. Auf diese Weise lässt sich auch ein dem Erwerb ablehnend gegenüberstehendes Management des zu erwerbenden Unternehmens umgehen.

Ein weiterer Vorteil ist, dass sich mangels Notwendigkeit einer Aktionärsversammlung der *Share Deal* relativ schnell abwickeln lässt, soweit keine kartellrechtlichen Wartefristen zu beachten sind. Des Weiteren kann bei einem *Share Deal* anders als beim *Assel Deal* oder einem *Merger* das zu erwerbende Unternehmen als Firma und rechtlich selbstständiges Unternehmen bestehen bleiben. Ein Beispiel hierfür ist die Übernahme von LinkedIn durch Microsoft, welches als Tochterunternehmen weiter bestehen blieb. Darüber hinaus gehen die Verbindlichkeiten des Unternehmens nicht direkt auf das erwerbende Unternehmen über, vielmehr kann der Erwerber seine Haftung auf das Investment begrenzen, falls in der Folge das erworbene Unternehmen mit dem erwerbenden Unternehmen nicht verschmolzen wird. Schließlich fällt keine *sales tax* für den Kauf der Aktien an. Einige Bundesstaaten sehen allerdings so genannte *stock transfer taxes* vor, sodass zwar nicht der Kauf, aber die Übertragung der Aktien besteuert wird.

Der Nachteil des Share Deal besteht vor allem darin, dass wegen des Erwerbs des gesamten Unternehmens zwangsläufig auch dessen gesamte Schulden übernommen werden müssen. Auch kann der Käufer sich nicht „die Rosinen herauspicken", sondern muss das gesamte Unternehmen übernehmen, d. h. auch solche Aktiva, an denen er kein Interesse hat. Von Nachteil ist auch, dass unter Umständen der Erwerber mit einer Anzahl von nicht verkaufswilligen Minderheitsaktionären konfrontiert wird. Diese verursachen schon wegen der Notwendigkeit einer jährlichen Aktionärsversammlung unerwünschte Kosten. Auch können diese Aktionäre von ihrem so genannten *„right of appraisal"* Gebrauch machen. Dieses Recht verpflichtet die erwerbende Gesellschaft, die Aktien der Minderheitsaktionäre zu einem fairen Preis zu erwerben, auch wenn sie beispielsweise nur eine 2/3-Mehrheit angestrebt hat.

Merger

Ein *Merger* zeichnet sich ebenfalls durch relative Kostengünstigkeit im Vergleich zum *Asset Deal* aus, weil auch hier nicht die einzelnen Aktiva übertragen werden müssen. Der große Vorteil gegenüber dem *Share Deal* besteht darin, dass beim *Merger* keine Aktionärsminderheiten entstehen.

Kehrseite ist, dass das erworbene Unternehmen aufhört, rechtlich zu existieren und alle Schulden unmittelbar auf das übernehmende Unternehmen übergehen. Auch fallen mehr Kosten an als bei einem *Share Deal,* weil zwei Aktionärsversammlungen abgehalten werden müssen, da die Aktionäre beider Unternehmen dem *Merger* zustimmen müssen.

Zudem müssen in der Regel beide Versammlungen dem *Merger* mit qualifizierter Mehrheit zustimmen. Ein weiterer Nachteil ist, dass wegen der Natur des *Mergers* keine Garantien oder Zusicherungen bezüglich des zu erwerbenden Unternehmens abgegeben werden, sodass dem erwerbenden Unternehmen für Schadensersatzansprüche niemand haftet.

4.3.2   *Antitrust Law* – Kartellrechtliche Bestimmungen

Das amerikanische Kartellrecht ist hauptsächlich in drei Statuten kodifiziert. Mit dem *Sherman Act* von 1890, wurden im Wesentlichen Beschränkungen des Handels und die Schaffung von Monopolen verboten. Zum anderen untersagt der *Federal Trade Commission Act* unfaire Wettbewerbsmethoden. Diese Vorschriften spielen aber neben dem *Clayton Act*, der insbesondere Unternehmenskäufe regelt, kaum eine Rolle. Die Prüfungskriterien für einen Unternehmenskauf sind in der Regel die gleichen und die Rechtsprechung orientiert sich am *Clayton Act* und zitiert die anderen Vorschriften nur in diesem Zusammenhang.

Grundsätzlich ist nach den Vorschriften des *Clayton Acts* der Erwerb eines Unternehmens nicht zulässig, wenn dieser Erwerb geeignet ist, den Wettbewerb wesentlich zu vermindern oder die Tendenz aufweist, ein Monopol zu schaffen. Der Begriff des Unternehmenserwerbs wird in diesem Zusammenhang weit verstanden und erfasst alle möglichen Arten des Erwerbs wie *Mergers, Share* und *Assets Deals,* freundliche Übernahmen bis hin zur Bildung eines *Joint Ventures.*

Das zentrale Kriterium der Richtlinien ist, ob der Erwerb das übernehmende Unternehmen in die Lage versetzen würde, die Preise für seine Produkte für einen nicht unbedeutenden Zeitraum signifikant zu erhöhen. Um dies festzustellen, sehen die Richtlinien ein bestimmtes Beurteilungssystem vor. Ausgangspunkt ist ähnlich wie im europäischen Kartellrecht die Definition des relevanten Marktes mittels des Kriteriums der Austauschbarkeit der Produkte. In einem weiteren Schritt werden die Marktanteile der Wettbewerber und die Konzentration des Marktes ermittelt. Wenn man sich in einem sehr konzentrierten Markt befindet, d. h. in einem Markt in stark konsolidiertem Stadium mit wenig Wettbewerbern, führt dies eher zur Untersagung des Erwerbes als in weniger konzentrierten Märkten.

Darüber hinaus gibt es im Einzelfall noch weitere Kriterien. Dazu zählen unter anderem die Möglichkeit eines Markteintrittes durch Dritte, die technologischen Entwicklungen der Branche, die ökonomische Effizienz der Transaktion und die finanzielle Ausstattung der Wettbewerber.

Um den Behörden eine Kontrollmöglichkeit zu geben, wurde bereits 1976 der *Hart-Scott Rodino Antitrust Improvements Act* erlassen, der in bestimmten Fällen Meldepflichten über die Parteien des Geschäftes, die Art der Transaktion, den prozentualen Anteil des Erwerbes an dem Unternehmen, Umsätze des erworbenen Unternehmens etc. vorschreibt.

Sofern die Transaktion unter die Meldepflicht fällt, ist sie bei der *Federal Trade Commission* und dem *Department of Justice* anzumelden. Es müssen Erwerbe gemeldet werden, bei denen a) entweder das erwerbende oder das zu erwerbende Unternehmen über die Grenzen der USA hinweg oder über die Grenzen eines Staates der USA hinweg tätig ist, b) ein Anteil von mindestens 15 % eines Unternehmens erworben wird, oder die erworbenen Aktien oder *assets* einen Wert von mehr als US$ 15 Mio. haben und wenn c) eines der beteiligten Unternehmen jährliche Umsätze oder *assets* von mindestens US$ 100 Mio. und das andere Unternehmen jährliche Umsätze oder *assets* von mindestens US$ 10 Mio. hat.

Die Kontrolle der Einhaltung der kartellrechtlichen Vorschriften obliegt in den USA nicht nur den zuständigen staatlichen Stellen. Ein kartellrechtliches Verfahren kann vielmehr auch durch Privatpersonen oder andere Unternehmen beantragt werden. In diesen Fällen kann dem (potenziellen) Käufer nicht nur der Erwerb untersagt oder die Rückabwicklung eines vollzogenen Erwerbes aufgegeben werden, sondern dem Antragsteller können auch Schadensersatzansprüche in dreifacher Höhe, so genannte *trebel damages,* zugesprochen werden. Derartige Verurteilungen sind aber, da die Beweislast für den Schaden beim Antragsteller liegt, selten. Allgemein sollte der Erwerb eines Unternehmens in den Vereinigten Staaten auch unter kartellrechtlichen Gesichtspunkten frühzeitig und vollständig geplant werden. Dabei sind die folgenden Punkte zu beachten:

- Unter Beratung durch einen Experten sollte eine erste Analyse des kartellrechtlichen Risikos durchgeführt werden, bevor mit den Erwerbsverhandlungen begonnen wird.
- Schon die Verhandlungen selbst können ein kartellrechtliches Problem darstellen, da der Informationsaustausch konkurrierender Gesellschaften einen Verstoß gegen die Vorschriften des *Sherman Acts* darstellen kann, wenn die mögliche Konsequenz eine Verminderung des Wettbewerbes ist. Aus diesem Grunde sollten zum einen nur die für den Erwerb notwendigen Informationen ausgetauscht werden. Zum anderen sollten die Informationen nur solchen Personen zugänglich gemacht werden, die keinen Einfluss auf die Führung des operativen Geschäftes haben, um hier einen Interessenskonflikt auszuschließen.
- Bei dem Entwurf des Kaufvertrages können sich kartellrechtliche Probleme ergeben, wenn die Parteien Vereinbarungen bezüglich des zukünftigen Wettbewerbes treffen. Das ist zum Beispiel der Fall, wenn sich das verkaufende (Mutter-)Unternehmen verpflichtet, sich des Wettbewerbes in dem verkauften Geschäftsbereich zumindest zeitweise zu enthalten. Hier muss der Rat eines Experten eingeholt werden, um den Interessen insbesondere des Käufers zum Erfolg zu verhelfen.
- Die Unterlagen für die vorgeschriebenen Meldungen sollten frühzeitig entworfen werden, um unnötige Verzögerungen zu vermeiden. Bei Zweifeln über die Meldepflicht sollte vorsichtshalber unter Einreichung einiger Eckdaten die Beurteilung der zuständigen Behörden erfragt werden.

4.3.3 Sonstige Bestimmungen und Beschränkungen

Wie die Gründung von Unternehmen in verschiedenen Industriezweigen unterliegt auch der Erwerb von Unternehmen durch Staatsangehörige anderer Staaten, Nicht-US-Gesellschaften oder US-Gesellschaften, die sich zum Teil in der Hand von Ausländern befinden, gewissen Beschränkungen. Im Wesentlichen kann hierbei auf die oben genannten Ausführungen verwiesen werden.

Theoretisch können einem Unternehmenskauf die Vorschriften des *Exon – Florio Amendment* und des *Omnibus Trade and Competitiveness Acts* entgegenstehen, deren Ziel die Wahrung der nationalen Sicherheit ist. Die Anwendung der Vorschriften ist aber höchst selten. Nach dem *Exon-Florio-Amendment* kann der Präsident den Erwerb eines US-Unternehmens durch einen ausländischen Investor verhindern. Neben den Genehmigungsvorschriften und tatsächlichen Beschränkungen des Erwerbes von US Unternehmen existieren weitere Meldevorschriften. Nach dem *International Investment Survey Act Of 1976* muss jede Investition in ein US-Unternehmen, die zu einer Beteiligung von mehr als 10 % führt, dem *US Departement of Commerce* mitgeteilt werden. In der Folge müssen unter Umständen die Jahresbilanzen und Quartalsberichte eingereicht werden. Ausnahmen gelten für kleinere Unternehmen, deren Aktiva den Wert von einer Million Dollar nicht überschreiten.

4.4   *Joint Venture* – **Gemeinschaftsunternehmen**

Das *Joint Venture* ist keine Gesellschaftsform im eigentlichen Sinne, sondern vielmehr der Vertrag zwischen mindestens zwei Personen, insbesondere juristischen Personen, der die Zusammenarbeit und Kooperation der Vertragsparteien regelt.

Das *Joint Venture* kann in der Form einer *Partnership* oder einer *Corporation,* an der die Vertragsparteien beteiligt sind, organisiert sein; zwingend ist diese Organisation allerdings nicht.

Die Vertragsparteien einigen sich insbesondere über die Form und Höhe der Beteiligung und über die Verteilung der Gewinne und Verluste.

In der Regel ist das *Joint Venture* nicht auf Dauer angelegt, sondern dient der Erfüllung eines bestimmten Zweckes. Nach der Erreichung dieses Zweckes wird das *Joint Venture* aufgelöst.

Das *Joint Venture* hat keine eigene Rechtspersönlichkeit. Diese erlangt es nur, wenn es in der Form einer *Corporation* organisiert wird. Steuerlich ist das *Joint Venture* daher auch kein Rechtssubjekt; die Gewinne werden als Einkommen der Vertragsparteien versteuert. Dies gilt selbstverständlich nicht, wenn eine eigene *Corporation* gegründet wurde, unter deren „Dach" das Joint Venture stattfindet. Die Gewinne der *Corporation* werden dann auf Gesellschaftsebene besteuert.

Grundsätzlich macht ein *Joint Venture* immer dann Sinn, wenn sich die Vertragsparteien in irgendeiner Weise ergänzen, z. B. wenn der eine Partner ein bestimmtes Wissen oder eine bestimmte Technik und der andere Partner das nötige Geld für die Produktion des Produktes oder Produktionsstätten selbst hat. Ein *Joint Venture* bietet sich im internationalen Verkehr insbesondere zwischen nationalen Vertriebsgesellschaften und Gesellschaften an, die ihr Produkt in die USA exportieren wollen.

4.5   *Branch Office* – **Zweigniederlassung**

Eine weitere Möglichkeit, in den USA aktiv zu werden, ist die Eröffnung einer Zweigniederlassung. Zweigniederlassungen sind organisatorische Einheiten, die rechtlich Teil der Muttergesellschaft sind, aber keine eigene Rechtspersönlichkeit besitzen.

Die Eröffnung einer Zweigniederlassung ist grundsätzlich unproblematisch. Notwendige Voraussetzung ist meist lediglich die Registrierung der ausländischen Firma bei der zuständigen Stelle des jeweiligen Bundesstaates. Für einzelne Industriezweige, insbesondere Banken und Versicherungen, gelten spezielle Vorschriften. Da die Zweigniederlassung keine eigene Rechtspersönlichkeit hat, haftet die deutsche Muttergesellschaft unmittelbar für die Verbindlichkeiten, die durch die Tätigkeit der Zweigniederlassung entstehen.

Hier liegt auch der Vorteil für die Gründung eines eigenen Tochterunternehmens in den USA. Wählt die Muttergesellschaft eine Rechtsform, bei der sie als Eigentümer des Tochterunternehmens nicht persönlich haftet, minimieren sich die Haftungsrisiken für die Muttergesellschaft. Dies ist ratsam, zumal die Gründung einer *Corporation* ohne besondere Schwierigkeiten möglich ist.

4.6 Genehmigungsverfahren

Vielfach werden die USA für ihre Unternehmerfreundlichkeit gepriesen. Oft wird in Europa zynisch bemerkt, Unternehmensgründungen wie Microsoft, Hewlett Packard seien hierzulande gar nicht möglich, da diese Unternehmen in Garagen begonnen hätten, was in Europa unzulässig sei. Allerdings sind auch einige bürokratische Hürden in den USA zu nehmen, bevor die Geschäftätigkeit aufgenommen werden kann. Man bemüht sich aber, das *red tape*, wie im angelsächsischem Raum die Hindernisse der Bürokratie bezeichnet werden, auf ein Minimum zu beschränken. Die Vielzahl der möglichen Genehmigungen, die ein Unternehmer je nach Geschäftsgegenstand einzuholen hat, macht es unmöglich, an dieser Stelle alle Genehmigungsverfahren aufzuzählen. Nachfolgend wird daher ein Überblick über solche Genehmigungsbereiche gegeben, die eine überwiegende Zahl von Unternehmen betreffen.

4.6.1 *Business Licence* – Gewerbekonzession

Manche Unternehmensbetätigungen dürfen wie im deutschsprachigen Europa nur nach vorheriger Genehmigung ausgeübt werden. So sind für die meisten handwerklichen Berufe und die Berufe des Bauunternehmers, Versicherungsagenten und Immobilienmaklers entsprechende Prüfungen abzulegen.

In der Regel muss für jede Stadt und jeden Bezirk, in dem das Unternehmen tätig werden will, bei der zuständigen Stelle eine diesbezügliche Genehmigung beantragt werden. Teilweise wird eine einmalige Gebühr erhoben, teilweise muss der Unternehmer eine jährliche Zahlung leisten.

Auskunft geben hier die lokalen Stellen (*Licensing Bureau* oder *County Registrar*). *Die Federal Trade Commission* gibt auf Bundesebene Auskunft. Auf Ebene der Einzelstaaten ist der *Secretary of State* oder das *State Department* zuständig oder jedenfalls eine erste Anlaufstelle.

Bestimmte Industriezweige bedürfen darüber hinaus besonderer einzelstaatlicher Genehmigungen oder sogar einer Genehmigung durch eine Bundesbehörde:

- Der Bankensektor ist sowohl auf Bundesebene wie auch auf Einzelstaatenebene reguliert. Ein Tätigwerden ausländischer Banken auf dem US-Markt ist möglich, aber von verschiedenen Genehmigungen abhängig. Zunächst muss eine Genehmigung des *US Federal Reserve Boards* eingeholt werden, des Weiteren sind Genehmigungen der jeweils zuständigen Behörden der Einzelstaaten erforderlich.
- Die Gründung und der Erwerb von Versicherungsunternehmen werden auf Ebene der Einzelstaaten reguliert. In der Regel muss die zuständige staatliche Behörde zustimmen. Manche Staaten beschränken den Erwerb auf US-Staatsangehörige oder Unternehmen in der Hand von US-Staatsbürgern oder schreiben vor, dass jedenfalls

das Management aus US-Staatsangehörigen bestehen muss. Die zuständige Behörde wird häufig als *State Insurance Commissioner* bezeichnet, der über die Vorschriften des jeweiligen Staates Auskunft erteilt.

- Der Betrieb von Radio- und Fernsehstationen bedarf einer Lizenz durch die *Federal Communications Commission*. Derartige Lizenzen können nach dem *Federal Communications Act of 1934* nur durch Staatsangehörige und US-Gesellschaften erworben werden, deren Kapital sich zu nicht mehr als 20 % in ausländischer Hand befindet.

4.6.2 *Zoning Regulations* – Baurecht

Beim Anblick amerikanischer Innenstädte mag für den europäischen Betrachter der Eindruck entstehen, die Bautätigkeit werde nicht oder nur in sehr beschränktem Umfang staatlich geleitet. Dem ist indes nicht so. Wie auch in Deutschland gibt es eine umfängliche Regulierung der privaten Bautätigkeit.

In den USA existieren Beschränkungen der Nutzbarkeit bestimmter Gebiete für spezielle Verwendungen, das sogenannte *zoning*. Im Rahmen des *zoning* werden unterschiedliche Gebiete einer Gemeinde *(zones)* von der Gemeinde für bestimmte Verwendungsarten eingeteilt, um sicherzustellen, dass sich unverträgliche Verwendungen nicht in unmittelbarer Nachbarschaft zueinander ansiedeln können. Abgesehen von diesen generellen Beschränkungen der Bauplanung gibt es zudem Beschränkungen für den Bau des einzelnen Gebäudes. Hier findet man von Gemeinde zu Gemeinde unterschiedliche Regelungen über die maximale Baufläche, die maximale Höhe, die Pflicht zur Errichtung von Parkplätzen etc. Anders als beispielsweise in Deutschland ist die Trennung allerdings weniger strikt. So können Wohngebäude durchaus in Industriegebieten errichtet werden. Es wird lediglich die Ansiedelung emissionsintensiver Nutzungen in Gebieten, die dafür nicht vorgesehen sind, verhindert.

Vor der Wahl der Betriebsstätte ist zu überprüfen, ob der Betrieb an dieser Stelle und in dieser Weise nach den geltenden *zoning*-Vorschriften zulässig ist. Unproblematisch ist dies meist, wenn bereits vorher ein anderes Unternehmen die Räumlichkeiten in gleicher oder ähnlicher Weise genutzt hat.

Wenn die Art des Betriebs in den Räumlichkeiten nach den geltenden Vorschriften nicht erlaubt ist, gibt es verschiedene Möglichkeiten, den Betrieb dennoch legalisieren zu lassen:

So kann das Unternehmen eine sogenannte *variance permit* oder eine *conditional use permit* beantragen. Beide Genehmigungen geben dem Inhaber das Recht, ggfs. unter Auflagen den Betrieb in dem vorgesehenen Gebiet ausnahmsweise aufnehmen zu dürfen. Die Kosten einer solchen Genehmigung liegen in der Regel nicht über US$ 2000. Der Entscheidungsprozess kann sich jedoch über mehrere Monate hinziehen. Ob der Antrag Erfolg hat, richtet sich nach den jeweiligen Gegebenheiten, den lokalen Vorschriften der Gemeinde und der jeweiligen Verwaltungspraxis.

Des Weiteren kann die Änderung der Verwendungsart des Gebietes beantragt werden, ein sogenannter *zone change,* der zu einer dauernden und umfassenden Änderung der baurechtlichen Behandlung des Gebietes führt. Der Antrag setzt ein kompliziertes Verfahren in Gang, bei dem die zuständigen lokalen Behörden neu über die Verwendung des Gebietes entscheiden. Das Verfahren ist jedoch noch langwieriger als die Beantragung einer Ausnahmegenehmigung und dauert oft länger als sechs Monate.

4.6.3   Umweltrecht

Auch wenn die USA nicht den Ruf eines besonders umweltbewussten Staates haben, so gibt es hier doch bereits seit dem Ende der 60er Jahre eine umfangreiche und sich seither stetig erweiternde Gesetzgebung zur Umwelterhaltung und zu ihrem Schutz.

Die Gesetze reichen vom Schutz der Luft, des Wassers und des Trinkwassers *(Clean Water Act, Safe Drinking Waier Act, Clean Air Act)* über den Umgang mit gefährlichen und giftigen Substanzen *(Resource Conservation and Recovery Act, RCRA)* bis zur Regelung von Haftungsfragen, die aus Verunreinigungen des Bodens oder von Gewässern entstehen *(Comprehensive Environmental Response, Compensation, and Liability Act, CERCLA).* Erwähnt sei in diesem Zusammenhang, dass in den USA bereits bleifreies Benzin auf den Markt kam, als in Europa darüber noch ausgiebig diskutiert wurde.

Die Umweltgesetze und ihre Beachtung beaufsichtigt als Bundesbehörde die *Environmental Protection Agency (EPA)* in Washington, D.C.

Neben diesen umfangreichen Gesetzen und Vorschriften auf Bundesebene gibt es eine große Anzahl an Vorschriften der Einzelstaaten. Zwar orientieren sich deren Vorschriften an den Regelungen des Bundesrechtes, jedoch finden sich in zahlreichen einzelstaatlichen Vorschriften zusätzliche, gegenüber dem Bundesrecht strengere Regelungen. Aus diesem Grund ist auch dem durch den US-Präsidenten im Jahr 2017 erklärte Ausstieg aus dem Pariser Klimaabkommen nicht ganz so viel Gewicht beizumessen.

Diese Gesetze sehen eine Vielzahl von Genehmigungs- und Meldepflichten vor, die den Rahmen dieser Darstellung überschreiten. Auch ist es für den Laien schwierig, die Vereinbarkeit der geschäftlichen Prozesse mit den umweltrechtlichen Vorschriften selbst zu überprüfen und sicherzustellen. Dies mag weniger ein Problem für einen reinen Dienstleistungsbetrieb sein, ist aber für ein produzierendes Unternehmen in jedem Fall ein ernst zu nehmender Punkt. Die Verletzung einschlägiger Vorschriften kann zur Verhängung von hohen Bußgeldern von bis zu US$ 50.000 pro Tag der Verletzung und unter Umständen zu strafrechtlicher Verfolgung führen.

Größere Unternehmen in den USA beschäftigen daher professionelle Abteilungen, die sich ausschließlich mit diesem Aspekt der Unternehmenstätigkeit befassen. Für kleinere Unternehmen ist dies oft zu kostspielig. Für sie bietet es sich an, mit einem unabhängigen Berater zusammenzuarbeiten. Mit diesem können einerseits neue Projekte unter den umweltrechtlichen Gesichtspunkten besprochen werden. Zudem kann er dem Unternehmen dabei helfen, feste Strukturen zu entwickeln, mit deren Hilfe die Übereinstimmung des Geschäftsablaufes mit umweltrechtlichen Vorschriften überwacht werden kann. Solche Strukturen sind notwendig, um beispielsweise im Falle eines Störfalles den strengen Meldeverpflichtungen rechtzeitig nachzukommen.

4.6.4   Weitere wichtige Genehmigungsverfahren

Resale Permit – Befreiung von der Zahlung der Verkaufssteuer
Die USA kennen zwar keine Mehrwertsteuer, dafür wird von den meisten Staaten eine so genannte *Sales and Use Tax*, also eine Verkaufs- und Gebrauchssteuer erhoben. Handelsunternehmen können sich für ihre Ware von der Zahlung der Steuer befreien lassen, wozu es eine sogenannte *resale tax permit* oder *seller's permit* beantragen muss. Zuständig ist je nach Staat das *Equalization Board,* die *State Sales Tax Comission* oder das *Franchise Tax Board.* Ist diese Genehmigung erteilt, so fällt die Steuer erst an, wenn das Unternehmen die von ihm erstellten Produkte an die Endabnehmer weiterverkauft.

Genehmigungen der zuständigen Gesundheitsbehörden
Bestimmte Arten von Betrieben bedürfen besonderer Genehmigungen durch die jeweils zuständigen Gesundheitsbehörden. Davon sind insbesondere diejenigen Unternehmen betroffen, in deren Geschäftsbetrieb Lebensmittel verarbeitet oder vertrieben werden. Die Genehmigungsvorschriften können sich sowohl auf Anlagen als auch auf Personen beziehen. Im letzteren Fall müssen sich die beschäftigten Personen einem staatlichen Test unterziehen. Auskunft gibt die jeweils zuständige staatliche Gesundheitsbehörde.

Fire Department Permit – Genehmigung der Feuerschutzbehörden
Der Gebrauch bestimmter brennbarer und explosiver Materialien kann eine Genehmigung der staatlichen Feuerschutzbehörde, des *Fire department,* voraussetzen. In der Regel muss vor Beginn des Betriebes eine entsprechende Erlaubnis eingeholt werden.

Teilweise folgt dann in bestimmten Zeitabständen eine erneute Inspektion der Räumlichkeiten. Ebenso wie der Gebrauch bestimmter Materialien müssen Unternehmen mit starkem Publikumsverkehr – wie Theater, Restaurants, Bars und Hotels – ihre Räumlichkeiten von den zuständigen Behörden abnehmen lassen. Auskunft gibt das zuständige *Fire department.*

4.7   *Real Estate* – Eigentumserwerb an Grundstücken

Der Eigentumserwerb an Grundstücken in den USA vollzieht sich anders als insbesondere im deutschen Sprachraum. Grundlegender Unterschied ist, dass in den USA öffentliche Register wie das Grundbuch zwar existieren, aber keinen öffentlichen Glauben genießen.

4.7.1 Ablauf des Eigentumserwerbs

Der Erwerb beginnt mit dem Abschluss des Kaufvertrages. Dieser Vertrag bedarf der Schriftform.

Mangels eines öffentlichen Registers, das öffentlichen Glauben genießt, muss in dem Vertrag besonderer Augenmerk auf die sorgfältige und ausführliche Beschreibung des zu erwerbenden Grundstücks gelegt werden.

In einem nächsten Schritt wird von dem Käufer eine sogenannte *title-company* mit der tatsächlichen und rechtlichen Untersuchung des Grundstücks, dem *title search,* und der Abwicklung der Eigentumsübertragung beauftragt. Diese prüft, ob sich das Grundstück tatsächlich in dem versprochenen Zustand befindet, ob das Grundstück mit Hypotheken belastet ist und ob der Verkäufer rechtlich überhaupt in der Lage ist, das Grundstück zu übertragen. Gleichzeitig wird der Käufer in der Regel eine so genannte *title-insurance* (Versicherung) abschließen, die ihn gegen Fehler der *title-company* absichert. Die von der *title-company* recherchierten Informationen werden in dem sogenannten *deed* erfasst. In dieser Urkunde wird der Eigentumsübergang in allen Einzelheiten geregelt, insbesondere der eventuelle Übergang von Belastungen des Grundstücks.

Das sogenannte *closing* bezeichnet dann den eigentlichen Übergang des Eigentums. Die Übertragung wird durch den *closer* vorgenommen. Dabei handelt es sich um eine von den Parteien beauftragte Person, in der Regel um einen Mitarbeiter, der *title-company.* Bis zum Zeitpunkt des *closings* müssen alle Absprachen bezüglich der Ablösung von Belastungen etc. durchgeführt sein. Dies wird von dem *closer* am Tage des *closings* nochmals überprüft. Für den eigentlichen Eigentumsübergang werden der *deed* und der noch ausstehende Kaufpreis in Form eines Schecks *(certified check)* ausgetauscht. Die Übertragung wird dann von dem *closer* dem öffentlichen Verzeichnis *(public record)* mitgeteilt.

4.7.2 Eigentumserwerb durch ausländische Unternehmen

Der Erwerb von Grundeigentum in den USA durch ausländische juristische und natürliche Personen unterliegt nur in Einzelfällen besonderen Vorschriften. Gleiches gilt auch für amerikanische Unternehmen, die sich in der Hand von ausländischen Personen oder Unternehmen befinden. Solche Erwerbsbeschränkungen bestehen nicht nur auf Bundesebene, sondern auch auf Ebene der Einzelstaaten.

In einigen Bundesstaaten und auch auf Bundesebene gibt es keine oder nur beschränkte Möglichkeiten, Grundeigentum von der öffentlichen Hand zu erwerben. Darüber hinaus gibt es Beschränkungen bezüglich des Erwerbs von Land zur Nutzung im Bergbau oder landwirtschaftlich genutzter Flächen. Die Beschränkungen gelten teilweise auch für Flächen, die in der nahen Vergangenheit (in der Regel in den letzten fünf Jahren) landwirtschaftlich genutzt worden sind.

Hiervon abgesehen ist in einigen Staaten der Eigentumserwerb durch Ausländer ausdrücklich erlaubt, in den meisten anderen Staaten zumindest nicht ausdrücklich beschränkt.

In einigen Staaten wird die Möglichkeit des Erwerbs davon abhängig gemacht, ob der Ausländer nachweisen kann, dass er sich um den Erwerb der amerikanischen Staatsbürgerschaft bemüht.

Auch hier zeigt sich wieder, dass der Unterschied zwischen Bundesebene *(federal)* und Staateneben *(state)* unbedingt zu beachten ist. Gerade bei wichtigen Themen wie dem Eigentumserwerb gilt es 50 (+1) verschiedenen Regelwerke zu beachten. Eine professionelle Beratung ist somit unerlässlich.

Wenn auch der Erwerb oft nicht tatsächlich beschränkt ist, so gibt es jedenfalls eine Anzahl von Meldepflichten. Soweit der Erwerb landwirtschaftlich genutzter Flächen nicht bereits durch das staatliche Recht untersagt ist, muss ein solcher Erwerb gemäß den Vorschriften des *Agricultural Foreign Investment Disclosure Act Of 1978* dem *US Secretary of Agriculture* gemeldet werden.

Das Grundstück sollte, sofern das europäische Mutterunternehmen plant, eine amerikanische Tochter zu gründen, direkt von dem Tochterunternehmen erworben werden, um eine mögliche Haftung z. B. für Grundstückssanierung (siehe dazu auch unter Abschn. 4.7.4 Umweltrechtliche Haftung) auf das Tochterunternehmen zu beschränken.

4.7.3   Steuern

Beim Eigentumserwerb wird dem steuerrechtlichen Aspekt oftmals nicht ausreichend Aufmerksamkeit gewidmet. Man sollte diesen Aspekt jedoch nicht unterschätzen und ihn in seine Überlegungen mit einbeziehen. In den USA wird der Erwerb eines Grundstücks nicht besteuert. Veräußerungsgewinne unterliegen als Kapitalgewinne *(capital gain)* der Einkommensteuer der veräußernden Personen oder Gesellschaften.

In den meisten Staaten und Gemeinden unterliegt der Besitz des Grundstücks jedoch einer im Vergleich zum deutschen Sprachraum nicht unerheblichen Grundbesitzsteuer. Diese variiert teilweise stark und liegen im Schnitt zwischen 0,28 % (Hawaii) und 2,11 % (New Jersey).

4.7.4   Umweltrechtliche Haftung

Wie bereits erwähnt, gibt es in den USA besondere Regelungen über die Haftung für die Sanierungskosten verseuchter Grundstücke *(Comprehensive Environmental Response, Compensation and Liability Act)*. Im Rahmen dieser Vorschriften haften nicht nur die tatsächlichen Verursacher, sondern es können auch die derzeitigen Eigentümer des Grundstücks herangezogen werden. Im Staat New York widmet sich sogar eine eigene Kammer des Supreme Courts mit dem Aspekt der Asbestverseuchung von Gebäuden. Insofern birgt der Erwerb einer Industrieimmobilie haftungsrechtliche Risiken.

Das Gesetz sieht vor, dass der unwissende Erwerber sich von der Haftung befreien kann, indem er nachweist, dass ihm die Verseuchung nicht bekannt war, sogenannte

Innocent Landowner Defense. Um sich erfolgreich zu entlasten, muss der Erwerber jedoch umfangreiche Nachforschungen über den oder die Voreigentümer und die Nutzung des Grundstückes anstellen. In der Praxis haben die Gerichte die Anstrengungen der Erwerber oft für nicht ausreichend gehalten und ihnen die Berufung auf ihre Unwissenheit verwehrt.

Für die Sanierung eines Grundstücks können staatliche Gelder beantragt werden, die zumindest einen Teil, wenn nicht die gesamten Kosten der Sanierung abdecken. Für die Sanierung von Grundstücken sind vom Bund mehrere Milliarden Dollar bereitgestellt worden. Auskunft erteilt die *US Environmental Protection Agency, Office of Emergency and Remidial Response* in Washington, D.C.

4.8   Versicherungsschutz

Versicherungen spielen in den USA mindestens eine ebenso wichtige Rolle wie in Europa. Insbesondere den Haftpflichtversicherungen kommt wegen der zum Teil hohen Schadensersatzsummen große Bedeutung zu.

Man unterscheidet hier sogenannte *claims made*-Policen und *occurrence*-Policen. Erstere decken grundsätzlich nur Schäden während der Laufzeit der Police ab. Die *occurrence*-Police deckt ausschließlich Schäden aus Vorfällen seit Inkrafttreten der Police, jedoch können die Vorfälle im Gegensatz zur *claims made-Police* zu jeder Zeit in der Zukunft gemeldet werden, auch wenn der Versicherungsvertrag bereits abgelaufen ist.

Die Versicherungsbeiträge bei der *claims* made-Police sind erheblich geringer als bei der *occurrence-Police,* da der Versicherungsnehmer bei letzterer im Voraus für alle Vorfälle bezahlt, die während der Vertragslaufzeit eingetreten sind und möglicherweise eines Tages zu einem Anspruch führen könnten.

Das Thema Versicherungen muss daher bei der Planung einer Geschäftstätigkeit in den USA unbedingt erörtert werden. Wie in Europa auch gilt es einerseits eine ausreichende Versicherung gegen bestehende Risiken sicherzustellen und andererseits eine kostspielige Überversicherung zu vermeiden. Um optimalen Versicherungsschutz zu erreichen, sollte ein Versicherungsmakler konsultiert werden.

4.8.1   *Liability Insurance* – Haftpflichtversicherung

Der Haftpflichtversicherung kommt in den USA aus den bereits angesprochenen Gründen besondere Bedeutung zu (siehe auch Kapitel Grundsätzliche Unterschiede in der Rechtsordnung/Produkthaftung). Im Bereich der Produkthaftung können nach amerikanischem Recht dem Opfer Schadensersatzsummen zugesprochen werden, die auch dazu gedacht sind, den Schadensverursacher zu bestrafen *(punitive damages).* Sie können daher, aus europäischer Sicht betrachtet, immense Höhen erreichen.

Dem Kläger werden auch im Falle des Prozessgewinns anders als in Europa in der Regel die Prozesskosten nicht erstattet. Dieser Umstand wird oft dadurch ausgeglichen, dass die *Jury* diese Kosten in die Kalkulation des Schadens einbezieht, auch wenn dies offiziell vom System nicht so vorhergesehen ist.

In diesem Zusammenhang ist zu erwähnen, dass nur ein Bruchteil der eingereichten Klagen Erfolg hat, weil dem Unternehmen oft nicht nachzuweisen ist, dass ein bestimmtes Verhalten des Produzenten oder eine bestimmte Beschaffenheit eines Produktes zu dem eingetretenen Schaden geführt hat.

Auch werden die von Jurygerichten, wie bereits erwähnt, in der ersten Instanz ausgesprochenen immensen Schadensersatzsummen oft schon durch den Richter oder die zweite Instanz drastisch herabgesetzt. Das Bild, das dem europäischen Betrachter durch die Medien vermittelt wird, ist insoweit verzerrt, als die Medien sich vorwiegend für die Fälle mit Verurteilungen zu hohen Schadensersatzzahlungen interessieren. Über die spätere Herabsetzung des zu zahlenden Schadensersatzes wird dann meist nicht mehr berichtet.

Nichtsdestotrotz ist eine Haftpflichtversicherung von Wichtigkeit, da zumindest die reale Gefahr einer derartigen Verurteilung besteht. Die Haftpflichtversicherung kann in verschiedene Deckungsbereiche aufgespalten werden:

- die Produkthaftung im eigentlichen Sinne *(product liability)*,
- die persönliche Haftung *(personal liability)* und
- die geschäftliche Haftung *(business liability)*.

Ein Unternehmen mag feststellen, dass für seine spezifische Geschäftstätigkeit nicht jeder Deckungsbereich einschlägig ist. Kosten können so reduziert werden.

Im Zusammenhang mit der Haftpflichtversicherung sei aufgrund des bereits erwähnten hohen Haftungsrisikos noch die sogenannte „Umbrella-Insurance" erwähnt. Diese zusätzliche „Dachversicherung" deckt alle Schäden ab, die über das versicherte Maß der Erstversicherung hinausgehen.

4.8.2 Weitere wichtige Versicherungen

Key Person Insurance – Versicherung gegen den Ausfall von Schlüsselpersonen

Diese Versicherung ist nützlich, wenn ein Unternehmen auf die Dienste einer bestimmten Person besonders angewiesen ist, z. B. weil diese bestimmten Fähigkeiten hat, die für den Geschäftsablauf von zentraler Bedeutung sind. Der Ausfall dieser Schlüsselpersonen (z. B. Geschäftsführer, Chefprogrammierer) mag für den Betrieb starke Beschränkungen nach sich ziehen oder es sogar unmöglich machen, das operative Geschäft fortzusetzen. Das Unternehmen kann sich nicht nur gegen den Ausfall von Personal, sondern auch gegen den Ausfall von externen Personen versichern. Allerdings sind derartige Versicherungspolicen mit hohen Kosten verbunden.

Fire Insurance – Feuerversicherung

Feuerversicherungen sind wie in Europa üblich und kommen in vielfältiger Form vor. Bei der Überprüfung eines einzelnen Versicherungsangebotes sollte in besonderer Weise darauf geachtet werden, welche Schäden von der Versicherung getragen werden und welche nicht. In der Regel ist der materielle Schaden an Gebäuden und Einrichtungsgegenständen gedeckt. Dabei ist darauf zu achten, ob der sog. *Actual Cash Value (ACV)* oder der *Replacement Cost Value (RCV)* erstattet wird. Dem *RCV* entsprechen hierbei die tatsächlichen Kosten für den Ersatz einer Sache. Auch wenn eine Versicherung des *RCV* kostspieliger ist, wird dem Unternehmen mit einer Versicherung des *ACV* oft nicht geholfen sein, da hierbei vom *RCV* Abschreibungen abgezogen werden. Die Abschreibung beinhaltet dabei in der Regel die geschätzte Abnutzung der beschädigten Sache oder den Wertverlust der Sache durch Alterung und Gebrauch.

Die Versicherung kann in der Form abgeschlossen werden, dass nicht nur materielle Schäden an Gegenständen abgedeckt werden, sondern auch die Schäden für das Unternehmen und seine Geschäftstätigkeit übernommen werden. Oft sind diese Schäden jedoch Gegenstand einer eigenen Versicherung gegen die Unterbrechung der Geschäftstätigkeit (business interruption insurance).

Manche Versicherungen sehen eine Selbstbeteiligung vor, was niedrigere Versicherungsbeiträge zur Folge hat. Die Verträge können dabei allerdings so ausgestaltet sein, dass die Versicherung im Schadensfall nur bezahlt, wenn der Versicherungsnehmer seinen Anteil vorher erbracht hat.

Business Interruption Insurance – Versicherung gegen Geschäftsunterbrechungen

Versicherungen gegen Unterbrechungen der Geschäftstätigkeit decken Verluste ab, die entstehen, wenn das Unternehmen aufgrund von Feuer oder anderen Umständen gehindert ist, seine Geschäftstätigkeit auszuüben. Derartige Versicherungen kommen in vielen Formen vor. Es ist darauf zu achten, welche Ursachen für die Geschäftsunterbrechung von der Versicherung abgedeckt und welche Schäden erfasst werden. Die Versicherung kann z. B. entweder nur für fixe Kosten des Unternehmens aufkommen oder den Unternehmer auch für entgangene Gewinne entschädigen. Dies ist in erster Linie eine Kostenfrage.

Credit Insurance – Versicherung gegen Forderungsausfall

Diese Versicherung schützt den Unternehmer gegen Ausfälle aufseiten seiner Schuldner. Auch hier gibt es erhebliche Unterschiede in der Ausgestaltung. Insbesondere muss zwischen Versicherungsunternehmen und Versicherungsnehmer die Deckungshöchstgrenze vereinbart werden, d. h. derjenige Betrag, den die Versicherung für Ausfälle innerhalb eines bestimmten Zeitraums maximal übernimmt. Möglich ist, eine Selbstbeteiligung des Unternehmens zu vereinbaren.

Electronic Equipment Policy – **Datenausfallversicherung**

Viele Feuer- und Wasserversicherungen tragen nur den entstandenen Materialschaden. Werden bei einem Feuer jedoch Computeranlagen, Disketten oder sonstige Speichermedien des Unternehmens vernichtet, sind auch die auf ihnen befindlichen Daten verloren. Deren Wiederbeschaffung ist oft sehr kostspielig. Die Datenausfallversicherung übernimmt die Kosten für die Wiederbeschaffung der Daten.

Steuerrechtliche Aspekte der Firmengründung

5

Sven C. Oehme und Birgit Findeis

Das Besteuerungssystem in den USA weist einige Besonderheiten und auch Unterschiede zu jenen in Europa auf. Die folgenden Seiten sollen einen Überblick über diese Besonderheiten und Unterschiede, insbesondere im Hinblick auf eine Niederlassungsgründung, aufzeigen. Die in diesem Kapitel beschrieben steuerrechtlichen Aspekte umfassen bereits die steuerlichen Änderungen, die mit dem durch die Trump-Administration verabschiedeten *„Tax Cut and Jobs Act" (TCJA)* verbunden sind. Ein weiterer Abschnitt dieses Kapitels wird sich mit den Besonderheiten der Buchhaltung befassen.

5.1 Das Steuersystem in den USA

Die bereits erwähnte föderalistische Struktur der Vereinigten Staaten spiegelt sich auch im Steuersystem wieder. Bund, Länder, Bezirke sowie Gemeinden erheben jeweils ihre eigenen Steuern in unterschiedlicher Höhe. Eine spezifische Darstellung ist schwer möglich, da insgesamt mehr als 7000 Behörden über eigene Steuerhoheit verfügen (verteilt auf Bundesstaaten, Bezirke und Städte).

Sozialabgaben, welche nach dem europäischen Verständnis nicht zu den Steuern zählen, werden über eine Sozialversicherungssteuer *(Social Security and Medicare Withholding Tax),* die sowohl vom Arbeitgeber als auch vom Arbeitnehmer in gleichen Teilen geschuldet wird, direkt als Einnahmeposition im Bundeshaushalt geführt. Daneben erhebt der Bund

S. C. Oehme · B. Findeis (✉)
New York, USA
E-Mail: birgit.findeis@eabo.biz

S. C. Oehme
E-Mail: oehme@eabo.biz

verschiedene Verbrauchssteuern, die sogenannten *Federal Excise Taxes* vor allem auf Treibstoff, Flugtickets, Tabakwaren, Alkohol und Postdienstleistungen.

Die wichtigsten Steuerarten für ein Unternehmen, das eine geschäftliche Tätigkeit in den USA ausübt, sind:

- Körperschaftsteuer *(Corporate Tax)*
- Einkommensteuer *(Income Tax)*
- Gehalts- und Lohnsteuer *(Payroll Tax)*
- Verkaufs- und Gebrauchssteuer *(Sales and Use Tax)*
- Grundsteuer *(Property Tax)*
- Schenkung- & Erbschaftsteuer *(Gift Tax und Estate Tax)*
- Bundesverbrauchsteuer *(Federal Excise Tax)*

Aufgrund der Komplexität dieses Themas beschränken sich die nachfolgenden Ausführungen auf die wichtigsten Steuerthemen, mit denen sich Investoren und Unternehmer intensiver auseinandersetzen sollten.

5.1.1 *Corporate Tax* – Körperschaftssteuer

Körperschaftssteuer ist von allen US-Kapitalgesellschaften abzuführen. Während eine Gesellschaft, die nach dem Recht eines US-Bundesstaates gegründet wurde, mit ihrem weltweiten Einkommen der US-Besteuerung im Sinne der *Federal Income Tax* (Bundessteuer) unterliegt und somit unbeschränkt steuerpflichtig ist, müssen ausländische Kapitalgesellschaften mit einer US-Betriebsstätte lediglich das der Betriebstätte zurechenbare Einkommen versteuern. Ausgangsgröße für die Einkommensermittlung ist dabei der nach den allgemein anerkannten Grundsätzen der US-Rechnungslegung ermittelte Handelsbilanzgewinn.

Im Vergleich zu Deutschland wird hinsichtlich der Steuergesetzgebungshoheiten stärker dem föderalen System der USA Rechnung getragen, sodass ein Unternehmen in der Regel mehrfach besteuert wird, und zwar durch Bund, Staaten und gegebenenfalls Gemeinden.

Hinsichtlich der Besteuerung durch die Bundesstaaten ist zu berücksichtigen, dass die Kapitalgesellschaft meist im Staat der Gründung, aber auch in Staaten, in denen sie operativ tätig ist, körperschaftsteuerrechtlich erfasst wird. Grundsätzlich beginnt die Steuerpflicht mit Begründung eines sog. **Nexus**. Auch wenn sich ein Vergleich mit der Betriebsstätte zunächst anzubieten scheint, sollte hiervon jedoch aufgrund der unterschiedlichen Regelungen in den Einzelstaaten abgesehen werden. Der Supreme Court entschied im Fall *Quill Corp. v. North Dakota*, dass für die Entstehung eines *Nexus* die physische Präsenz eines Unternehmens vorliegen muss. Daraufhin haben viele Staaten die Definition des *Nexus* erweitert, allerdings mit unterschiedlichen Maßstäben. Diese teilweise recht komplexen Bestimmungen erfordern eine vorherige Analyse, um eine ungewollte Besteuerung auf Staatenebene zu vermeiden.

Auch die Steuersätze sind in jedem Bundesstaat verschieden, wobei der durchschnittliche Körperschaftssteuersatz ungefähr bei 7 % liegt (Stand 2019). In den Staaten Nevada, South Dakota, Texas, Washington und Wyoming werden keine staatlichen Steuern auf Einkommen oder Ertrag von Kapitalgesellschaften erhoben. Alle anderen US Staaten erheben eine Körperschaftssteuer. Die Steuererhebung durch die Bundesregierung in Washington D.C. bleibt von der Steuererhebung der einzelnen Bundesstaaten grundsätzlich unberührt.

Ist in einem Bundesstaat eine einzelstaatliche Körperschaftssteuer abzuführen, dann wird dieser abzuführende Betrag auf die Bundeskörperschaftssteuer teilweise angerechnet.

Am 22. Dezember 2017 unterzeichnete Präsident Donald Trump den zuvor von Senat und Repräsentantenhaus verabschiedeten *Tax Cut and Jobs Act (TCJA)*. Damit trat die umfassendste Steuerreform seit 1986 in Kraft. Im Vorfeld oft genannte Ziele sollten hierbei die Vereinfachung des Steuerrechts und die Repatriierung ausländischer Einkünfte sein. Konsequenterweise wurden durch das neue Gesetz alte Steuerarten gestrichen. Es kamen jedoch auch neue hinzu.

Nicht anders als im deutschen Steuerrecht werden auch in den USA die Gewinne einer Kapitalgesellschaft (*Corporation*) anders besteuert als die Gewinne einer Personengesellschaft (u. a. *Partnership*), welche der Einkommensteuer *(Individual Tax)* des jeweiligen Gesellschafters unterliegen. Durch den TCJA wird die Unternehmensbesteuerung von einer progressiven Besteuerung auf eine „Flat-Tax-Besteuerung" umgestellt. Der bisherige Spitzensteuersatz von 35 % (bei einem zu versteuernden Einkommen über US$ 10.000.000) reduziert sich auf 21 % unabhängig von der Summe des zu versteuernden Einkommens.

Es sollte jedoch nicht außer Acht gelassen werden, dass es sich hierbei lediglich um die *Federal Income Tax* handelt. Ähnlich wie die Gewerbesteuer in Deutschland ist für die Gesamtsteuerbelastung in den USA noch die jeweilige *State Tax Rate* einzubeziehen. Da die *State Taxes* zwischen 0 und 12 % variieren wird die durchschnittliche Gesamtsteuerbelastung für Kapitalgesellschaften wohl um die 27 % liegen.

Im Gegenzug zur Reduzierung des Spitzensteuersatzes um 14 % wurde die Steuerbemessungsgrundlage erweitert. Dieses Ziel wurde erreicht, indem verschiedene bisher steuerlich zulässige Abzüge eingeschränkt oder ganz gestrichen wurden. Die wichtigsten Änderungen werden im Folgenden dargestellt:

Interest Deductibility – **Zinsabzugsfähigkeit**

Aufgelaufene oder gezahlte Darlehenszinsen waren bisher unter Beachtung einiger wichtiger Einschränkungen (Stichwort: *Earning Stripping Rules* und *Thin Capitalization Rule*) in vollem Umfang steuerlich abzugsfähig. Gemäß § 163(j) des *Internal Revenue Code (IRC)* sind diese Abzüge ab 2018 limitiert auf 30 % des bereinigten steuerpflichtigen Einkommens *(adjusted taxable income)*. Dieses *adjusted taxable income* berechnet sich als das zu versteuernde Einkommen ungeachtet betriebsfremder Erträge, Tilgungen und Abschreibungen, sodass der beschriebene Betrag im Wesentlichen dem EBITDA entspricht. Diese 30 %-Limitierung gilt jedoch nicht für Gesellschaften mit durchschnittlichen Bruttoeinnahmen unter US$ 25 Mio.

Weiter sind nach dem *TCJA* sog. hybride Transaktionen steuerlich nicht mehr abzugsfähig. Dies sind gemäß § 264A(c) IRC Lizenz- oder Zinszahlungen an konzerninterne Gesellschaften, welche im Heimatland steuerlich anders behandelt werden, als in den USA. Dies ist der Fall, wenn eine Personengesellschaft in ihrem Heimatland steuerlich als eine eben solche, in den USA durch das ihr zustehende Wahlrecht steuerlich jedoch als Kapitalgesellschaft behandelt wird. Die Lizenz- oder Zinszahlungen sind dann steuerlich nicht abzugsfähig, wenn diese im Heimatland nicht als Einnahmen der Besteuerung unterliegen.

Net Operating Loss – **Nettobetriebsverlust**

Ein weiterer wichtiger Punkt ist die Geltendmachung von Nettobetriebsverlusten *(Net Operating Loss* kurz *NOL)*. Diese konnten bisher zwei Jahre zurück und zwanzig Jahre vorgetragen werden. NOLs, die nach dem 1. Januar 2018 entstehen, sind nach § 172(a) (2) IRC nur noch bis zu 80 % des zu versteuernden Einkommens verrechenbar. Die Möglichkeit eines Verlustrücktrags ist ganz aufgehoben. Dafür können Verluste nunmehr zeitlich unbegrenzt vorgetragen werden.

Auf Verluste, die in den Steuerjahren vor dem Steuerjahr 2018 entstanden sind, bleibt das alte Recht anwendbar, d. h., diese sind weiterhin in voller Höhe steuerlich abzugsfähig.

Absetzung für Abnutzung

Nach § 168(k)(1) und (6)(A) IRC kann neu erworbenes sogenanntes qualifiziertes, gebrauchtes oder neues Anlagevermögen, welches zwischen dem 27. September 2017 und dem 1. Januar 2023 angeschafft wurde zu 100 % (zuvor 50 %) abgeschrieben werden. Nach dem 1. Januar 2023 reduziert sich die Abschreibungsrate um 20 % jährlich bis auf schließlich 20 % zum 31. Dezember 2025.

5.1.2   *Individual Tax* – **Einkommenssteuer**

Zusätzlich zur Körperschaftssteuer, die von der Gesellschaft geschuldet wird, schuldet der Gesellschafter unter Umständen Einkommensteuer auf ausgeschüttete Gewinne. Zwar ist in den USA die Einkommensteuerbelastung auf Bundesebene deutlich niedriger als in Deutschland und Österreich, allerdings ist zu beachten, dass in den USA Einkommensteuern nicht nur auf Bundesebene *(Federal Income Tax),* sondern auch auf Bundesstaatenebene *(State Income Tax)* und teilweise auch auf Ebene der Kommunen *(City Income Tax)* geschuldet wird. Dadurch gleicht sich die Gesamtsteuerbelastung etwas an, liegt aber in den meisten Fällen dennoch unter derjenigen in Deutschland und Österreich.

Ob und in welcher Höhe in den Staaten und Kommunen Steuern erhoben werden, hängt vom jeweiligen Bundesstaat ab. Einige Staaten erheben keine Einkommensteuer, sodass die dort ansässigen Steuerpflichtigen lediglich die *Federal Income Tax* auf Bundesebene schulden, wobei der Steuersatz je nach Einkommenshöhe zwischen 10 %

und 37 % beträgt. Die *State Income Tax Rate* kann in einigen Staaten bis zu 13,3 % erreichen und in Staaten, in denen keine Staatensteuer erhoben wird, können die Steuern auf Kommunalebene in einzelnen Fällen die entfallene Einkommensteuer auf Staatenebene nahezu kompensieren.

Abzüge

Auch Privatpersonen stehen steuerliche Abzüge zu. Der Standardabzug liegt derzeit bei US$ 12.000 für Einzelpersonen und bei US$ 24.000 für Ehepaare. Bisher waren für Privatpersonen die gezahlten *State and Local Taxes* auf Bundesebene voll abzugsfähig. Durch den TCJA ist die Geltendmachung von *State and Local Tax* auf Bundesebene auf jährlich US$ 10.000 beschränkt worden. Nach dem Jahr 2025 entfällt die Abzugsmöglichkeit komplett. Der Begriff *State and Local Tax,* kurz *SALT* umfasst hierbei alle staatlichen und lokalen Einkommens-, Umsatz- und Immobiliensteuern.

Diese Änderung gilt nicht für Kapitalgesellschaften. Daher kann es unter Umständen bei größerem Immobilienbesitz Sinn machen, diesen in eine Kapitalgesellschaft zu überführen. Dies sollte vorher jedoch unbedingt mit einem Berater abgesprochen werden.

Eine weitere Abzugsmöglichkeit besteht für Darlehenszinsen auf selbst genutzte Immobilien. Diese Abzugsmöglichkeit wurde durch den TCJA begrenzt. Ab 2018 sind Darlehenszinsen für eine Akquisitionsverschuldung von maximal US$ 750.000 abzugsfähig, soweit das Darlehen für eine erste oder zweite selbst genutzte Immobilie in Anspruch genommen wird. Ab 2027 erhöht sich der Betrag der zulässigen Akquisitionsverschuldung auf US$ 1.000.000.

Anders als in anderen Rechtskreisen sind bestimmte Einzelabzüge für beispielsweise Umzüge oder Steuerberaterkosten nicht abzugsfähig.

Qualifiziertes Geschäftseinkommen

Für die Jahre 2018 bis 2026 können Personengesellschaften für qualifiziertes Geschäftseinkommen einen 20 prozentigen Abzug vornehmen.

Nach US§ 199A (c) (1) IRC wird qualifiziertes Geschäftseinkommen definiert als der Nettobetrag der qualifizierten Einkünfte, Gewinne, Abzüge und Verluste in Bezug auf ein qualifiziertes Gewerbe oder Geschäft des Steuerpflichtigen für das jeweilige steuerpflichtige Jahr.

Der Begriff des qualifizierten Geschäftseinkommens schließt hierbei keine qualifizierten REIT-Dividenden, qualifizierte Genossenschaftsdividenden oder qualifizierte Erträge aus öffentlich gehandelten Partnerschaften ein. Des Weiteren darf dieser Abzug das zu versteuernde Einkommen nicht überschreiten.

Der Begriff des qualifizierten Gewerbes oder Geschäfts wird in § 199A (d) (2) iVm. § 1202(e)(3)(A), § 475(c)(2), § 475(e)(2) IRC legaldefiniert. Nach der hiernach vorliegenden Negativdefinition umfasst ein qualifiziertes Gewerbe oder Geschäft jegliches Gewerbe oder Geschäft mit Ausnahme von Gewerben oder Geschäften, welche der Erbringung von Dienstleistungen als Arbeitnehmer dienen oder bei dem der Ruf oder das Können eines oder mehrerer seiner Mitarbeiter oder Eigentümer der wichtigste Vermögenswert ist. Weiterhin ausgenommen von dem Abzug ist jedes Gewerbe, das auf die Erbringung von Dienstleistungen in den Bereichen Gesundheit, Recht, Rechnungswesen, Aktuarwissenschaften, darstellende Kunst, Beratung, Leichtathletik, Finanzdienstleistungen oder Maklerdienste gerichtet ist oder bei dem es sich um die Erbringung von Dienstleistungen handelt, die aus dem Handel mit Wertpapieren, Beteiligungen an Personengesellschaften oder Rohstoffen bestehen.

Wie sich zeigt, ist durch diese weitgreifende Negativdefinition die Abzugsmöglichkeit auf einige, wenige Personengesellschaften beschränkt. Verwaltungsvorschriften zur Klarstellung dieser Norm liegen zum Zeitpunkt der Niederschrift noch nicht vor.

Alternative Mindestbesteuerung *(AMT)*

Neben der regulären Einkommensteuer kann unter Umständen noch eine alternative Mindeststeuer (*Alternative Minimum Tax*, kurz: *AMT*) anfallen. Dies ist eine zusätzliche Steuer zur Einkommensteuer, die verhindern soll, dass Personen mit sehr hohem Einkommen durch besondere steuerliche Vorzüge im Ergebnis weniger oder gar keine Steuern zahlen. Dabei sieht die *AMT* eine erweiterte Berechnung der Einkommensteuer vor. Der Freibetrag für die *AMT* liegt derzeit bei US$ 70.300 für Einzelpersonen und US$ 109.400 für Ehepaare.

Für die Berechnung der *AMT* wird ein bestimmter Steuersatz entsprechend dem Einkommen festgelegt. Zahlt jemand schon aufgrund der regulären Einkommensteuer diesen Satz, fällt keine *AMT* an. Ist der Steuersatz jedoch unterschritten, wird die Differenz durch das System der *AMT-Berechnung* ausgeglichen. Für Einzelfragen sollte wiederum der Rat eines Steuerexperten eingeholt werden.

Bisher unterlagen auch Unternehmen der *AMT*. Für diese wurde die *AMT* jedoch durch das TCJA gestrichen.

5.1.3   Doppelbesteuerung

Erzielt ein Steuerpflichtiger in mehreren Ländern Einkünfte, so müsste er gegebenenfalls in all diesen Ländern Einkommens- oder Körperschaftssteuer entrichten. Eine solche Doppelbesteuerung soll grundsätzlich vermieden werden. Zu diesem Zweck haben die meisten Staaten untereinander bilaterale Verträge, sogenannte Doppelbesteuerungsabkommen (DBA), zur Abgrenzung ihrer Besteuerungsrechte abgeschlossen. Die USA hat DBAs mit Deutschland, Österreich und der Schweiz vereinbart. Die Doppelbesteuerung wird vermieden, indem die Doppelbesteuerungsabkommen die Besteuerungshoheit für bestimmte erwirtschaftete Einkünfte in der Regel einem der Vertragsstaaten zuweisen.

Bei Doppelbesteuerungssachverhalten mit den USA ist zu beachten, dass diese lediglich auf Bundesebene Wirkung entfalten. Die Besteuerung auf Staaten- oder subsidiärer Ebene in den USA wird durch das jeweilige DBA nicht ausgeschlossen, da das DBA als bilaterales Abkommen lediglich den Bund, nicht aber die Bundesstaaten bindet. Im Einzelfall kann das bedeuten, dass Einkünfte eines Unternehmens oder einer Privatperson durch das DBA von einer Besteuerung auf Bundesebene ausgenommen sind, auf Staatenebene aber eine Steuerverhaftung eingetreten ist, die durch das DBA nicht berührt wird.

5.1.4   Erbschafts- und Schenkungssteuer

Die Übertragung von Vermögenswerten ohne Gegenforderung von einer Person auf eine andere wird sowohl in Deutschland und Teilen der Schweiz, wie auch in den USA besteuert. Die unentgeltliche Zuwendung unter Lebenden wird dabei mit der Schenkungssteuer *(gift tax)* und der Erwerb von Todes wegen mit der Erbschaftssteuer *(estate tax)* oder Nachlasssteuer *(inheritance tax)* besteuert. Für Österreich wurde die Erbschaftssteuer mit einer Entscheidung des Verfassungsgerichtshofs aufgehoben (VfGH 07.03.2007, G 54/06 u. a.) und etwaige Doppelbesteuerungsabkommen wurden damit de facto obsolet.

US-System
Aufgrund des föderalistischen Systems der USA sind auch im Bereich des Erbschafts- und Schenkungssteuerrechts die einzelstaatlichen Regelungen zu beachten. So erheben zwölf Staaten (Connecticut, Delaware, Hawaii, Illinois, Maine, Massachusetts, Minnesota, New York, Oregon, Rhode Island, Vermont, und Washington) und der District of Columbia eine eigene Erbschaftssteuer, welche aus dem Nachlass abgeführt wird. Vier Staaten (Iowa, Kentucky, Nebraska und Pennsylvania) erheben eine Nachlasssteuer, welche von der Person gezahlt wird, die das Vermögen erbt. Zwei Staaten (Maryland und New Jersey) erheben Erbschaftsteuer und Nachlasssteuer.

Auf Bundesebene wird lediglich Erbschaftssteuer erhoben, welche aus dem Nachlass befriedigt wird. Schenkungssteuern hingegen werden von den wenigsten Staaten extra erhoben.

Nachfolgend soll, aufgrund der Unterschiede zwischen den einzelnen Staaten, nur auf die Bundesbesteuerung Bezug genommen werden.

Auf Bundesebene wird anders als in den meisten europäischen Rechtssystemen der Nachlass als solcher besteuert und nicht der Erbanfall. Dabei gewährte der Bund schon immer hohe Freibeträge, die sich durch die Steuerreform 2017 auf 10 Mio. US$ für die Steuerjahre 2018 bis 2026 verdoppelt haben. Nach dem Jahr 2026, soll der Freibetrag wieder auf 5 Mio. US$ zurückfallen. De facto bedeutet das, dass ab 2018 Nachlässe, deren Wert zum Todeszeitpunkt unter 10 Mio. US$ liegen, steuerfrei bleiben. Auch gänzlich steuerfrei bleiben Nachlässe in beliebiger Höhe, wenn und soweit der Nachlass an den überlebenden Ehegatten übergeht, vorausgesetzt dieser ist US Staatsbürger.

Für Nachlässe, die die Kriterien der Steuerfreiheit nicht erfüllen, beträgt der Höchststeuersatz 40 %.

Nach § 2001(a) IRC unterliegt jede Übertragung eines steuerpflichtigen Nachlasses eines Erblassers, der zum Todeszeitpunkt US-Staatsbürger war oder in den USA seinen festen Wohnsitz hatte, der US-Erbschaftsteuer. Ein fester Wohnsitz liegt dann vor, wenn der Erblasser zum Todeszeitpunkt Inhaber einer Green Card war oder falls der US-Wohnsitz wirksam beendet wurde, der Erblasser jedoch mindestens 8 Jahre innerhalb der letzten 15 Jahre nach Beendigung des US-Wohnsitzes im Besitz einer Green Card war.

Doppelbesteuerung

Doppelbesteuerung wird auch auf dem Gebiet der Erbschafts- und Schenkungssteuern durch ein Abkommen zwischen der Bundesrepublik Deutschland/Schweiz und den USA zur Vermeidung der Doppelbesteuerung auf dem Gebiet der Nachlass-, Erbschaft- und Schenkungssteuern (DBA E-USA/D) weitgehend vermieden. Das Abkommen klärt die Frage, ob Deutschland/Schweiz oder den USA das Besteuerungsrecht zusteht.

Auch hier ist zu beachten, dass dieses Abkommen nur die Bundessteuer *(federal estate and gift tax)* betrifft und nicht die einzelstaatlichen Regelungen.

Nach Art. 1 DBA E-USA/D ist das Abkommen auf Nachlässe von Erblassern anwendbar, die im Zeitpunkt ihres Todes in einem oder beiden Vertragsstaaten einen Wohnsitz hatten. Aus US-Sicht hat jeder US-Staatsbürger einen Wohnsitz in den USA, unabhängig von den tatsächlichen Begebenheiten. Dieser Grundsatz wird durch Art. 11 des DBA E-USA/D nochmals gesondert festgeschrieben. Für Erblasser, die im Todeszeitpunkt Green Card Inhaber waren, gilt dies im Zweifel gleichermaßen. Die Doppelbesteuerung wird in diesen Fällen dadurch vermieden, dass die USA die Anrechnung der in Deutschland rechtmäßig gezahlten Steuer auf die nach US-Nachlassrecht festgesetzten Steuer zulässt.

5.2 Rechnungslegung/Finanzberichte

5.2.1 HGB und US-GAAP

Für Unternehmen, die sich auf dem US-amerikanischen Markt ansiedeln wollen, wird auch die Frage der dort einschlägigen Bilanzierungsvorschriften von Bedeutung sein. Während in Deutschland die Bilanzierung durch das Handelsgesetzbuch geregelt und die Rechnungslegung eng mit den steuerlichen Vorschriften verknüpft ist, wird in den USA das externe Rechnungswesen durch die *United States Generally Accepted Accounting Principles (US-GAAP)* geregelt.

Sinn und Zweck der handelsrechtlichen Rechnungslegung im deutschsprachigen Europa ist zum einen die Informationsfunktion und zum anderen die Ermittlung der Ausschüttungsbemessungsgrundlage für die Gesellschafter. Die Informationsfunktion erfüllt hierbei außerdem eine Rechenschafts- und Kontrollfunktion über die Arbeit der Exekutivorgane der Gesellschaft.

Der Sinn und Zweck der *US-GAAP* zielt eher auf den Kapitalmarkt ab und dient hauptsächlich der Information von Investoren. Die Ermittlung der Ausschüttungsbemessungsgrundlage wird nach US-Recht allein vom *Board of Directors* entschieden. Die Einhaltung der *US-GAAP* steht unter Aufsicht einer Bundesbehörde. Allerdings sind nur Firmen, die an einer überregionalen Börse, an einer Regionalbörse oder am *„second market"* (NASDAQ) zugelassen sind und somit der amerikanischen Börsenaufsicht SEC *(Security and Exchange Commission)* unterliegen, verpflichtet, ihre Rechnungslegung nach *US-GAAP* vorzunehmen.

Die Bilanzierung nach *HGB* bzw. *US-GAAP* führt zu einer Reihe von Unterschieden, wobei hier lediglich auf einige eingegangen werden soll.

- Eine unterschiedliche Bilanzstruktur wird schon daran deutlich, dass deutsche Bilanzen die Schuldendeckungsfähigkeit des Aktivvermögens betonen, wohingegen amerikanische einen schnellen Überblick über das Reinvermögen vermitteln sollen. Außerdem sind in Deutschland die Aktiva nach zunehmender, in den USA nach abnehmender Liquidität geordnet.
- Beim Jahresabschluss in den USA ist nach den dortigen Steuervorschriften keine Einreichung einer Handelsbilanz oder einer Steuerbilanz notwendig, obwohl die Handelsbilanzdaten in veränderter Form in der Steuererklärung beinhaltet sind. Interessant ist, dass für die Steuerbilanz keine Handelsbilanz maßgeblich ist und es grundsätzlich keine Prüfungs- und keine Veröffentlichungspflicht gibt. An den Börsen gehandelte Unternehmen sind größerer Transparenz unterworfen.
- Obwohl die Bewertungskonzeptionen den deutschen stark ähneln, gibt es in den USA ein Anwendungsverbot für das Imparitätsprinzip und keine Periodenabgrenzung. Eine Wertaufholung des Anlagevermögens ist nicht gestattet.

Das deutsche Handelsrecht wird stark von der EU-Rechtsetzung beeinflusst. Durch die beiden großen Bilanzrechtsreformen der letzten Jahre, dem BilMoG 2009 und dem BilRUG 2015 nähern sich die Bilanzierungsstandards immer mehr den internationalen Bilanzierungsregeln nach IFRS an. Auch in den USA erfolgt eine gewisse Annäherung an die internationalen Standards der IFRS.

5.2.2 IFRS

Die Rechnungslegung nach den *International Financial Reporting Standards (IFRS)* hat zum Ziel, Rechnungslegungsstandards für eine einheitliche weltweite Rechnungslegung zu schaffen. Die IFRS wurden von dem *International Accounting Standards Board (IASB)* entwickelt und werden von diesem auch stetig weiterentwickelt. In der Europäischen Union ist die Anwendung der IFRS inzwischen für börsennotierte Unternehmen vorgeschrieben. Anderen Unternehmen steht ein Wahlrecht zu, den Konzernabschluss nach IFRS aufzustellen. Bei Einzelabschlüssen ist diese jedoch nicht gestattet.

In den USA hat sich die hierfür zuständige *Security and Exchange Commission (SEC)* dahin gehend geäußert, dass US-Gesellschaften zwar *US-GAAP* anwenden, dies aber nicht unter Ausschluss der *IFRS* geschieht. So tätigen beispielsweise US-Unternehmen Akquisitionen und gehen Joint Ventures ein, die sich auf IFRS-Finanzinformationen stützen. US-Unternehmen verlassen sich auch auf IFRS-Abschlüsse, wenn sie Transaktionen mit Nicht-US-Unternehmen und anderen Parteien, die *IFRS* anwenden, abschließen. Trotz der Annäherung der *SEC* an die *IFRS* sind die Unterschiede zu den *US-GAAP* noch groß und Fortschritte hinsichtlich der Harmonisierung der Rechnungslegungsstandards sind derzeit nicht absehbar.

5.2.3 Buchhaltung

Der Einstieg eines deutschen Unternehmens in den amerikanischen Markt kann wesentlich dadurch erleichtert werden, dass man die Finanz- und Lohnbuchhaltung an eine US-Steuerberatungsgesellschaft übergibt. Später kann die Lohnbuchhaltung von einer Lohn- und Gehaltsabrechnungsfirma übernommen werden.

In den USA erfolgt die Finanz- und Lohnbuchhaltung mit Hilfe von Buchhaltungs- und Jahresabschlusssoftware. Kleinere Unternehmen benutzen hierfür meist Softwarepakete. Die größeren Unternehmen hingegen nutzen umfangreichere Pakete, zum Beispiel die von *SAP.*

Für Abschlüsse nicht börsennotierter Unternehmen gibt die *IRS* einige Prüfungsanforderungen vor. Danach müssen die Geschäftsbücher ordnungsgemäß geführt sein, geschäftliche Aufzeichnungen aufgehoben werden und Steuererklärungen vollständig sein. Allerdings müssen diese Firmen keine geprüften Abschlüsse vorlegen. Liegt keine Abschlussprüfung vor, sollte das Unternehmen jedoch einen Jahresabschluss durch einen Buchhalter/eine US-Steuerberatungsgesellschaft aufstellen lassen, was im Allgemeinen bedeutet, dass der Buchhalter/US-Steuerberatungsgesellschaft diesen erstellt, jedoch keine Verantwortung für dessen Richtigkeit übernimmt.

Eine Revision ist ratsam, wenn auch gesetzlich nicht gefordert. Dabei soll der Buchhalter/die US-Steuerberatungsgesellschaft sich vergewissern, dass die Buchführung den US-GAAP-Anforderungen entspricht. Der Jahresabschluss wird dabei weiterhin durch die Geschäftsführung aufgestellt und lediglich oberflächlich durch den Buchhalter/die US-Steuerberatungsgesellschaft geprüft.

Die sog. *Generally Accepted Accounting Standards (GAAS)* regeln, wie der Buchhalter/die US-Steuerberatungsgesellschaft derartige Prüfungen durchführen soll. Es soll darauf geachtet werden, dass das Ausmaß und die Art und Weise der Arbeiten des Buchhalters/der US-Steuerberatungsgesellschaft bei der Buchprüfung nachvollziehbar sind. Dabei kommt es vor, dass bei einer derartigen Buch- oder Abschlussprüfung der Schwerpunkt mehr auf der äußeren Form, als auf dem Inhalt liegt. Da für ausländische Investoren die *US-GAAP* lediglich für steuerliche Zwecke wichtig sind, kann man im gegenseitigen Einvernehmen den Buchhalter/die US-Steuerberatungsgesellschaft ersuchen, eine vereinfachte Prüfung durchzuführen. Man nennt dies auch eine eingeschränkte Abschlussprüfung.

Business Plan

6

Nikolaus Buch

Erfolgreich im U.S. Markt zu agieren ist nach wie vor eine große unternehmerische Herausforderung. Die oft mäßigen Erfolge deutschsprachiger Unternehmen in den USA bezeugen dies nur allzu deutlich. Umso mehr gewinnt eine umfangreiche Vorbereitung an Bedeutung und repräsentiert in vielfacher Hinsicht einen wichtigen Erfolgsfaktor für den gelungenen Markteintritt in die USA. Die Erstellung eines Business Plans bildet ein wichtiges Werkzeug um alle relevanten Aspekte des Markteintritts darzustellen, zu analysieren und zu bewerten. Gleichzeitig ist so der Aufwand der mit einer Expansion in die USA verbundenen Ressourcen – in zeitlicher, personeller wie auch in finanzieller Hinsicht – transparent darstellbar. Der Business Plan ist somit keine theoretische Übung, sondern ermöglicht die Chancen für einen gelungenen Markteintritt zu erhöhen.

Der Business Plan orientiert sich an folgenden Leitfragen, die er zu beantworten versucht:

- Welches Produkt biete ich an?
- Was brauche ich für den Geschäftsbetrieb?
- Wer bedient meine Kunden?
- Wer sind meine Kunden?

Nachfolgend wird zunächst die Marktanalyse betrachtet, die eine Ausgangsbasis schafft, anschließend wird ein Blick auf die Risikoanalyse, die sich dediziert mit Faktoren befasst, die das Vorhaben gefährden könnten, geworfen. Auf dieser Grundlage fußt schließlich der Business Plan, der im Anschluss behandelt wird.

N. Buch (✉)
New York, USA
E-Mail: nbuch@atconsult.com

© Springer-Verlag GmbH Deutschland, ein Teil von Springer Nature 2019
N. Buch und S. C. Oehme (Hrsg.), *Firmengründung in den USA*,
https://doi.org/10.1007/978-3-662-58422-4_6

6.1   Marktanalyse

Die Marktanalyse dient als wichtige Entscheidungsgrundlage für den Markteintritt. Zielsetzung der Marktanalyse ist es, Zusammenhänge innerhalb des Marktes zu erkennen sowie das Marktumfeld, potenzielle Kunden, Mitbewerber und Vertriebsstrukturen kennen zu lernen. Eine gründlich durchgeführte Marktanalyse gibt ein genaues Bild der wirtschaftlichen und kulturellen Faktoren, die einen Zielmarkt bestimmen.

Wie in den Fallstudien in Kap. 11 beschrieben, neigen vor allem mittelständische Unternehmen dazu das Thema Marktanalyse als nicht praxisrelevant abzuwehren. Viele Unternehmer lassen sich eher intuitiv beziehungsweise von vermeintlichen bzw. medial gut aufbereiteten Erfolgsgeschichten gelungener Markteintritte leiten. Doch wie Banken, Außenhandelskammern und Unternehmensberater bestätigen können, ist gerade in den USA die Liste der erfolglosen Markteintrittsvorhaben lange.

Der Kapitaleinsatz für eine fundierte Marktanalyse ist jedoch eine gute Investition in die Zukunft. Die so gewonnenen Erkenntnisse tragen jedoch zu einer verlässlichen Markteintrittsplanung bei und bilden den Rahmen für eine zukünftig erfolgreiche Geschäftstätigkeit.

Um ein aussagekräftiges Ergebnis zu erarbeiten, empfiehlt sich grundsätzlich ein Vorgehen in mehreren Stufen:

- Vorstudie,
- Marketingorientierte Marktanalyse und
- Zielgruppenorientierte Marktanalyse,

wobei jede Stufe mit einer Stop/Go Entscheidung abgeschlossen wird.

6.1.1   Vorstudie

Die Vorstudie dient zur Erfassung des Produkt-, Branchen- und Marktumfeldes (siehe Abb. 6.1). Die Zielsetzung hierbei ist es einen generellen, systematisch aufbereiteten Markteinblick zu erhalten.

Die Schwerpunkte der Erhebung sind vor allem:

- allgemeine Marktinformationen (Marktdefinition, Wachstum, geografische Rahmenbedingungen)
- Identifikation der relevanten Branchenverbände,
- Ermittlung der wichtigsten und meistgelesenen Branchenmagazine,
- Identifikation wichtiger Branchenereignisse (Messen, Kongresse, Seminare) und
- produktspezifische Rahmenbedingungen (gesetzliche Regelungen, Normen).

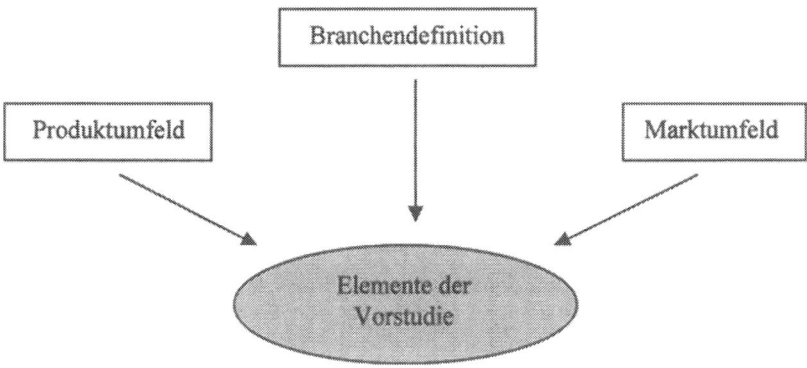

Abb. 6.1 Elemente der Vorstudie

Daran anschließend folgt eine intensivierte Beschäftigung mit dem Auslandsmarkt zur Erfassung der Konkurrenzunternehmen und -produkte sowie der branchenspezifischen Vertriebsstruktur und vor allem auch zur Identifizierung von Kundengruppen und deren Bedürfnissen.

6.1.2 Marketingorientierte Marktanalyse

Eine relativ umfassende, wenn auch theoretische, Systematisierung ist die Gliederung der Marktanalyse entsprechend der vier Marketingdimensionen wie in Abb. 6.2 dargestellt. Im angloamerikanischen Sprachraum werden diese auch gerne als die *Four P's* bezeichnet. Sie umfassen Maßnahmen hinsichtlich *Product* (Produktpolitik), *Promotion*

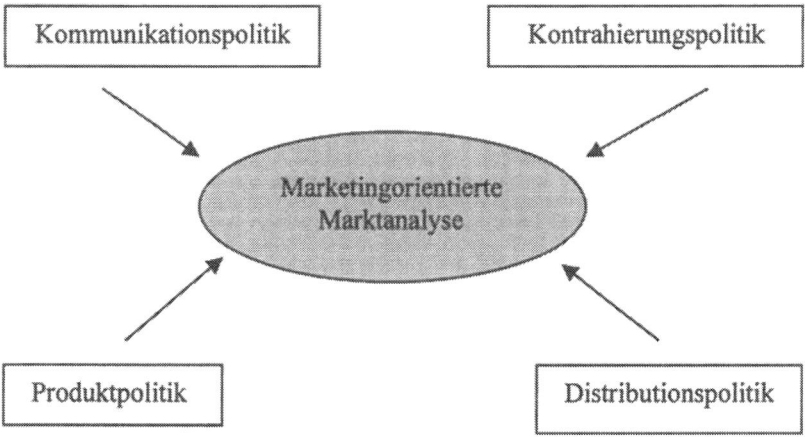

Abb. 6.2 Dimensionen der marketingorientierten Marktanalyse

(Kommunikationspolitik), *Price* (Kontrahierungspolitik) und *Placement* (Distributionspolitik).

In der Praxis ist die marketingorientierte Marktanalyse natürlich je nach vorgegebener
Aufgabenstellung unterschiedlich gewichtet.

Produktpolitische Erhebung – *Product*
Eine produktpolitisch ausgerichtete Marktanalyse setzt sich vor allem mit Fragen der
Marktakzeptanz des eigenen Produktes in Bezug auf die Gegebenheiten des amerikanischen Marktes auseinander. Es ist zu klären, ob ein Produkt ohne Veränderungen oder
erst nach Adaption an die Gegebenheiten des US-Marktes eingeführt werden kann (siehe
Abb. 6.3). Durch die Beschäftigung mit den nachfolgenden Punkten kann eine produkt-
orientierte Markteinschätzung erreicht werden, die der Realität näherkommt.

Im Rahmen der **Kompatibilitätsprüfung** gilt es neben den rechtlichen Normen,
Zulassungsvoraussetzungen und der richtigen Etikettierung bzw. Produktkennzeichnung
die für den Markt spezifischen Konsumgewohnheiten zu erheben. Ein Beispiel: Schlaf-
zimmermöbel sind in den USA anders konfiguriert und dimensioniert als im deutschen
Sprachraum. Vergeblich wird man Schränke europäischer Dimensionen suchen, dafür
aber eigens eingerichtete Schrankzimmer und bspw. sogenannte *Armoires,* dies sind
überdimensionierte Kommodenschränke mit Vorrichtungen für Fernseheinbauten, finden.

Unter **Produktmodifikationen** versteht man Änderungen in der generellen Charakte-
ristik des Produktes. Diese können alle Elemente eines Produktes betreffen: Bestandteile,
Zutaten, Größe, Komplexität, Farben bis hin zu Anpassungen in der Verpackung. Um
beim Beispiel des amerikanischen Schlafzimmers zu bleiben: Ohne Anpassung an die in
den USA gebräuchlichen Bettengrößen, die sich wesentlich von europäischen Dimensionen unterscheiden, wird ein europäischer Matratzenerzeuger seine Produkte in den USA
kaum absetzen können.

Basierend auf den Daten der Marktforschung kann sich auch die Notwendigkeit einer
Produktneuentwicklung ergeben. In der Praxis ist dies ein Weg, den Unternehmen

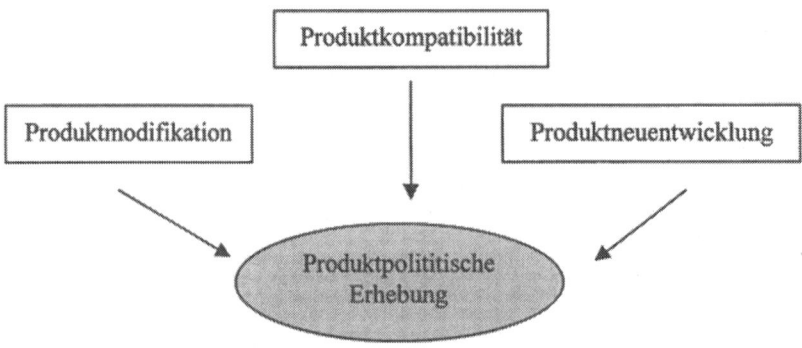

Abb. 6.3 Dimensionen der produktpolitischen Erhebung

immer wieder versucht sind zu beschreiten, der allerdings auch das größte Risiko in sich birgt. In einem neuen Markt mit einem neuen Produkt zu reüssieren hat eine eher geringe Erfolgswahrscheinlichkeit. Auf diesen Punkt wird im folgenden Abschn. 6.2 noch genauer eingegangen.

Ebenfalls sollte vor einem Markteintritt gegebenenfalls die patentrechtliche Situation überprüft werden, beziehungsweise, ob die Bezeichnung für das Produkt als Handelsmarke geschützt werden kann oder sollte. Weitere Ausführungen dazu finden sich in Abschn. 3.6.

Kommunikationspolitische Erhebung – *Promotion*
Die Schwerpunkte der kommunikationspolitischen Erhebung liegen in der Ermittlung von Kommunikations- und Werbemedien, der Öffentlichkeitsarbeit einer Branche, sowie dem medialen Auftreten von Mitbewerbern. Da es in den USA eine vergleichsweise hohe Anzahl unterschiedlicher Fachmedien gibt, ist es besonders wichtig, jene Kommunikationsmethoden zu identifizieren, die am effizientesten sind und somit am besten beim Zielpublikum ankommen. Seit über einem Jahrzehnt kommt auch der digitalen Medienpolitik von Unternehmen eine größer werdende Rolle zu. Die Webseite ist oft die erste Adresse für Interessenten und gerät damit zum Aushängeschild. Auch im Bereich Social Media sind gerade junge Unternehmen sehr aktiv. Pressemitteilungen und regulatorische Anforderungen werden bisweilen nur digital kommuniziert.

Grundsätzlich können im Rahmen der Kommunikationspolitik die in Abb. 6.4 zu findenden Medien unterschieden werden.

Die klassischen **Verkaufsunterlagen** amerikanischer Mitbewerber umfassen in der Regel drei Elemente:

- *corporate profile* (Firmenprofil),
- *product profile* (produktspezifische Unterlagen) und
- *press kit* (Pressemappe/Informationen).

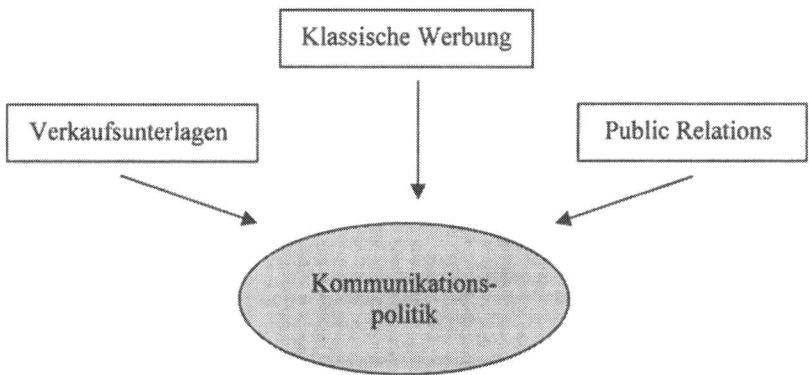

Abb. 6.4 Elemente der kommunikationspolititischen Erhebung

Das *corporate profile* dient zur Darstellung des Unternehmens, es enthält regelmäßig eine kurze Firmengeschichte, sowie die Firmengröße und allgemeine Daten, die dem Leser einen besseren Einblick über das vorgestellte Unternehmen geben sollen.

Das *product profile* ist eine Unterlage zur Vorstellung des Produktangebotes, wobei neben Produktbeschreibung vor allem auch allgemeine kaufmännische Informationen, z. B. über bereits erzielte Verkaufserfolge, präsentiert werden.

Nicht nur *wie* eine Darstellung erfolgt, sondern auch *was* präsentiert wird, spielt eine entscheidende Rolle in der Erhebung von Kommunikationsmustern und sollte entsprechend analysiert werden.

Kulturelle Unterschiede zwischen Europa und den USA bedingen eine notwendige Anpassung der Kommunikationsinhalte. So mag beispielsweise eine Betonung der niedrigen Preise eines Unternehmens im amerikanischen Markt angebrachter sein, als das Hervorheben einer umweltbewussten Vorgangsweise. Ökologiebewusste Papiererzeugung mag im deutschen Sprachraum ein Verkaufsargument sein, in den USA hingegen ist sie ökonomiebewusst.

Unter dem *press kit* ist ein Pressespiegel zu verstehen, um das bereits gezeigte Medieninteresse an Unternehmen und Produktangebot zu verdeutlichen.

Kontrahierungspolitische Erhebung – *Price*

Alle Bereiche, die mit der Geschäftskonstruktion im Außenhandel zu tun haben, sind im Rahmen der Kontrahierungsdimension zu ermitteln. Von besonderer Wichtigkeit ist die Preispolitik. Die Festsetzung von Preisen ist klarerweise ein wichtiges Element und hat aufgrund der amerikanischen Preissensitivität oft maßgeblichen Einfluss auf den Erfolg des US-Marktauftrittes.

Preispolitische Überlegungen als Bestandteil einer Marktanalyse sind nicht isoliert zu sehen, sondern vielmehr in engem Zusammenhang mit der Produktpolitik. In erster Linie gilt es, Preisvorstellungen potenzieller Kunden zu erheben und zu analysieren welche Leistungselemente in diesem Preis enthalten sein müssen. Weiters sollten Informationen hinsichtlich der Preissetzung von Mitbewerbern im amerikanischen Markt gesammelt und analysiert werden. So können hilfreiche Aufschlüsse auf branchenübliche Preisgestaltungsmerkmale (z. B. Mengenrabatte und Verpackungsgrößen) gewonnen werden.

Eine wesentlich höhere Preisflexibilität als in Europa und eine Bestimmung des Preises fast ausschließlich durch Angebot und Nachfrage öffnen Preisunterbietungen Tür und Tor und führen oft zu einem harten Preiskampf. Der Fairness halber muss aber erwähnt werden, dass allerdings auch Preissteigerungen bei entsprechender Nachfrage durchsetzbar sind. Ein Beispiel aus der Personenlogistik: Der Fahrdienstvermittler Uber bedient sich des sogenannten *surge pricing*. Dabei wird der Preis für eine Fahrt nicht nur anhand der Entfernung von Start zu Ziel bestimmt, sondern es werden das momentane Angebot durch Fahrer, die Nachfrage durch andere Fahrgäste und die Bereitschaft zu warten oder sich die Fahrt mit anderen Nutzern zu teilen und eine Fahrzeitverlängerung in Kauf zu nehmen miteinbezogen. So können sich für eine an sich gleiche Leistung Preisdifferenzen bis zum Faktor 50 ergeben.

Distributionspolitische Erhebung – Placement

Schwerpunkt der Distributionspolitik ist es, Einblick in den Aufbau der Vertriebsstrukturen zu erlangen und eine Antwort auf die Frage nach den zielführendsten Distributionskanälen zu finden. Die Größe des Landes und die Entfernungen innerhalb der USA bedingen, dass europäische Firmen mit einem vielschichtigen System an Vertriebswegen konfrontiert werden. Hierzu zählen einerseits erstaunlich antiquiert anmutende Großhandelssysteme (*showroom-, distributor-, broker*-Systeme), ebenso wie direkte Vertriebsformen ohne Zwischenhandel über das Internet, den Versandhandel oder Direktmarketing.

Die Wahl des Vertriebskanals stellt in der Markteintrittsphase eine der wichtigsten strategischen Entscheidungen dar. Einmal gewählt, gilt es den Vertriebsweg beizubehalten auch wenn sich der Markterfolg nicht sofort einstellen sollte. Fehlender Markterfolg kann viele Ursachen haben, der Vertriebsweg ist es aber in den wenigsten Fällen. Und die Aufgabe eines Vertriebskanals bedeutet den Verlust bereits unternommener Vermarktungsbemühungen, geknüpfter Geschäftskontakte und Glaubwürdigkeit.

Neben dem marktseitigen Vertrieb sind logistische Fragen, die im Rahmen des Markteintritts anfallen, ebenfalls zu klären. Hierzu zählen die Analyse der anzuwendenden Zollregelungen (Formalitäten und Kosten, Import- und Exportlizenzen), der notwendigen Markierungen und Beschriftungen sowie spezieller Vorkehrungen, die zum Schutz des Produktes während des Transportes notwendig sind (beispielsweise Kühlung, spezielle Verpackung, Schutz vor Feuchtigkeit).

Die Beschäftigung mit der Standortwahl fällt ebenfalls in den Bereich der distributionspolitischen Erhebung. Wichtige Kriterien hierbei sind:

- Verkehrsanbindung,
- Nähe zum Stammhaus,
- Kunden- und Lieferantennähe,
- Personalkosten und
- Wirtschaftsförderungen.

Aufgrund der Relevanz dieser Entscheidung gehen wir in Kap. 7 ausführlich auf Aspekte und Schwerpunkte der Standortwahl ein, die harte, messbare Kriterien wie die Verkehrsanbindung sowie weiche, nicht genau abgrenzbare Kriterien wie die kulturelle Nähe zum Stammhaus berücksichtigt.

6.1.3   Zielgruppenorientierte Marktanalyse

Die Schwerpunkte der zielgruppenorientierten Marktanalyse decken sich Großteiles mit den bereits in der marketingorientierten Marktanalyse besprochenen Themen. Die zugrunde liegende Überlegung besteht jedoch in einer anderen, der zunächst trivial anmutenden Frage: *Wer ist eigentlich mein Kunde?*

Ein Beispiel dazu: Die Huber GmbH, ein österreichischer Geschenkeartikelerzeuger hat eine amerikanische Vertriebsniederlassung gegründet und beginnt im Rahmen von Messebesuchen das Geschäft vor Ort aufzubauen. Im Rahmen einer Messeanfrage erhält das Unternehmen von einer US *departmentstore* Kette eine Anfrage für einen Auftrag, der allerdings 45 % der österreichischen Jahresproduktion auslasten würde – ein echter Glücksgriff. Auf selbiger Messe erhält die Huber GmbH etwa 80 Bestellungen von Einzelhändlern mit Bestellgrößen zwischen US$ 300–1000. Vergleichbar zum ersten Angebot? Wohl eher: viel Logistik, wenig Brot.

Die zielgruppenorientierte Marktanalyse versucht daher folgende Fragen zu beantworten:

- Wer ist meine ideale Zielgruppe, wie sieht ihr Profil aus?
- Wie kann ich meine Zielgruppe erreichen und ansprechen?
- Gibt es branchenübliche Spielregeln, die einzuhalten sind?
- Wird mein Produkt von der Zielgruppe angenommen?

Die Beantwortung dieser Fragen kann beispielsweise mithilfe des sogenannten Marktakzeptanztests erfolgen. Hierbei wird eine Zielgruppe anhand vorgegebener Kriterien systematisch identifiziert und dann persönlich kontaktiert. Im Rahmen der Kontaktaufnahme wird das Produktprogramm des Unternehmens präsentiert, nicht im Sinne aktiver Verkaufsbemühungen, sondern mit dem Ersuchen um Beantwortung vorgegebener Fragestellungen zur Produktakzeptanz. Auf diesem einfachen Weg können wertvolle Aufschlüsse für die weiteren Vermarktungsanstrengungen gewonnen werden.

6.1.4 Durchführung der Marktanalyse

Die Durchführung einer Marktanalyse erfolgt im Zusammenspiel verschiedener Aktivitäten: der Informationsgewinnung, Auswertung und Prognose. Obwohl diese Themen hier getrennt behandelt werden, ergänzen und beeinflussen sie sich natürlich im Erstellungsprozess der Marktanalyse wechselseitig (siehe Abb. 6.5).

Informationsgewinnung
Basierend auf den im Vorfeld ausgearbeiteten Zielen gilt es zunächst zu überlegen, welche Art von Informationen benötigt und wo diese gefunden werden können. In der Kommunikation mit Beratern und Marktforschern wird man in diesem Zusammenhang immer wieder folgende Einteilung hören:

- *desk research* und
- *field research*.

Unter *desk research* versteht man die Gewinnung von Informationen, sogenannten Sekundärdaten, die bereits entweder firmenintern oder firmenextern vorhanden sind und nicht erst neu

Abb. 6.5 Prozess der
Marktanalyse

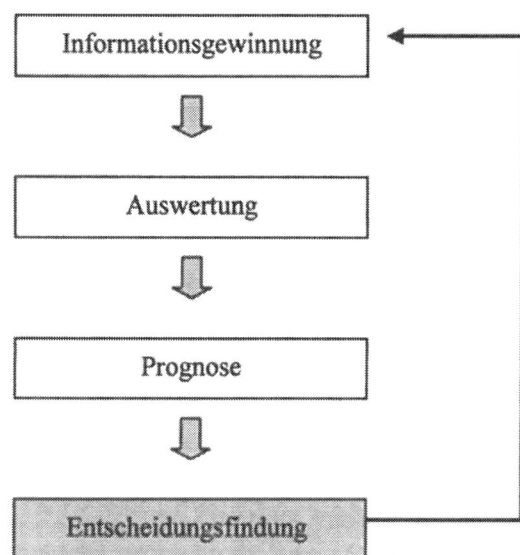

erhoben werden müssen. Der Vorteil des *desk research* liegt in relativ geringeren Kosten und
der Möglichkeit, sich rasch einen Überblick über relevante Informationen und somit einen
Ausgangspunkt für weitere Schritte verschaffen zu können. Gute Datenquellen sind z. B.
Veröffentlichungen von Wirtschaftsverbänden, Fachzeitschriften, Geschäftsberichte und
Mitteilungen von Banken, Statistiken und Berichte von Handelsketten aber auch Geschäftsberichte von Konkurrenzunternehmen. Sekundärdaten werden in erster Linie dazu verwendet,
sich einen generellen Marktüberblick zu verschaffen, beziehungsweise um die im anschließenden *field research* ermittelten Informationen richtig bewerten zu können. Nachteilig ist,
dass derartige Informationen oft nicht mehr aktuell sind und auch möglicherweise – da sie
ursprünglich in einem anderen Zusammenhang gesammelt wurden – den gegenwärtigen
Anforderungen nicht entsprechen.

Field research bezeichnet die Informationsgewinnung von Primärdaten im Rahmen
direkt geführter Interviews und Umfragen zur Beantwortung spezifisch vorgegebener
Fragestellungen. Natürlich ist eine Datenermittlung im Rahmen eines *field research* im
ausländischen Markt (aufgrund anfallender Sachkosten, kultureller Unterschiede, kom-
munikativer Barrieren) mit einem höheren Aufwand an Ressourcen verbunden. Der Vorteil des *field research* liegt in der Tatsache, dass die ermittelten Daten aktuell und genau
auf die Anforderungen des Projektes zugeschnitten sind. Darüber hinaus können wertvolle Einsichten vor allem auch für die Marketingaktivitäten des Unternehmens (durch
Kontaktaufnahme mit Konkurrenten und potenziellen Kunden bei Messen, Ausstellungen
und Konferenzen) gewonnen werden. Letztere Möglichkeit zeichnet sich vor allem durch
ihre – im Vergleich zu anderen *field research* Methoden – leichte Durchführbarkeit und
Kostengünstigkeit aus.

Informationsauswertung

Im Rahmen der Informationsauswertung werden die bereits gesammelten Daten auf ihre Relevanz überprüft. Die Beantwortung aller im Rahmen der Zielsetzung aufgeworfenen Fragen sollte somit möglich sein. In diesem Zusammenhang wird ersichtlich, dass es sich bei einer Marktanalyse nicht um einen geradlinigen und nur in eine Richtung verlaufenden, sondern vielmehr um einen iterativen Prozess handelt. Unter Umständen muss nach einer Informationsauswertung ein Schritt zurück in die Phase der Informationsgewinnung gemacht werden, da die eingangs festgelegte Zielsetzung noch nicht erfüllt ist, beziehungsweise da sich überhaupt eine Veränderung der Zielsetzung ergibt. So dient der Prozess der Informationsauswertung auch zur Feinadjustierung der formulierten Ziele. Sollten jedoch die eingangs gestellten Fragen klar und eindeutig beantwortet sein, kann mit dem nächsten Schritt – der Prognose – fortgefahren werden.

Prognose

Bei der Erstellung einer Markteintrittsprognose für den amerikanischen Markt geht es um die Vorhersage der Marktentwicklung in Bezug auf den geplanten Markteintritt. Empfehlenswert ist es in dieser Phase lokale Experten miteinzubeziehen, um ein verlässliches Ergebnis zu erzielen, da das „Nicht-Vertraut-Sein" mit dem amerikanischen Markt die Prognose ungleich schwieriger gestaltet.

6.2   Risikoanalyse

Trotz der Attraktivität des US-Marktes scheitern gerade auf diesem Markt viele deutschsprachige Niederlassungsgründungen. Eine repräsentative Studie der österreichischen Finanzierungsgarantiegesellschaft, die sich mit dem Scheitern von österreichischen Auslandsniederlassungen in den USA beschäftigt, sieht folgende Fehlerursachen als Hauptgrund hierfür:

- mangelhafte Marktrecherchen und Business Pläne,
- Unterschätzung der rechtlichen Rahmenbedingungen,
- Nichtbeachtung der interkulturellen Unterschiede und Sprachbarrieren und
- fehlendes Verständnis für Vertriebssysteme.

Um Schwierigkeiten und Hindernisse im Rahmen des Markteintrittsprojektes frühzeitig zu erkennen und diese so weit wie möglich zu vermeiden, sollte bei Erstellung des Business Plans eine Risikoanalyse durchgeführt werden. Das Spektrum möglicher Risiken reicht von ungeplanten Adaptionskosten über eine verminderte Marktakzeptanz des Produktes bis hin zu einem völligen Scheitern des Projektes.

Um einen besseren theoretischen Überblick über das gesamte Projektrisiko zu erhalten und eine strukturierte Vorgehensweise zu ermöglichen, empfiehlt es sich eine Einteilung in die Risikogruppen

- Markteintrittsrisiko,
- Produktrisiko,
- Personenrisiko und
- Wechselkursrisiko

vorzunehmen.

6.2.1 Markteintrittsrisiko

Das Marktrisiko – die fehlende Produktakzeptanz auf dem amerikanischen Markt – ist wohl das Albtraumszenarios jedes Unternehmers, der in den USA einen neuen Absatzmarkt aufbauen will. Die oft ehrgeizig getroffene Annahme, dass für den geplanten Marktantritt ein neues Produkt entwickelt werden muss, sollte kritisch hinterfragt werden, da die Kombination eines neuen Produktes in einer neuen Marktumgebung mit dem vergleichsweise höchsten Risiko verbunden ist.

Im Rahmen der Markteintrittsplanung ist im Sinne einer Risikoreduzierung die Marktentwicklungsstrategie einer Diversifikationsstrategie vorzuziehen (siehe Abb. 6.6). Der Vorteil der Marktentwicklungsstrategie liegt darin, dass man mit dem am U.S. Markt eingeführten Produkt bereits vertraut ist und auch eine entsprechende Erfolgsgeschichte für potenzielle Kunden vorweisen kann. Zwar ist es nur in den seltensten Fällen möglich, ein Produkt deckungsgleich für die Markteinführung zu übernehmen, aber man verfügt zumindest über eine entsprechende Basis und begibt sich nicht auf vollkommen neues Terrain.

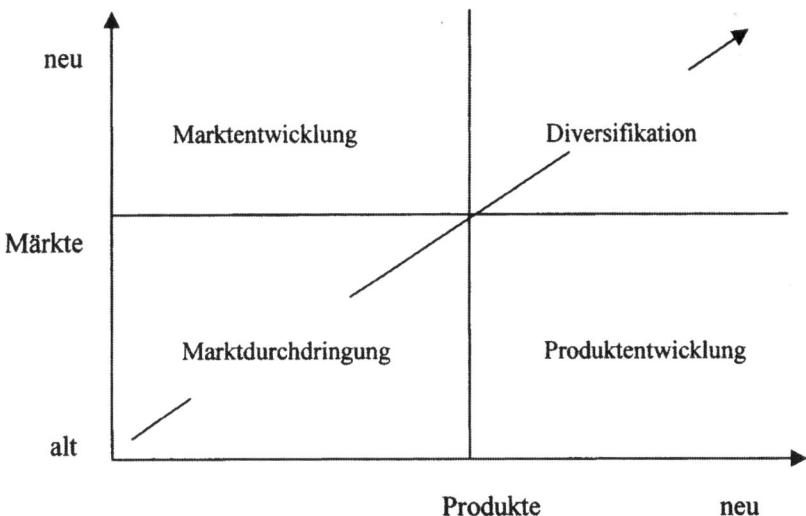

Abb. 6.6 Ansoff Matrix

Zur Minimierung des Markteintrittsrisikos ist auf die Qualität der Marktanalyse entsprechend zu achten. Sorgfalt bei der Durchführung einer solchen Analyse macht sich in späterer Folge durch ein vermindertes Marktrisiko bezahlt. Gänzlich auszuklammern ist das Marktrisiko allerdings auch trotz sorgfältiger Vorbereitungen nicht. Unvorhersehbare Faktoren oder Ereignisse können klarerweise die Ergebnisse der Marktanalyse infrage stellen. Die Flexibilität und Schnelllebigkeit des amerikanischen Marktes bedingt, dass unvorhersehbare Faktoren in den USA eine – verglichen zu Europa – raschere Veränderung der Nachfrage mit sich bringen können. Dies reduziert die Berechenbarkeit der Marktgegebenheiten und erhöht zur gleichen Zeit das Marktrisiko. Gerade deswegen empfiehlt sich in der Phase der Projektvorbereitung lokale Marktexpertise zuzukaufen, um das Marktrisiko zu managen.

6.2.2 Produktrisiko

Das Produktrisiko bezieht sich auf Risiken, die aufgrund der Beschaffenheit des Produktes auch trotz entsprechender Marktakzeptanz im Rahmen der Markteinführung auftreten können. Besonders hervorzuheben sind die in Abb. 6.7 wiedergegebenen Themenbereiche.

Adaption
Adaptionskosten sind vor allem von Bedeutung, da sie einen nicht unwesentlichen Teil der Kosten eines Expansionsprojektes ausmachen können. In vielen Fällen ist allerdings eine Produktadaption (z. B. die Anpassung an die rechtlichen Rahmenbedingungen, Standards des amerikanischen Marktes) eine notwendige Voraussetzung für den Markteintritt.

Eine Gegenüberstellung der voraussichtlichen Gewinne und Vorteile, und jener Mehrkosten, die durch die Adaption entstehen, sollten im Rahmen der Risikoanalyse durchgeführt werden. Ein im Vergleich zu Europa kürzerer Produktlebenszyklus bedingt, dass kontinuierliche Anpassungen und Verbesserungen notwendig sind, um wettbewerbsfähig zu bleiben. Dies führt zu laufend anfallenden Adaptions- und Produktentwicklungskosten und trägt gleichzeitig auch wesentlich zu einer Erhöhung des Produktrisikos bei.

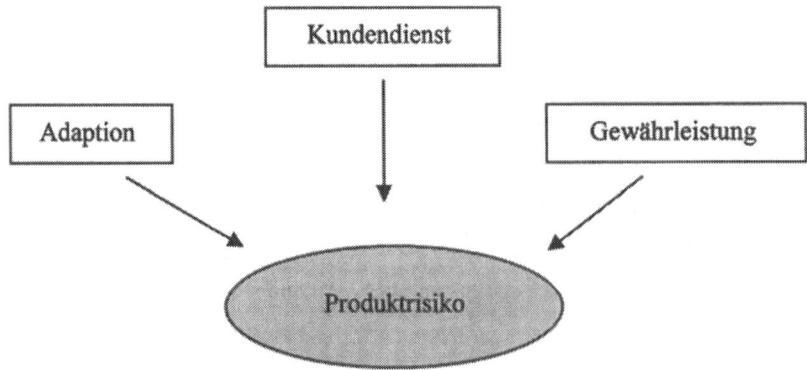

Abb. 6.7 Elemente des Produktrisikos

Kundendienst

Ein oft wenig beachtetes aber dennoch wichtiges Thema im Zusammenhang mit dem Produktrisiko betrifft Dienstleistungen, die – abhängig von der Art des Produktes – zusätzlich angeboten werden sollten. Diese Dienstleistungen umfassen beispielsweise Kundendienstleistungen, Wartung und Reparatur. Sie stellen einen wesentlichen Erfolgsfaktor für den Markteintritt in die USA dar. Ohne eine qualifizierte Repräsentanz des Unternehmens vor Ort ist es nicht möglich, die für ein effektives *service fulfillment* notwendige Kundennähe zu gewährleisten. Die Kosten, die mit dem Serviceaufbau in den USA verbunden sind, erhöhen das Produktrisiko natürlich entsprechend. Daher ist im Sinne einer Risikoreduzierung bereits im Vorfeld des Markteintritts festzustellen, welche Dienstleistungen angeboten werden müssen, wie diese organisiert werden können und welche Kosten damit verbunden sind.

Gewährleistung

Wie bereits in Abschn. 3.5 erwähnt sind die rechtlichen Konsequenzen, die sich infolge von Unfällen in den USA – ausgelöst durch fehlerhafte Produkte – ergeben können, erheblich. Es ist empfehlenswert, die Verwendung des Produktes in Anleitungen genauestens zu dokumentieren. Dies, um fehlerhafter Benutzung seitens der Kunden vorzubeugen und im Falle einer Klage über entsprechende Beweismittel zu verfügen, dass Kunden hinsichtlich einer korrekten Bedienung und hinsichtlich der Risiken instruiert wurden. Natürlich sollte auch eine Haftpflichtversicherung mit einer ausreichenden Deckungssumme abgeschlossen werden, wobei die in den meisten Fällen besonders hohen Versicherungsprämien in Betracht zu ziehen sind.

6.2.3 Personenrisiko

Zur Bewertung des Personenrisikos gilt es sich mit den für den Markteintritt wesentlichen Einzelpersönlichkeiten zu beschäftigen um die Konsequenzen, die sich durch ein unvorhergesehenes Ausscheiden dieser Person ergeben könnten, entsprechend einzuschätzen.

Oft werden Unternehmen von der Komplexität des amerikanischen Marktes überrascht. Daher sind Personen, die die Gegebenheiten des Marktes kennen und über einen Einblick in die Strukturen und die Handelsbräuche der entsprechenden Branche verfügen, umso wichtiger im Vergleich zu *expatriate managers,* die sich erst mit den lokalen Gegebenheiten vertraut machen müssen. Gleichzeitig sollten Projekte nicht auf eine bestimmte Person konzentriert gestaltet werden. Voreilige Schlüsse und Entscheidungen zu Beginn eines Projektes über die „*richtige*" Person engen die Sichtweise und auch den Handlungsspielraum frühzeitig ein. Das Personenrisiko ist erhöht, da man die Flexibilität verliert, alternative Wege einzuschlagen, falls der Partner dem Projekt unvorhergesehener Weise nicht mehr zur Verfügung stehen sollte. Obwohl der Suche nach geeignetem Personal bereits im Rahmen der Vorbereitung Aufmerksamkeit gezollt werden sollte, gilt es übereilte und somit strategisch ungünstige Entscheidungen zu vermeiden.

6.2.4 Wechselkursrisiko

Die Entwicklung des Wechselkurses Dollar/Euro übt direkten Einfluss auf die Wettbewerbsfähigkeit eines deutschsprachigen Unternehmens im amerikanischen Markt aus. Besonders
in der ersten Phase der Betriebsgründung spielen Wechselkursveränderungen eine nicht
unbedeutende Rolle und können maßgeblichen Einfluss auf den weiteren Verlauf – und
letztlich auch auf die Rentabilität – des Projektes haben. Beispielhaft sei die Wertsteigerung
des US Dollars in Relation zum europäischen Währungsraum in einem Zeitraum von nur
zwölf Monaten (Mai 2014–Mai 2015) um 25 % erwähnt. Unternehmen, die sich in diesem
Zeitraum in der *Start-up-Phase* befanden, wurden mit einem unvorhersehbaren Risiko konfrontiert. Zumal vor allem Währungsexperten immer wieder von einer lediglich temporären
Entwicklung sprachen. Da Wechselkursrisiken nur zu einem bestimmten Grad vorherkal-
kulierbar sind und die Auswirkungen einer Wechselkursveränderung von Fall zu Fall verschieden sein können, ist es schwer, universelle Lösungsansätze anzubieten. Ein auf den
Einzelfall abgestimmtes Vorgehen ist daher empfehlenswert.

Durch das Berücksichtigen verschiedener Szenarien und die Entwicklung von Hand-
lungsempfehlungen für die einzelnen Szenarien kann das Unternehmen vermeiden einer
derartigen Wechselkursveränderung unvorbereitet ausgeliefert zu sein. In einem weiteren Schritt empfiehlt es sich Pläne für Eventualitäten zu entwickeln, die ein schnelles
Reagieren auf aktuelle Entwicklungen ermöglichen. Die Gesamtplanung des Projektes
in US Dollar stellt ebenfalls einen Lösungsansatz dar, vor allem unter der Prämisse, dass
das neue Tochterunternehmen die Investitionskosten in der Landeswährung zu verdienen
und zurückzuzahlen hat. Bei diesem Lösungsansatz wird das Wechselkursrisiko gänzlich
umgangen, jedoch muss eine entsprechende Wertschöpfung des Tochterunternehmens
von Anfang an vorausgesetzt werden.

6.2.5 Fazit

Abschließend kann man wohl sagen, dass es unmöglich ist, alle Risiken im Zusammenhang mit einem Eintritt in den amerikanischen Markt zu vermeiden; wenn dies möglich
wäre, müsste wohl jedes Unternehmen danach streben in diesem attraktiven Markt zu
operieren. Zahlreiche Beispiele gescheiterter oder nur mäßig erfolgreicher Markteintritts-
projekte sprechen hier eine deutliche Sprache. Dennoch ist es von großer Bedeutung, die
Risiken verständlich und kalkulierbar zu machen, um sie somit kontrollieren zu können.
Die sorgfältige Vorbereitung – wie in der Einleitung zu diesem Kapitel erwähnt – macht
es möglich, Risiken zu beherrschen und sich für etwaige Eventualitäten – durch die
Erstellung von Alternativplänen – vorzubereiten. Somit ist ein adäquater Ausgangspunkt
für eine erfolgreiche Geschäftsgründung in den USA gegeben.

6.3   Business Plan – Projektpräsentation

Der Business Plan ist ein ausgezeichnetes Werkzeug zur systematischen Beschreibung eines Markteintrittsprojektes. Für Unternehmer ist der Business Plan ein Hilfsmittel, um neue Projekte übersichtlich und transparent darzustellen. Für Investoren und Finanzierungsgesellschaften bildet er eine Entscheidungsgrundlage, in ein bestimmtes Projekt zu investieren. Der Business Plan legt detailliert dar, wo die Chancen für das spezifische Produkt oder die Dienstleistung liegen, welches Erfolgspotenzial das Projekt hat und welche Risiken involviert sind.

Weiters ermöglicht er auch Klarheit über die Investitionskosten des Projektes zu gewinnen und notwendige Maßnahmen zu identifizieren, um die Erfolgswahrscheinlichkeit zu erhöhen, beziehungsweise die Risiken zu kontrollieren und zu minimieren. Somit verfügt man über ein Dokument, das sowohl firmenextern – bei der Präsentation nach außen – als auch firmenintern von großer Bedeutung ist.

Die Erstellung des Business Plans sollte nicht als „notwendiges Übel" gesehen werden, sondern vielmehr als Möglichkeit alle relevanten Aspekte des US Markteintrittes in Betracht zu ziehen, zu analysieren und zu bewerten. Ebenfalls ist ein gut strukturierter Business Plan nicht nur für die Entscheidungsphase des Markteintrittsprojektes von Bedeutung, er enthält Meilensteine für die Entwicklung des Projektes.

Der Aufbau eines Business Plans für ein US-Markteintrittsprojekt kann in nachfolgende Elemente unterteilt werden:

- Einleitende Zusammenfassung
- Zielsetzung
- Beschreibung des Marktumfeldes und der Marktsituation
- Markteintrittsplanung
- Planung der Ressourcen
- Projektbeurteilung.

Dabei besteht der Business Plan aus mehreren Teilplänen, die sich auf unterschiedliche Aspekte fokussieren. Der *Marketing-* und *Sales-Plan* sind Bestandteile der Markeintrittsplanung. Im Rahmen der Ressourcenplanung hat der Personalplan die *Human Resources* des Unternehmens zum Gegenstand und der Finanzplan befasst sich mit den monetären Grundlagen des Vorhabens.

6.3.1   Einleitende Zusammenfassung und Zielsetzung – *Executive Summary*

Die **einleitende Zusammenfassung** (*executive summary*) gibt Aufschluss über die Motivation für das Projekt und die getätigten Prämissen. Die erwarteten Ergebnisse sind überzeugend auf den Punkt zu bringen. Sie sollte zuletzt verfasst werden, um die Inhalte des Business Plans adäquat abzubilden.

Im Rahmen der **Zielsetzung** sind die Motive, die ein Unternehmen zur Expansion nach Nordamerika bewegen, darzulegen. Generell gibt es hierbei einige Punkte, die bei der Zielformulierung besonders zu beachten sind.

- Realistisches Erscheinungsbild der Ziele: Die Ziele sind so konkret wie möglich zu formulieren, generelle Statements sind so weit wie möglich zu vermeiden.
- Anpassung der Ziele an wirtschaftliche Gegebenheiten: Die Ziele sind mit den Gegebenheiten des amerikanischen Marktes und der spezifischen Branche in Einklang zu bringen. Die Ergebnisse der Marktanalyse sind in die Zielsetzung zu integrieren.
- Kompatibilität der Ziele mit der Unternehmenskultur: Neben der Berücksichtigung der wirtschaftlichen Gegebenheiten des amerikanischen Marktes müssen auch meta-ökonomische Umstände (z. B. Aufgeschlossenheit gegenüber dem *american way of life* und den amerikanischen Unternehmenskulturen) in Betracht gezogen werden.
- Zieloperationalisierung: Zielsetzungen werden nur dann hilfreich sein, wenn eine entsprechende Quantifizierung der Ziele vorgenommen wird. Da die sachliche Operationalisierung bei der Markteintrittsplanung und die finanzielle Dimension im Rahmen der Ressourcenplanung besprochen werden, geht es hier vor allem um die zeitliche Dimension. Festgelegt werden sollte, in welchem Zeitrahmen ein bestimmtes Ziel – oder Teilziel – zu erreichen ist.

6.3.2 Beschreibung des Marktumfeldes und der Marktsituation

Eine sorgfältige Studie des Wettbewerbsumfeldes hilft dem Unternehmen genau festzustellen,

- wie kompetitiv der Markt ist,
- wie sich die Produkte der Konkurrenz von den eigenen unterscheiden,
- welche Marktsegmente und Regionen von ihnen bedient werden und
- welche Distributionskanäle verwendet werden.

Zusätzlich kann eine detaillierte Konkurrenzanalyse wertvolle Rückschlüsse auf bereits erfolgserprobte Strategien oder auch auf alternative Vorgangsweisen beziehungsweise auf eventuell vorhandene Marktlücken geben. Diese Informationen sind dann bei der Ausarbeitung der Markteintrittsplanung von entscheidender Bedeutung. Sie ermöglichen es dem Unternehmen das Projekt zu definieren, die richtigen Produkte in geeigneten Vertriebskanälen mit einem optimalen Marketingmix auf den Markt zu bringen, zusammengefasst, eine erfolgsversprechende Markteintrittsplanung zu formulieren.

Eine *SWOT*-Analyse ist ein geeignetes Mittel zur Beurteilung und Einschätzung des eigenen Unternehmens. *SWOT* ist dabei ein Akronym und steht für *Strengths, Weaknesses, Opportunities* and Threats. Mithin können die spezifischen Stärken und Schwächen des Markteintrittsprojektes auf dem amerikanischen Markt analysiert werden, zusätzlich wird ein Fokus auf die sich bietenden Chancen, bspw. Neukundengewinnung, sowie die drohenden Risiken, bspw. durch Mitbewerber, gelegt.

6.3.3 Markteintrittsplanung

Die Markteintrittsplanung leitet sich aus den Ergebnissen der zuvor besprochenen Marktanalyse ab. Sie ist die individuelle Antwort des Unternehmens, wie unter Einbeziehung des eigenen Umfeldes ein Projekt auf dem Zielmarkt USA verwirklicht werden soll.

Zunächst gilt es detailliert zu begründen, warum der nordamerikanische Markt anderen Märkten vorzuziehen ist. Eine objektive Vorgangsweise soll hier sicherstellen, dass die Entscheidung gerade die USA für eine Expansion auszuwählen auf strategischen und wirtschaftlichen Überlegungen beruht. Eine Gegenüberstellung des amerikanischen Marktes mit anderen potenziellen Märkten kann sich als hilfreich erweisen.

Um die Markteintrittsplanung übersichtlich darzustellen, ist es wieder sinnvoll eine Unterteilung entsprechend der vier Marketingdimensionen vorzunehmen.

Produktplanung
Basierend auf den Ergebnissen der Marktforschung ist eine Produktstrategie zu entwickeln, die auf die Gegebenheiten des amerikanischen Marktes eingeht. Marktspezifische Produktmodifikationen beziehungsweise notwendige Neuentwicklungen gilt es zu berücksichtigen. Hier kommen die Ergebnisse der zuvor durchgeführten, produktpolitischen Erhebung zur Anwendung (siehe Abschn. 6.1.2). Es gilt ein Gleichgewicht zwischen Minimierung der Kosten und Maximierung der Erfolgswahrscheinlichkeit zu finden. Zu beachten ist auch der enge Zusammenhang mit der Preispolitik, da nur eine Abstimmung dieser beiden Elemente ein kohärentes und somit erfolgreiches Auftreten gewährleisten kann.

Kommunikationsplanung
Effiziente und zielgerichtete Kommunikation trägt entscheidend zu einem erfolgreichen Auftreten auf dem amerikanischen Markt bei. Ausgehend von der Zielgruppenbestimmung im Rahmen der Marktforschung gilt es, eine Kommunikationsstrategie zu entwickeln, die optimal auf die angesprochenen Zielgruppen eingeht. Hierbei ist – wie oft übersehen wird – insbesondere auf Unterschiede hinsichtlich der Kultur, der Einstellung und des Lebensstils zwischen den Kunden im amerikanischen Markt und jenen im europäischen Markt zu achten.

Kundenziele zu identifizieren und richtig anzusprechen ist von großer Bedeutung. In vielen Branchen der amerikanischen Wirtschaft werden Manager an spezifischen quantitativen Zielen gemessen. Sie suchen ihre Lieferanten daher vor allem unter Bezugnahme darauf aus, wie diese einen Beitrag zur Erreichung ihrer eigenen Ziele leisten können. Daraus resultiert, dass die Kommunikationsstrategie dementsprechend auszurichten ist. Die Beantwortung der Frage „Was kann das Produkt und auch das Unternehmen als solches für einen spezifischen Kunden tun?" stellt somit einen Meilenstein zur Entwicklung einer erfolgreichen Kommunikationsstrategie für die USA dar.

Ebenso verlangt die Vielfalt der Informationsmedien des amerikanischen Marktes ein konzentriertes Vorgehen im Rahmen der Kommunikationsstrategie. Die Versuchung ist groß, über verschiedene Kanäle zu kommunizieren. Es empfiehlt sich jedoch zu analysieren, welche Art der Kommunikation das Zielpublikum am besten erreicht und dann entsprechend vorzugehen.

Preisplanung

Der Erstellung der Preisstrategie sollte im Rahmen der kontrahierungspolitischen Erhebung (siehe Abschn. 6.1.2) eine eingehende Studie des Preisempfindens des amerikanischen Kunden in Bezug auf das spezifische Produkt vorangegangen sein. Eine Markteintrittsstrategie auf Qualitätskriterien eines Produktes aufzubauen, ohne Berücksichtigung des Preises, ist nicht empfehlenswert.

Bemerkenswert ist in erster Linie, dass der amerikanische Kunde oftmals – verglichen zum europäischen Kunden – dem Preis und der Funktionalität eines Produktes mehr Augenmerk schenkt, als der Qualität. So legt ein amerikanischer Kunde beispielsweise weniger Wert auf Zusatzfunktionen, welche ein Gerät besitzt, sondern mehr auf Effizienz und Preisgünstigkeit. Was für ihn in erster Linie zählt ist das Preis-Leistungs-Verhältnis. Zieht man diese Unterschiede im Preisempfinden zwischen europäischen und amerikanischen Kunden in Betracht, wird die Bedeutung dieser Dimension klar.

Besonders schwierig stellt sich die Preisgestaltung für ein vollkommen neues Produkt dar. Das Attribut „Neuheit" bedeutet, dass zunächst keine Referenzpreise vorhanden sind und somit Schwellenpreise erst erforscht werden müssen.

Distributionsplanung

Die Wahl der Vertriebskanäle hängt von verschiedenen Faktoren ab. Hierzu zählen unter anderem die mit einer bestimmten Distributionsmethode verbundenen Kosten (die generell aufgrund der Größe des Marktes und der Komplexität dieses in den USA höher sind als in Europa), die Vorgehensweise von Konkurrenzunternehmen, aber auch das Verhalten und die Kaufgewohnheiten der ausgesuchten Zielgruppen. Angesichts der zumeist vielfältigen Vertriebsformen ist es besonders wichtig eine Konzentration auf vorab klar definierte Vertriebsschienen vorzunehmen. In den USA übliche Praktiken basieren auf der Bearbeitung weniger Marktkanäle, die unter Ausschluss aller alternativen Vertriebsmethoden bedient werden. Die Resultate der distributionspolitischen Ergebnisse fließen hier ein (siehe Abschn. 6.1.2).

6.3.4   Ressourcenplanung

Die Ressourcenplanung versucht das Markteintrittsprojekt hinsichtlich der Dimensionen Finanz- und Personalplan zu quantifizieren.

Finanzplan

Der Finanzplan stellt einen Überblick über die voraussichtliche finanzielle Entwicklung des Markteintrittsprojektes dar und umfasst dementsprechend Gewinn-und-Verlust-Rechnung, Bilanz und *cash flow* Statement. Wichtig ist dabei, dass sich ein Finanzplan nicht nur über das erste Jahr des Markteintrittes erstreckt, sondern vielmehr einen Überblick über zumindest die ersten drei bis fünf Jahre bietet und regelmäßig aktualisiert wird. Auf diese Weise kann sichergestellt werden, dass der amerikanische Markt dem Unternehmen nicht nur kurzfristig Chancen bietet, sondern auch langfristig gesehen Attraktivität aufweist.

Weiters ist auch darauf zu achten, dass nicht nur das wahrscheinlichste Szenario in Betracht gezogen wird, sondern das Unternehmen sich ebenso mit *best case* und *worst case* Szenarien in der Finanzplanung beschäftigt. Dies wird sicherstellen, dass sich der Betrieb bereits vorab mit abweichenden Entwicklungen auseinandersetzt.

Letztlich gibt ein Finanzplan auch Auskunft über die mit einem Markteintritt verbundenen Kosten und zeigt Finanzierungsquellen zur Deckung dieser Ausgaben auf. Somit hilft dieser Abschnitt auch bei der Evaluierung, ob die für eine Expansion in den amerikanischen Markt notwendigen finanziellen Ressourcen aufgebracht werden können und welches Risiko damit verbunden ist.

Personalplan

Im Rahmen des Personalplans wird festgestellt, ob das Managementteam die notwendige Erfahrung und das erforderliche *Know-how* hat, um mit den Herausforderungen eines Markteintrittes in die USA fertig zu werden. *Know-how* umfasst hier nicht nur fachliche Qualifikationen, sondern auch Training in interkultureller Hinsicht. Ebenso ist es notwendig, Fragen hinsichtlich der Mobilität der eigenen Arbeitskräfte – vor allem des Managements – zu klären und gleichzeitig auch auf organisatorische Elemente wie beispielsweise das Erlangen von Visa und Aufenthaltsgenehmigungen einzugehen. Dieser Punkt hat für eine Geschäftsgründung in den USA besondere Bedeutung. Es gilt festzustellen, inwieweit lokale Arbeitskräfte den Anforderungen des Unternehmens gerecht werden, welche Investitionen in die Ausbildung dieser notwendig sind, wie Kommunikationsbarrieren überwunden werden können und wie sich die europäische Unternehmenskultur mit der Einstellung amerikanischer Arbeitskräfte vereinbaren lässt.

Projektbeurteilung

Die Projektbeurteilung ist durch eine Evaluierung folgender Elemente geprägt:

- Voraussetzungen innerhalb des Unternehmens für den U.S. Markteintritt,
- Chancen, die sich durch einen Markteintritt ergeben und
- Risiken, die mit einem Markteintritt verbunden sind.

Im Rahmen der finanziellen Projektbeurteilung erfolgt die Evaluierung anhand der Investitionsrechnung, die die Investitionen für den Markteintritt in die USA den zu erwartenden Gewinne im Sinne des *ROI (return on investment)* gegenüberstellt.

Wie auch bereits im Zusammenhang mit dem Finanzplan erwähnt, empfiehlt es sich verschiedene Szenarien zu bilden. Durch die Beschäftigung mit verschiedenen Entwicklungen ist es möglich, eine differenzierte Projektbeurteilung zu gewährleisten.

Ein Überblick über die theoretisch mögliche Struktur eines Business Plans befindet sich im Anhang zu diesem Kapitel. Eine Vorarbeit zum tatsächlichen Business Plan kann ein *Business Model Canvas* darstellen. Dieser fasst das gesamte Geschäftsmodell auf einer Seite zusammen und konzentriert damit das Wesentliche. In der Mitte steht dabei die *Unique Value Proposition* (einzigartige Wertversprechung), umgeben von den produktbezogenen Feldern Problembeschreibung, Problemlösung, Kennzahlen und Kostenstruktur sowie den marktbezogenen Feldern, wie Wettbewerbsvorteil, Verkaufskanäle, Zielgruppen und Einnahmequellen.

Standortwahl

7

Nikolaus Buch

Die USA als Ort der Niederlassung genießen Ansehen. Vielen kleinen und mittleren Unternehmen gilt ein Standort auf dem nordamerikanischen Kontinent als erstrebenswert, als führende Wirtschaftsnation der westlichen Welt stehen die Vereinigten Staaten für Aufstieg und Prosperität. Mit dem weltweit größten Verbrauchermarkt, der sich trotz der Einzelstaaten und regionalen Märkte durch ein hohes Maß an Homogenität in Bezug auf Sprache, Kultur und Normen auszeichnet, stellt die USA einen der wichtigsten Wirtschaftsräume der Welt dar. Produkte und Ideen, die hier Anklang finden, haben meist auch weltweit Potenzial, die USA sind in vielen Wirtschaftsbereichen führend (bspw. Life Sciences, Informations- und Kommunikationstechnologien, Unterhaltungsindustrie, Finanzindustrie et al.). Eine wirtschaftliche Verankerung in dieser Nation steht mithin für das Vermögen, mit Akteuren des internationalen Parketts Schritt zu halten.

Neben den positiven Aspekten einer Ansiedlung in Nordamerika mehren sich aber auch kritische Stimmen. Im Zuge der Internationalisierung und Globalisierung verlieren die USA an Alleinstellungsmerkmalen wie umfassende Handelsfreiheiten und Zugriff auf internationales Personal. Durch die neuen Informations- und Kommunikationstechnologien kann auf viele Ressourcen von nahezu jedem Ort der Welt aus zugegriffen werden. Daher gewinnen für die Standortwahl heute die Nähe zum Absatzmarkt sowie der Fokus auf Zielgruppen zunehmend an Bedeutung.

Es kann festgehalten werden, dass die USA als Standort etwas von ihrem einstigen Glanz verloren haben. Die weltweite Vernetzung und sogenannte *Born Global Firms* werden diesen Trend fortsetzen. Nichtsdestotrotz sind die Vereinigten Staaten jedoch als größter Empfänger von Auslandsdirektinvestitionen 2016 noch immer die erste Wahl und genießen ein hohes Standortprestige.

N. Buch (✉)
New York, USA
E-Mail: nbuch@atconsult.com

© Springer-Verlag GmbH Deutschland, ein Teil von Springer Nature 2019
N. Buch und S. C. Oehme (Hrsg.), *Firmengründung in den USA*,
https://doi.org/10.1007/978-3-662-58422-4_7

Innerhalb der USA gilt es nun einen geeigneten Standort zu finden. Dabei ist jeder Standort durch bestimmte Merkmale charakterisiert. Die Entscheidung für einen Standort im Rahmen der distributionspolitischen Erhebung will wohl überlegt sein und kann beispielsweise an folgender Liste weicher und harter Standortfaktoren orientiert sein.

- Weiche Standortfaktoren
  - Nähe zum Stammhaus
  - Kunden- und Lieferantennähe
  - Bildungsangebot
  - Mentalität der ansässigen Bevölkerung
  - Standortprestige
- Harte Standortfaktoren
  - Verkehrsanbindung
  - Steuern
  - Kündigungsschutz
  - Personalkosten
  - Wirtschaftsförderungen.

Weiche Standortfaktoren zeichnen sich dadurch aus, dass sie nicht direkt in die Finanzplanung eines Unternehmens aufgenommen werden können. Ihre fehlende Quantifizierbarkeit unterscheidet sie von den harten Standortfaktoren, die sich dagegen direkt finanziell niederschlagen. In den folgenden beiden Abschnitten sollen die genannten Faktoren besprochen werden.

7.1   Weiche Standortfaktoren

Nähe zum Stammhaus
Ausschlaggebend bei der Standortwahl ist unter anderem die zeitliche sowie kulturelle Nähe zum Stammhaus. Auch wenn zwischen Amerika und Europa per se eine große geografische Distanz liegt, gibt es doch Faktoren, die diese Distanz betonen oder abmildern können. So kann beispielsweise durch eine Ansiedlung an der Ostküste ein Zeitfenster geschaffen werden, in dem Mitarbeiter in den USA und Europa gleichzeitig arbeiten – der frühe Vormittag in den USA und der späte Nachmittag in Europa. Bei der Wahl der Westküste als Standort ist ein solches Zeitfenster ungleich schwieriger einzurichten – Kommunikation würde erschwert. Die Entfernung schlägt sich auch in den Flugzeiten nieder. Abhängig von der Reisefrequenz macht es einen großen Unterschied, ob für einen Besuch der Auslandsniederlassung stets acht oder 14 h Reisezeit geplant werden müssen.

Ein weiterer Aspekt ist die Sprache. Obwohl die USA de jure keine Amtssprache hat, ist Englisch de facto Amtssprache. Daneben sind Spanisch im Süden und in Metropolen wie New York City und Miami sowie Chinesisch in Kalifornien die zweit- und dritthäufigsten Sprachen. Die Standortwahl beinhaltet somit immer auch eine sprachliche Komponente, die die Nähe zum Stammhaus beeinflusst.

Kunden- und Lieferantennähe

Die Intensität der Interaktion mit Geschäftspartnern beeinflusst die Standortwahl ebenfalls erheblich. Hier kann zwischen einer absatz- und einer ressourcenorientierten Strategie unterschieden werden. Ein produktionsintensives Gewerbe sollte auf die Nähe zu den benötigten Ressourcen achten. Umgekehrt sollte sich beispielsweise ein Dienstleistungsunternehmen im Umfeld der anvisierten Kunden ansiedeln. Beispielsweise gilt Michigan mit Detroit als Zentrum der amerikanischen Automobilindustrie, während deutsche Autobauer sich im Süden der USA niedergelassen haben. Für einen Zulieferer erscheint damit eine Ansiedlung in einer der beiden Regionen mit der engen Anbindung an potenzielle Kunden attraktiv.

Bildungsangebot

Abhängig von Staat und Region sind qualifizierte Arbeitskräfte sowie Weiterbildungsmöglichkeiten in unterschiedlichem Ausmaß verfügbar. Beispielsweise sind die acht repräsentativen, privaten Bildungseinrichtungen der Ostküste,

- Brown University,
- Columbia University,
- Cornell University,
- Dartmouth College,
- Harvard University,
- The University of Pennsylvania,
- Princeton University und
- Yale University,

genannt *Ivy League* zu nennen, die mit ihren selektiven Zulassungsraten von teilweise unter sechs Prozent und enormen Drittmitteln, so beträgt etwa das Stiftungskapital der Harvard University 36 Mrd. US$ im Jahr 2017 – mehr als ein Fünftel der deutschen Bildungsausgaben, erfolgreiche Absolventen hervorbringen. Somit steht hier ein Pool an hoch qualifizierten Arbeitskräften zur Verfügung.

Die Westküste wartet dagegen mit dem *Silicon Valley* auf. Südlich von San Francisco in Kalifornien gelegen ist es Standort zahlreicher Hard- und Software-Unternehmen der IT- und Hightechbranche.

Seit in den 1950er Jahren mit dem an die Universität angeschlossenen *Stanford Industrial Park* der Grundstein gelegt wurde, haben sich hier mehr als 1000 Firmen angesiedelt. Ein Drittel des US-amerikanischen Risikokapitals wird hier investiert, sodass Gründer hier auf sowohl finanzielle als auch nicht-finanzielle Unterstützung durch *Business Incubators* und *Accelerators* zählen können. Letztere unterstützen erstere sowie aufstrebende, junge Unternehmen durch das Bereitstellen flexibler Bürolösungen sowie mittels finanzieller und ideeller Dienstleistungen.

Im Umfeld von Universitäten finden sich oft auch Programme, die Unternehmen in ihrer Gründungsphase unterstützen. Das *University of Pittsburgh Institute for Entrepreneurial Excellence* veranstaltet zum Beispiel monatliche Workshops und Seminare zu

Gründung und Wachstum von Unternehmen. Neben individualisierter Beratung zu Themen wie Finanzen, IT und Marketing gibt es Weiterbildungsprogramme zu neuen Trends und innovativen Modellen.

Ein weiteres dieser universitätsnahen Programme ist das im Jahre 2014 angelaufene *Start-up New York* der New Yorker Entwicklungsförderungsagentur *(Empire State Development)*. Unternehmer, die nahe ausgewählter Universitäten gründen, genießen signifikante Steuervorteile. Voraussetzung ist ein thematischer Bezug zwischen Universität und Geschäftstätigkeit. Damit soll die Verbindung zwischen Wirtschaft und Forschung gestärkt werden.

Die *Pennsylvania State University* bietet das Programm *PennTAP* an, in dem sie kleinen Unternehmen kostenfrei technische Unterstützung sowie Beratung anbietet.

Mentalität der ansässigen Bevölkerung

Trotz des Individualismus' und des Freiheitsgedankens *(„land of the free")*, der den Amerikanern zugeschrieben wird, sind doch Unterschiede in der Mentalität der ansässigen Bevölkerung zu erkennen. Ein Unternehmen der Rüstungsindustrie wird im Süden der Staaten, mit liberaleren Waffengesetzen, wohl auf weniger Gegenwehr stoßen als in den Neu-England-Staaten der Ostküste. Und ein nachhaltiges Modelabel findet möglicherweise nur in einer Großstadt entsprechendes Publikum vor, nicht aber auf dem Land.

Standortprestige

Ein Standort hat immer auch eine repräsentative Note, die bei der Erwähnung auf Webseiten und Visitenkarten mitschwingt. Abhängig von der Funktion des Standortes bieten sich verschiedene Regionen an. Die *New York Metropolitan Area* ist vor allem für Banken und Versicherungen bekannt. Ein Tech-Start-up fühlt sich dagegen wohl eher im Süden der *San Francisco Bay Area* gut aufgehoben. Für Fintech-Unternehmen sind wiederum beide Gegenden interessant. Kreative Unternehmen der Unterhaltungsindustrie finden sich bevorzugt in Hollywood und der *Los Angeles Metropolitan Area* wieder. Boston zieht mit Harvard dagegen vor allem Beratungsgesellschaften an. Das Prestige eines Standorts variiert damit in Abhängigkeit von der Branche.

7.2   Harte Standortfaktoren

Verkehrsanbindung

Abhängig von der Funktion des Standortes kommt der infrastrukturellen Anbindung eine mehr oder weniger gewichtige Rolle zu. Hierbei kann grob zwischen ländlichen und städtisch geprägten Gebieten unterschieden werden.

In urbanen Gegenden finden sich zumeist die besten Anbindungen auf dem Landweg für die inneramerikanische Logistik. Das Interstate-Highway-System der USA umfasst etwa 260.000 km und stellt die Verbindung zwischen Staaten her, es wird durch das U.S. Highway-System mit weiteren gut 250.000 km ergänzt.

Der wichtigste Transportweg für Fracht in den USA sind die Schiene und die Straße. Über 13.000 Flughäfen stellen die Verbindung über den Luftweg sicher, damit verfügen die Staaten über die relativ höchste Flughafendichte unter den Flächenländern.

Steuern

Neben Steuern, die auf Bundesebene entrichtet werden müssen und damit unausweichlich sind, unterscheidet sich das Steuerniveau in den einzelnen Staaten erheblich. Weitere Ausführungen dazu finden sich in Kap. 5.

Kündigungsschutz

In den Vereinigten Staaten sind Maßnahmen zum Arbeitnehmerschutz, insbesondere bezüglich Kündigungen, weit weniger stark ausgeprägt als in Europa. Die amerikanische *hire and fire*-Kultur macht sowohl die Aufnahme als auch die Beendigung von Arbeitsverhältnissen zügig möglich.

Zumeist fußen Arbeitsverhältnisse auf den sogenannten *at-will employment*-Vereinbarungen. Sie sind dadurch gekennzeichnet, dass sie jederzeit fristlos sowie ohne vorherige Abmahnung vonseiten des Arbeitgebers – aber auch vonseiten des Arbeitnehmers – grundlos gekündigt werden können. Jegliche aus der Kündigung hervorgehenden Schadenersatzansprüche sind damit ausgeschlossen. Zudem sind in diesen Arbeitsverhältnissen Vertragsänderungen wie Anpassungen von Lohn und Urlaubstagen jederzeit ohne Ankündigung durch den Arbeitgeber möglich.

Personalkosten

Jede Niederlassung benötigt auch Personal. Deswegen ist das Lohn- und Gehaltsgefüge am avisierten Standort ins Auge zu fassen. Es lässt sich dabei feststellen, dass es innerhalb der USA erhebliche Unterschiede im Lohnniveau gibt. Diese liegen in den stark unterschiedlichen Lebenshaltungskosten begründet, die sich in beliebten Großstädten mehr als verdoppeln können. Deswegen ist das Vertrauen auf ein landesweites Durchschnittseinkommen wenig hilfreich und es muss immer der lokale Arbeitsmarkt beachtet werden.

Regelungen zum Mindestlohn finden sich auf bundes- und landesrechtlicher sowie lokaler Ebene. National gilt ein Satz von US$ 7,25/h, von dem die Staaten nach oben hin abweichen dürfen. Mehr als die Hälfte der Staaten tut dies bereits, Spitzenreiter sind der Staat Washington mit US$ 11,50 und die Stadt Washington, D. C. mit US$ 12,50.

Wirtschaftsförderungen

Wirtschaftsförderungen existieren sowohl auf bundes- als auch auf einzelstaatlicher Ebene. Im Hinblick auf Auslandsdirektinvestitionen stellt die *SelectUSA*-Initiative der US-amerikanischen Regierung eine unentbehrliche Quelle dar. Auf der Webseite selectusa.gov findet sich eine Vielzahl von Programmen zur Wirtschaftsentwicklung.

Die Regierung weist auf dort auf die wichtige Rolle, die Auslandsdirektinvestitionen in der amerikanischen Wirtschaft spielen, hin. So machte der Gesamtbestand der Auslands-direktinvestitionen 2016 etwa vier Billionen US-Dollar aus, US$ 450 Mrd. davon alleine in jenem Jahr getätigt. Etwa sieben Millionen Arbeitnehmer arbeiten in Unternehmen in ausländischem Besitz mit einem Durchschnittseinkommen von knapp US$ 80.000. Mehr als ein Fünftel der US-amerikanischen Exporte wird durch Unternehmen generiert, die mehrheitlich in ausländischem Besitz sind und allein 2015 Waren im Wert von über US$ 350 Mrd. exportierten.

SelectUSA

SelectUSA unterstützt Firmen, indem Kontakte vermittelt sowie eine Übersicht über die Vielzahl der Behörden gezeigt werden. Dazu liefert die Organisation Informationen sowie Werkzeuge, die für Investoren wichtig sind. Sie stellt Informationen über das öko-nomische, politische sowie regulatorische Umfeld der USA zur Verfügung. Durch die Verankerung im *Department of Commerce* sind umfassende sowie glaubwürdige Daten verfügbar. Zudem wird Hilfe bei der Auswahl und Interpretation der relevanten Daten geboten. Die abgedeckten Themen beinhalten generelle Trends, Informationen über Verbraucher, die Arbeitsbevölkerung sowie staatliche Ressourcen. Hilfestellung bietet *SelectUSA* auch bei Problemen mit staatlichen Regularien, Programmen oder Angeboten in Bezug auf geplante oder realisierte Investitionen.

Die Initiative kooperiert mit einzelstaatlichen Entwicklungsförderungsagenturen und stellt für interessierte ausländische Unternehmen Verbindungen zu diesen her. Diese lokalen Ansprechpartner sind oftmals ein Schlüssel zum Erfolg. Sie kennen die spezi-fischen Chancen der Region und sie können Anreize in Form von Kooperationen bieten – beides ist hilfreich in der Gründungsphase eines Unternehmens. Auf Veranstaltungen wie dem *SelectUSA Investment Summit,* internationalen Roadshows oder anderen Handels-messen können Kontakte zu amerikanischen Vertretern der staatlichen, territorialen, regionalen sowie lokalen Ebene geschlossen werden.

Zudem arbeitet *SelectUSA* auch mit anderen Bundesbehörden zusammen und ermög-licht auf diesem Wege einen Zugang zu staatlichen Ressourcen und Personen. Es stellt Werkzeuge zur Recherche von Investitionsförderungsprogrammen kostenlos zur Ver-fügung. Zudem lässt sich hier eine Datenbank finden, in der mehrere Hundert Anreize und spezielle Programme der Bundesstaaten wie Steuergutschriften und -befreiungen, Zuschüsse sowie Darlehen beschrieben sind.

Mit *SelectUSA Stats* bietet die Organisation ein Tool, in dem interaktiv verschiedene Übersichten, genannt *Dashboards,* generiert sowie manipuliert werden können. Es lassen sich beispielsweise Statistiken zu in- und ausländischem Auslandsdirektinvestitionsbestand sowie Beschäftigung einsehen sowie nach Industrie, Land und Zeitraum filtern. Des Wei-teren finden sich Tools zur Lokalisation sowie Erforschung lokaler Innovationszentren *(U.S. Cluster Mapping Tool),* zum Vergleich der Produktionskosten verschiedener Länder *(Assess Costs Everywhere [ACE] Tool),* zur Abschätzung der Gesamtkosten *(Total Cost Of Ownership Estimator)* sowie zur Recherche in den Datenbanken des verarbeitenden

Gewerbes (Data.gov *Manufacturing Portal*). Zahlreiche Fact Sheets sowie Berichte geben in aggregierter Form Auskunft über verschiedene Aspekte bezogen auf Auslandsdirekt-investitionen, zu nennen sind exemplarisch die Berichte *FDI in Manufacturing* und *High-Tech Industries.*

Bundesstaatliche Wirtschaftsförderung

Auf bundesstaatlicher Ebene ist die *Federal Interagency Investment Working Group (IIWG)* von großer Bedeutung. Sie strebt eine Koordination zahlreicher Bundesbehörden zur besseren Förderung und Unterstützung (ausländischer) Investoren an. Ziel ist die ste-tige Verbesserung durch die Kombination der spezifischen Kompetenzen der einzelnen Behörden.

Dabei fokussiert sich die *IIWG* besonders auf regulatorische Hürden von Auslands-direktinvestitionen. Die Gruppe wird von der Initiative *SelectUSA* geleitet, die mittels eines Ombudsmann-Services besonders regulatorische Angelegenheiten bearbeitet und Unternehmen an die richtige Behörde innerhalb der Gruppe vermittelt.

Neben dieser organisatorischen Förderung gibt es über 100 monetäre Programme und Anreize auf staatlicher Ebene zur Unterstützung von Auslandsdirektinvestitionen, die nach Art, Industrie, Ministerium sowie Behörde selektierbar sind. Diese umfassen Darlehen, Zuschüsse, Beratung sowie Steuergutschriften und -abzüge.

Einzelstaatliche Wirtschaftsförderung

Neben der bundesstaatlichen Förderung existiert auch ein gut entwickeltes Förder-instrumentarium auf einzelstaatlicher Ebene. Wie bereits erwähnt liefert *SelectUSA* eine Übersicht der Investitionsförderungsagenturen *(Economic Development Organisations)* jedes Bundesstaates, sodass man sich dort spezifisch über lokale und regionale Anreiz-programme informierten kann.

In Summe existieren etwa 1800 Programme, mit denen die Bundesstaaten und Territorien einen Anreiz für die Ansiedlung geben möchten. Es dominieren Programme zu Steuergut-schriften und -befreiungen, Zuschüssen sowie Darlehen. In der Datenbank können die Pro-gramme nach Mittelfluss, Art, Geschäftsbereich, Industrie sowie Zielregion gefiltert werden.

Stellvertretend für die klassischen vier Regionen der USA,

- Nordosten,
- Süden,
- Mittlerer Westen und
- Westen,

wurden im Anhang die Anreizprogramme jeweils zweier Bundesstaaten repräsentativ zusammengefasst.

Nach eingehender Prüfung lässt sich ein wiederkehrendes Muster erkennen. Die Einzelstaaten bieten ähnliche Anreize – beispielsweise Steuergutschriften, Zuschüsse oder Darlehen – an und verlangen dafür das Erfüllen gewisser Vorgaben – wie einer

Branchenzugehörigkeit oder einer bestimmten Investitionshöhe, gemessen in Geld oder in neu erschaffenen Arbeitsplätzen.

Daneben heben die einzelnen Staaten ihre lokalen Besonderheiten hervor. Beispielsweise bietet die *California Film Commission* einen *Film and TV Production Tax Credit* an. Ein Viertel steuerlich gutgeschrieben wird zum Beispiel bei Filmproduktionen mit einem Budget von USD einer bis 100 Mio. Im ländlich geprägten North Dakota sind Programme der Agrarförderung verbreitet. Gefördert wird durch Einkommenssteuergutschriften für Investitionen in landwirtschaftliche Verarbeitungsanlagen, Steuerbefreiungen von Baustoffen für den Bau solcher Anlagen und Beratung in Angelegenheiten betreffend landwirtschaftliche Immobilienkredite.

Der Finanzdienstleistungssektor in den USA

8

Helmut Kratky

Investitionen in den USA stellen gerade für kleinere und mittlere Unternehmen ein erhebliches finanzielles Risiko dar und werfen die Frage der wirtschaftlichen Machbarkeit auf. Die nachfolgenden Seiten skizzieren den US-amerikanischen Finanzdienstleistungssektor, seine Geschichte und seinen gegenwärtigen Zustand. Wir beschreiben in Abschn. 8.1 die grundlegenden Finanzdienstleistungen in den USA, wie sie jedes Unternehmen von seiner Bank benötigt: Kontoführung, Finanzierungen, Garantien, Akkreditive, sowie Treasury. In Abschn. 8.2 werden im Rahmen der Beteiligungsfinanzierung die Begriffe *Venture Capital, Business Angel, Crowdfunding,* sowie *Acceleratoren* und Inkubatoren näher behandelt.

8.1   Fremdkapitalfinanzierung

Geschichte und Grundlegendes

Das *Federal Reserve System* („Fed") wurde 1913 etabliert und führt die Aufgaben einer Zentralbank aus. Geleitet wird das aus sieben Mitgliedern bestehende *Federal Reserve Board* vom *Chairman of the Board.* Die Mitglieder werden vom Präsidenten der USA für 14 Jahre ernannt. Der ‚Fed' unterstellt sind zwölf *Federal Reserve districts,* die die Politik der Zentralbank umsetzen.

Im amerikanischen Bankensystem ist das Universalbankenprinzip nicht so verwurzelt wie im deutschsprachigen Raum. Der *Glass Steagall Act* von 1933 hat die Bankenwelt in Kommerzbanken (Banken die Kredite vergeben, Einlagen entgegennehmen, Konten führen, etc.) und Investmentbanken (Finanzinstitute die Aktien und Anleihen begeben und handeln, etc.) getrennt. Im Jahr 1999 wurde der *Glass Steagall Act unter Präsident*

H. Kratky (✉)
New York, USA
E-Mail: office@atconsult.com

© Springer-Verlag GmbH Deutschland, ein Teil von Springer Nature 2019
N. Buch und S. C. Oehme (Hrsg.), *Firmengründung in den USA,*
https://doi.org/10.1007/978-3-662-58422-4_8

Clinton wieder aufgehoben. Seither gilt das Universalbankenprinzip wie in Kontinental-europa, die historisch gewachsenen Strukturen sind aber heute noch im System erkennbar.

Der Finanzmarkt in den USA ist variantenreich. Es gibt ca. 6000 FDIC[1] *insured commercial banks* (Einlagensicherungssystem bis zu einem Betrag von US$ 250,000). Vier große Kommerzbanken dominieren den Markt, gefolgt von einer großen Anzahl regionaler und kleineren Banken. Einige (ehemalige) Investmentbanken haben nach wie vor Weltbedeutung. Daneben gibt es unzählige Finanzdienstleistungsunternehmen und Boutiquen, die in verschiedensten Finanzsegmenten operieren.

Der Zustand der Banken heute

Das Bankensystem ist im Jahr 2008 in Folge der Immobilienkrise zusammengebrochen. Der Interbankenmarkt kam völlig zum Erliegen. Die Banken erlitten enorme Verluste und hohe Abschreibungen. Viele Banken verschwanden vom Markt (8500 FDIC *insured banks* vor der Krise, heute 6000). Die Bereinigung des Marktes ist in den USA stärker und intensiver ausgefallen als in Europa. Die „Fed" hat das System am Leben erhalten, indem sie dem Markt unlimitiert Liquidität zur Verfügung gestellt hat.

Während zu wenig Aufsicht und Regulierung zum Ausbruch der Krise beigetragen haben, ist die damalige Krise der Grund der heutigen strengen Regulierungen (*Dodd Frank Act* von 2010).

Die im Vergleich zum europäischen Finanzsystem deutlich bessere Selbstheilungs-kraft des US-amerikanischen Bankensystems ist auf die Profitabilität der US-Banken durch deutlich höheren Margen und Gebühren zurückzuführen. Dadurch konnte sich der Großteil der US-Banken von der Finanzkrise erholen.

Unterschiede zum deutschsprachigen Raum

Die Finanzierung über den Kapitalmarkt hat in den USA eine erheblich größere Bedeutung. Klein- und Mittelbetriebe finanzieren sich aber ähnlich wie im deutschsprachigem Raum vorwiegend über den Kreditmarkt. Dem größeren Mittelstand und Großunternehmen steht aber ein ausgereifter Kapitalmarkt zur Verfügung, über dem Fremdkapital (in Form von Anleihen), und Eigenkapital (durch den Verkauf von Aktien) aufgenommen werden kann.

Die *Know Your Customer (KYC)* – Bestimmungen sind wie auch im deutschsprachigen Raum streng. Banken müssen alle *ultimate beneficial owner* legitimieren, die mehr als 25 % eines Unternehmens besitzen.

Erleichtert kann der Einstieg in den USA werden, wenn die heimische Hausbank unterstützen kann. Sollte die Hausbank eine Filiale in den USA haben, kann sie, basie-rend auf der Kenntnis des Mutterunternehmens, das neue US-Tochterunternehmen leichter unterstützen.

---

[1]Federal Deposit Insurance Corporation.

Privatkundengeschäft

Im Retail Banking Bereich spielt die *credit history* eine bedeutende Rolle. Die credit history beschreibt die Rückzahlungsfähigkeit des Bankkunden und beinhaltet Informationen über mögliche bisherige Zahlungsunfähigkeiten (Konkurse, Pfandrechte, Inkasso, etc.). Ohne *credit history* ist keine Finanzdienstleistung (Kontoeröffnung schwer, Kreditkarten, Finanzierungen etc.) möglich und nur mit einer guten *credit history* kommt man an die besten Konditionen.

Credit Unions sind von Mitgliedern gegründete Finanzinstitute. Sie sind unabhängig und vergeben oft auf Grundlage eigener Vergaberichtlinien günstigere Zinsen und Dienstleistungen an Ihre Mitglieder als kommerzielle Banken. Sie haben in erster Linie die Unterstützung ihrer Mitglieder zum Ziel. Die Mitgliedschaft steht aber meistens jedem offen. *Credit Unions* werden oftmals für kleinere Kredite und lokale Bedürfnisse genutzt. Die geringen Kosten können sie für kleinere Start-ups durchaus interessant machen. Ein Verständnis für internationale Dienstleistungen sollte man sich aber nicht unbedingt erwarten (Internationaler Zahlungsverkehr, Fremdwährungen, etc.).

Rund ums Konto

Die Kontoeröffnung in den USA für „Ausländer" *(=non-residents)* ist heutzutage schwierig. Ein Grund dafür ist die Angst vor einem schwarzen Schaf (Geldwäscher, „Iran connected", etc.) und den daraus resultierenden Strafen durch die Bankenaufsicht.

Die Kontoeröffnung nach Etablierung eines Rechtskörpers in den USA *(resident account)* ist arbeitsaufwendig, aber ohne größere Hindernisse bei jeder Bank zu bewerkstelligen.

8.1.1 Zahlungsverkehr

Scheck

Sowohl im *Business-to-Business* Geschäft, als auch im Konsumentengeschäft ist der Scheck nach wie vor weit verbreitet. Auch Löhne werden in manchen Branchen oft noch mit Schecks bezahlt. Der Abgang vom Scheck ist seit Dekaden thematisiert, in der Realität aber nicht zu erwarten, da dieser Schritt weder von den US-Banken angestrebt wird, noch vonseiten der Konsumenten gewünscht ist.

Jedes Unternehmen muss sich deshalb eine entsprechende Infrastruktur bei seiner Bank einrichten, um den ausgehenden und eingehenden Scheckverkehr abwickeln zu können.

Automated Clearing House „ACH" – Elektronische Zahlungssysteme

Die Zahlung über elektronische Zahlungssysteme ist ähnlich wie in Zentraleuropa weit verbreitet. Eine „ACH"-Überweisung kostet wenig, jedoch muss man sich den Zugang zum „ACH"-System in der Regel über eine „monatliche Fee" erkaufen, was die Verwendung von „ACH" (statt Schecks) erst ab einer gewissen Stückzahl ökonomisch sinnvoll macht.

Wire

Eine *Wire*-Zahlung ist eine taggleiche Schnellüberweisung. Aufgrund der kurzen Bearbeitungszeit ist eine *Wire*-Zahlung teuer. Zugangsbeschränkungen wie bei „ACH" fallen jedoch weg.

Kreditkarten

Die Verwendung von Kreditkarten ist in den USA weiter verbreitet als im deutschsprachigen Europa und es kann und wird fast überall mit Kreditkarte bezahlt.

Der Besitz einer Kreditkarte ist auch ein Nachweis, dass man für kreditfähig und kreditwürdig beurteilt worden ist. So ist zum Beispiel zum Mieten eines Autos eine Kreditkarte notwendig (Nachweis für den Vermieter, dass der Mieter von einem Finanzinstitut geprüft wurde).

Der Erhalt einer Kreditkarte setzt zwei Jahre ordentliche *credit history* voraus. Ohne dieser *credit history* ist es nur mit sehr viel Aufwand möglich, eine Kreditkarte zu bekommen.

Wenn sofort eine US-Kreditkarte benötigt wird, ist das bei einigen Finanzinstituten möglich, indem eine Bareinlage zur Besicherung hinterlegt wird. Manche Finanzinstitute geben dann Karten mit einem Rahmen in der Höhe der Einlage aus.

Internetbanking

Auch in den USA ist heute das Internetbanking weit verbreitet, wobei sich Funktionalität und Sicherheitsstandard von Institut zu Institut unterscheidet. Im Bereich des professionellen Cash-Managements für Firmen sind US-Banken auf einem vergleichbaren Stand wie Europa.

8.1.2 Finanzierungen

Grundlegendes

Wie auch im deutschsprachigem Raum begegnen wir in den USA den beiden Grundformen der Kredite: kurzfristige Betriebsmittelkredite und mittel- bis langfristigen (Investitions-) Kredite.

Kurzfristige Betriebsmittelkredite werden zur Finanzierung von kurzfristigem Anlagevermögen (Lager und Forderungen) verwendet und sind revolvierend ausnutzbar. Die Laufzeit beträgt im Regelfall bis zu ein Jahr. Diese Kredite werden normalerweise zum Laufzeitende immer wieder um ein weiteres Jahr verlängert. Betriebsmittelkredite werden gelegentlich auch „bis auf Weiteres" gewährt.

Ein weiterer wichtiger Punkt ist die Unterscheidung zwischen einem *committed* und einem *uncommitted* Kredit. Bei einem *committed* Kredit verpflichtet sich die Bank, gegen Bezahlung einer *commitment fee,* die in der Regel ungefähr 1/3 der Kreditmarge beträgt, den Kredit bis zum definierten Laufzeitende zur Verfügung zu stellen. Bei einem *uncommitted* Kredit geht die Bank diese Verpflichtung nicht ein. In der Praxis wird die Bank daran interessiert sein, die Finanzierung zur Verfügung zu stellen.

Mittel- bis langfristigen (Investitions-)Kredite sind nicht revolvierend ausnutzbar und zeichnen sich durch einen definierten Rückzahlungsplan aus. Diese Form der Kredite dient zur Finanzierung jedwedem mittel- bis langfristigem Anlagevermögen (Unternehmenskauf, Anschaffung von Grundstücken und Gebäuden, Maschinen und Equipment, etc.).

In den USA sind Finanzierungen in der Regel besichert (kurzfristige Kredite mit kurzfristigem Anlagevermögen [Verpfändung von Forderungen und Lager], langfristige Kredite mit langfristigem Anlagevermögen [*pledge of ownership,* Hypotheken, Sicherungsübereignung von Maschinen und Equipment, …]).

Finanzierungen in den USA sind meistens mit einer Reihe von Vertragsvereinbarungen *(covenants)* verbunden. Die einfachsten davon sind *reporting requirements* (meist quartalsmäßig oder jährlich), *ownership clause* und *financial covenants* (Debt/ Ebitda Limits, Minimum Eigenkapital Ratios).

Die Ausnützung der Betriebsmittelkredite ist oft an die Bestände des Umlaufvermögens *(borrowing base)* gebunden. Die *borrowing base* berechnet somit den diskontierten Wert der Sicherheiten. Wenn der diskontierte Wert der Sicherheiten geringer ist als der Kreditrahmen (was sehr selten möglich ist), ist die Ausnutzung des Rahmens durch die Höhe der *borrowing base* limitiert.

Investitionskredite sind oft mit einem *loan to value (LTV) covenant* strukturiert. Wie bei der *borrowing base* ist auch hier der maximal erlaubte ausstehende Betrag an den Wert der Sicherheiten gekoppelt.

Wenn es sich um ein Start-up handelt, sind Bankfinanzierungen in der Regel nur mit Unterstützung durch eine Muttergarantie erhältlich, da Start-ups naturgemäß keine *credit history* haben. Eine Garantie einer starken Mutter kann aber auch lange bestehenden Tochterunternehmen, die durchaus alleinstehend zu finanzieren wären, Zugang zu besseren Konditionen und einfacheren Kreditstrukturen geben.

Ob eine Finanzierung vor Ort in den USA aufgenommen, oder im Heimatland und dann via Intercompany-Darlehen weitergeleitet wird, ist eine Entscheidung, die jedes Unternehmen für sich treffen muss. Ein wichtiger Aspekt bei dieser Entscheidung ist die steuerliche Behandlung der Finanzierung (Steuerabzugsfähigkeit der Zinsen) und deren Auswirkung auf das konsolidierte Gruppenergebnis. Für diese Entscheidung ist es empfehlenswert, einen Steuerberater zurate zu ziehen, der die individuelle Unternehmenssituation berücksichtigen kann.

Kosten für Bankdienstleistungen in den USA sind höher als im deutschsprachigen Raum (Finanzierungsmargen bei gleichem Risikoprofil, Nebengebühren und Spesen sind ebenfalls höher).

8.1.3 Mögliche Finanzierungsstrukturen

Finanzierung mit Unterstützung des europäischen Mutterunternehmens
Im Standardfall wird die Finanzierung des Tochterunternehmens basierend auf einer Garantie des Mutterunternehmens besichert. Die Variante der Barbesicherung durch das Mutterunternehmen, sowie der *Letter of Comfort* sind nicht praxisrelevant.

Vorteile der Finanzierung mit Unterstützung des europäischen Mutterunternehmens:
Ermöglicht die Finanzierung des Tochterunternehmens in den USA …

- … die alleinstehend nicht Bank-finanzierbar wären (Neugründungen aufgrund der fehlenden *credit history,* bonitätsmäßig schwache Tochterunternehmen).
- … die zwar kreditwürdig sind, aber wegen ihrer geringeren Größe nur unzufriedenstellende Bankkonditionen erzielen können. Das Mutterunternehmen erhält aufgrund der Größe bessere Konditionen und kann in diesen Fällen dem schwächeren Tochterunternehmen ihre Bonität zur Verfügung stellen. Somit kann die Tochter eine Finanzierung mit annähernd Mutterkonditionen erhalten.

Finanzierung ohne Unterstützung des europäischen Mutterunternehmens
Bei der Finanzierung ohne Unterstützung des europäischen Mutterunternehmens wird der Kredit fast ausschließlich auf Basis der Bonität des US-Tochterunternehmens gegeben. Das erfordert eine ausreichende Kreditbonität des Tochterunternehmens und (in der Regel) zumindest drei Jahre Unternehmensgeschichte, sowie ausreichende Profitabilität und genügend Sicherheiten.

Vorteile der Finanzierung ohne Unterstützung des europäischen Mutterunternehmens:
Lokales Management ist endverantwortlich und kann/muss unternehmerischer agieren als im Fall, in dem das Mutterunternehmen unterstützt.

Dieses Vorgehen ist besonders in Situationen geeignet, in denen die europäische Mutter nicht 100 % des US-Unternehmens besitzt und deshalb nicht 100 % garantieren will (z. B.: Joint Venture oder lokales Management besitzt Eigentumsanteile, etc.).

Nachteil der Finanzierung ohne Unterstützung des europäischen Mutterunternehmens:
Das kleine, lokale US-Tochterunternehmen bezahlt höhere Margen.

Geförderte Finanzierungen
Im Unterschied zu Europa spielen geförderte Finanzierungen in den USA eine geringere Rolle. Es gibt verschiedene Förderungen durch die lokalen Behörden, die wie überall auf der Welt um Direktinvestitionen kämpfen. Diese staatlichen Förderungen sind jedoch in den meisten Fällen steuerlicher Natur.

Export Credit Agency (ECA)
Wie alle anderen Länder hat auch die USA eine „Export-Import Bank" (EXIM), die den Export aus den USA fördert (entspricht Euler Hermes in Deutschland, ÖKB in Österreich und SERV in der Schweiz).

8.1.4 Weitere Bankdienstleistungen

Garantien

Der *Standby Letter of Credit* ist funktionell gleich einer kontinental-europäischen Garantie. Ein möglicher Unterschied ist, dass eine Garantie entweder ein Laufzeitende haben kann oder bis auf Weiteres ausgestellt wird. Ein *Letter of Credit* hat immer ein Laufzeitende.

Akkreditive

Was im deutschsprachigen Raum als „Akkreditiv" bezeichnet wird, heißt in den USA *documentary letter of credit*. Funktionell ist es dasselbe Instrument.

Verträge/Dokumentation

In den USA gilt *case law*. Infolgedessen ist jeder einzelne Kreditvertrag ein einzelner *case,* der bilateral verhandelt und abgeschlossen wird. Das erhöht die Gestehungskosten und ist ein Faktum des US-amerikanischen Geschäftslebens. Es ist immer empfehlenswert, beim Abschluss eines Rechtsgeschäfts einen fachkundigen Anwalt an der Seite zu haben. Ab bestimmten Größenordnungen verlangen die Finanzinstitute in der Regel von Ihren Kunden, dass sie von einem Anwalt begleitet werden, der dann oft eine *legal opinion* beibringen muss.

Ein rechtlicher Aspekt der USA wird in Europa oft falsch eingeschätzt. Trotz der vielfach berichteten Ersturteile in Litigationsfällen (z. B.: Klage gegen McDonalds wegen zu heißem Kaffee, etc.), die im deutschsprachigen Kulturkreis nichts als Kopfschütteln verursachen, herrscht in den USA grundsätzlich eine hohe Rechtssicherheit.

Treasury

Die gesamte Produktpalette, wie wir sie auch im deutschsprachigem Raum kennen, steht auch in den USA in ausgereifter Tiefe zur Verfügung. Geldwechselgeschäfte (Spot) und Absicherungsgeschäfte für Währung und Zinsen sind weit verbreitet und erhältlich (Forwards, Swaps, Optionen).

Auch Veranlagungsprodukte (*sight deposits, time deposits,* aber auch CDs, Anleihen, uvm.) stehen zur Veranlagung von kurz-, mittel- oder langfristiger Cash Positionen zur Verfügung.

Leasing

Das Leasen von Mobilien und Immobilien kann sehr häufig eine sinnvolle Art der Finanzierung von Sachanlagen sein. Dabei sind die Konditionen genau zu prüfen und zu verhandeln. Der ausländische Unternehmer als Leasingnehmer wird auch an dieser Stelle wieder mit seiner fehlenden *credit history* konfrontiert sein. Ohne *credit history* ist das Ausfallrisiko für den Leasinggeber schwer beurteilbar, was sich wiederum auf Verfügbarkeit und Kosten des Leasings auswirken wird.

8.2   *Venture Capital* – Beteiligungsfinanzierungen

Die Beteiligungsfinanzierung *(Venture Capital)* ist eine Eigenkapitalfinanzierung nicht über die Börse, sondern im kleinerem Rahmen von einem oder mehreren Eigenkapitalgebern. Im Rahmen der Beteiligungsfinanzierung stellt der Investor dem Unternehmen Kapital zur Verfügung und erhält dafür Unternehmensanteile.

In den USA werden Unternehmen seit Mitte des 20. Jahrhunderts hauptsächlich privat (und kaum staatlich!) gefördert. In Europa ist es umgekehrt: bei der in Europa stark ausgebauten, staatlichen Unterstützung ist die Privatfinanzierung noch ein relativ junges Thema. In den USA ergibt sich daraus ein deutlich höheres Privatkapitalangebot. Damit sind sowohl die amerikanischen Kapitalanbieter als auch die Kapitalnachfrager gleichermaßen bemüht, aufeinander zuzugehen und einen lukrativen *Fundingdeal* zu erarbeiten (angebots- und nachfrageseitiges Interesse).

Die begrenzten finanziellen Mittel in Europa machen sich auch bei der Wachstumsfinanzierung bemerkbar. Zwar stehen Mittel in der Gründungsphase des Unternehmens zur Verfügung, jedoch gibt es bei der langfristigen Finanzierung kritische Engpässe. Somit kann es passieren, dass ein Unternehmen in der Gründungsphase hohe *Funding*-Summen erhält, aber in der Wachstumsphase scheitert, weil kein Kapital von Investoren zur Verfügung steht. Diesem Risiko ist man in den USA durch das ausreichende Kapitalangebot US-amerikanischer Investoren im Regelfall nicht ausgesetzt.

Ein weiterer prägender Faktor ist die Grundeinstellung der Kapitalgeber: In Amerika wird in den möglichen Erfolg der Unternehmen investiert *(Growth First)*, während in Europa schon wesentliche Meilensteine erreicht worden sein müssen, um für ein *Funding* infrage zu kommen *(Revenue First)*. Amerikanischen Investoren ist es wichtiger, durch ihr hohes Investment in das potenzielle nächste Facebook, Uber oder AirBnB zu investieren und gegebenenfalls zu scheitern, als dieses zu verpassen. Investitionsentscheidend sind dabei hauptsächlich die Idee, das Team und der potenzielle Markt.

Signifikante Unterschied leiten sich auch aus den demografischen und strukturellen Grundgegebenheiten Europas und den USA ab. In Europa sind unterschiedliche kulturelle und sprachliche Einflüsse in die Markterschließung jedenfalls miteinzuberechnen. Das Produkt muss zum Beispiel je nach europäischem Land in verschiedene Sprachen übersetzt und angeboten werden oder Sonderregelungen und spezielle Gesetzmäßigkeiten der einzelnen EU Staaten berücksichtigen. Damit kann ein nicht zu unterschätzender Mehraufwand für die Erschließung unterschiedlicher Märkte innerhalb Europas hinzukommen. Durch die sprachliche, kulturelle und rechtliche Strukturierung der USA (Englisch als Staatssprache, angeglichene Wertehaltung und Kultur in den einzelnen Bundesstaaten) ist die eben beschriebene Problematik der Produktmodifikationen für einen Marktstart innerhalb der USA größtenteils nicht gegeben.

Alternative Finanzierungsinstrumente

Fremdkapitalfinanzierung ist mit hohen Sicherheiten und Zinsen verbunden. Im Vergleich zur europäischen Förderlandschaft ist es in den USA außerdem schwierig, Kapital für seine Geschäftsidee in einer frühen beziehungsweise unsicheren Phase der Unternehmung durch staatlich gestützte Förderungen zu akquirieren. Die nachfolgende Auswahl bieten einen Überblick über die alternativen Finanzierungsmodelle

- *Business Angels*
- *Venture Capitalist*
- *Accelerator/Incubator*
- *Crowdfunding*

mit denen die Hürden der Fremdkapitalbeschaffung überwunden werden können.

Business Angel

Ein *Business Angel* ist eine Privatperson und oftmals selbst ein (ehemaliger) Unternehmer oder Manager. Er steigt frühzeitig in die Unternehmung ein und investiert langfristig. Damit einher geht, dass neben der Dimension Geld auch die Dimension Wissen eine wichtige Rolle spielt. Durch sein Netzwerk und die Kenntnis der lokalen und nationalen Rahmenbedingungen kann der *Angel*-Investor der Schlüssel zum Markteintritt sein. Der Markt- und Wettbewerbsüberblick, Erreichung der Kunden durch einen geeigneten Vertriebskanal, sowie Mentoring und Coaching bedeuten wertvolle Unterstützungen abseits der finanziellen Investition (*„Smart Money"*).

Business Angels liegen mit ihren Investitionssummen deutlich unter den Investmentbeträgen von *Venture Capital* Unternehmen. Durch den *„Smart Money"*-Aspekt und der Einstieg in einer frühen Unternehmensphase (hohes Ausfallsrisiko!) werden im Gegenzug Firmenanteile mit hohen Kapitalrenditen gefordert. Das bedeutet somit, dass *Business Angels* einen hohen Return on Investment auf die getätigte Investition erwarten.

Da der Kontakt zum investierenden *Business Angel* im Regelfall intensiv ist, ist der *personal fit* zwischen dem Gründer und dem *Angel* ausgesprochen wichtig. Vorher ist abzuklären:

- Ziele (neben der finanziellen Unterstützung), die durch den Investor erreicht werden sollen
- Einflussspielraum, der dem Investor eingeräumt wird
- wie der *Business Angel* die Unternehmung durch Industrie Know-how, Beratungsleistungen und sein Netzwerk positiv beeinflussen kann.

Venture Capital

Venture Capital („VC") – Unternehmen investieren zeitlich nach der Ideengenerierungsphase des Unternehmens. Damit steigen sie deutlich später als *Business Angels* in das Investment ein. VC-Unternehmen investieren hohe Summen, um das Wachstum der Unternehmung zu fördern. Ziel ist eine kurz- bis mittelfristige Beteiligung. Der *Exit* ist zwei bis sieben Jahren nach der Investition geplant. Vergleichbar mit der *Business-Angel* Finanzierung stellen Risikokapitalunternehmen *Smart Capital* (=Dimension Wissen) in Form von betriebswirtschaftlichem Know-how, Tools zum Markteintritt und in Form seines Unternehmensnetzwerks zur Verfügung. Sie verwalten außerdem einen Pool an verschiedenen Unternehmungen. Der Unternehmenspool wird genutzt, um die *early-stage* Firmen untereinander zu verknüpfen.

Die zeitliche Beschränkung auf kurz- bis mittelfristige Beteiligungen kann folglich bedeuten, dass Entscheidungen zur Maximierung des kurzfristigen Unternehmenserfolgs getroffen werden (z. B.: sehr schnelles Unternehmenswachstum anstelle von nachhaltigem Unternehmenswachstum). Durch die hohe Unsicherheit der Unternehmensentwicklung und einer potenziellen (Komplett-)Ausfallswahrscheinlichkeit fordern *Venture Capital* Unternehmen im Gegenzug einen hohen *Return on Investment* und umfassende Kontroll-, Mitsprache- und Informationsrechte (hoher Reportingaufwand möglich).

Accelerator

Acceleratoren-Programme dienen zum Ausbau und zum Wachstum bereits bestehender Unternehmen. Die Teilnahme an einem *Accelerator* ist zeitlich begrenzt (wenige Wochen oder Monate). *Acceleratoren* funktionieren wie ein Bootcamp: Nach Aufnahme wird intensiv an der Weiterentwicklung und an dem Wachstum gearbeitet. In diesem intensiven Programm werden die Unternehmer von Experten und Spezialisten gecoacht und unterstützt. Am Ende steht eine Präsentation der Ergebnisse vor einer Investorenrunde. Unternehmen können durch das *Acceleratoren*-Programm Produktmodifikationen vornehmen. Damit kann zum Beispiel ein bestehendes, europäisches Produkt für den amerikanischen Markt angeglichen und angepasst werden.

Acceleratoren unterstützen durch die Bereitstellung folgender Benefits:

- Infrastruktur für Produkttestungen, Produktanpassungen, Forschung und Entwicklungsaufwendungen
- Service- und Dienstleistungspakete
- Netzwerk des *Accelerator*-Betreibers
- Möglichkeit der Vernetzung von teilnehmenden Unternehmen innerhalb des *Accelerators*
- Im Gegenzug erhält der *Accelerator* Unternehmensanteile bei Erfolg der Unternehmung.

Inkubator

Inkubatoren richten sich an Unternehmen in der Gründungsphase. Ähnlich wie bei *Acceleratoren* wird ein Raum geschaffen, der es dem Unternehmen ermöglicht, die Geschäftsidee zu testen und weiterzuentwickeln.

Crowdfunding

Crowdfunding ist ein internetbasiertes Finanzierungsmodell, bei dem ein Projekt, eine Idee oder ein Start-up Modell vorgestellt wird. Die Geschäftsidee wird von Usern der Plattform bei Interesse unterstützt. Neben dem klassischen Funding eignen sich vor allem das *Investing* und *Lending* am ehesten für einen US-Markteintritt.

- Klassisches *Crowd-Funding (reward-based):* Unterstützer erhalten eine materielle Gegenleistung vom Unternehmen (z. B.: Möglichkeit, das Produkt im Vorfeld zu erwerben, Teilnahme an der Testphase, Goodie). Das Unternehmen kann dadurch bereits eine erste Kundenbasis aufbauen.
  - Zielgruppe: für gesellschaftliche, kreative, kulturelle Projekte
- *Crowdinvesting:* Unterstützer erhält Anteile am Projekt.
  - Zielgruppe: Start-ups und Unternehmen mit Gewinnorientierung
- *Crowdlending:* Unterstützer gewähren Mikrokredite und erhalten bei Erfolg des Projektes Zinserträge. *Crowdlending*-Kredite sind risikobehaftet, dementsprechend hoch fallen die Zinsen aus. Dafür geringere Bonitätsvoraussetzungen als bei herkömmlichen Bankkrediten.
  - Zielgruppe: geeignet für Unternehmen und Privatpersonen

Zur Erreichung des *Funding*-Ziels wird eine kritische Unterstützermasse benötigt. Ein potenzielles Risiko besteht auch darin, dass die Geschäftsidee offengelegt wird und somit der Öffentlichkeit, inklusiver möglicher Konkurrenten, zugänglich ist.

Merkmal des *Crowd-Funding* Modells ist, dass sich die *Funding*-Summe aus der Entscheidung vieler unterstützender Usern zusammensetzt. *Fundings* reichen von einigen hunderten und tausenden USD bis hin zu Millionen Beträgen. Das Risiko für den einzelnen Anleger ist dabei deutlich geringer.

Personalmanagement

9

Nikolaus Buch, Sven C. Oehme und Birgit Findeis

Die richtige Behandlung von Personalfragen, von der Auswahl von Mitarbeitern bis zur Führung und Entlohnung, zählt zu den wichtigsten Erfolgsfaktoren einer Unternehmensgründung in den USA. Gerade in Personalfragen erfordern die oft enormen rechtlichen und kulturellen Unterschiede zwischen den USA und dem deutschsprachigen Raum eine erhöhte Sensibilität und gründliche Vorbereitung. In diesem Sinne beschäftigt sich dieses Kapitel mit den wichtigsten arbeits- und sozialrechtlichen Bestimmungen in den USA, dem Entlohnungssystem sowie den gebräuchlichsten Visakategorien für in die USA entsandte Mitarbeiter.

9.1 Der US-Arbeitsmarkt

So wie die USA insgesamt ist auch der Arbeitsmarkt von großen Gegensätzen gekennzeichnet. Einerseits scheinen die USA aufgrund des Fehlens detaillierter Arbeits- und Sozialgesetze ein Paradies für den deutschsprachigen Arbeitgeber zu sein, andererseits hat das Richterrecht in manchen Bereichen zu Entwicklungen geführt, die für den Kontinentaleuropäer nur schwer nachvollziehbar sind (z. B. Diskriminierungstatbestände, *sexual harassment*).

N. Buch · S. C. Oehme · B. Findeis (✉)
New York, USA
E-Mail: birgit.findeis@eabo.biz

N. Buch
E-Mail: nbuch@atconsult.com

S. C. Oehme
E-Mail: oehme@eabo.biz

© Springer-Verlag GmbH Deutschland, ein Teil von Springer Nature 2019
N. Buch und S. C. Oehme (Hrsg.), *Firmengründung in den USA*,
https://doi.org/10.1007/978-3-662-58422-4_9

In den USA findet man zwar einerseits die höchst qualifizierten und auch höchstbe-zahlten Manager, andererseits fehlt aber weiten Teilen der Bevölkerung eine nach euro-päischen Maßstäben adäquate Berufsausbildung. Dies führt immer wieder zu Engpässen an technisch gut qualifizierten Arbeitern am Arbeitsmarkt, die letztlich nur durch eine entsprechend liberale Einwanderungspolitik kompensiert werden können.

Laut Angabe (Stand 2015) des *US Census Bureau* sind insgesamt in den USA rund 124 Mio. Personen in ca. 7,6 Mio. Unternehmen beschäftigt. Die Arbeitslosenrate betrug im Jahr 2008 noch 5 % und stieg als Folge der Weltwirtschaftskrise auf 9,8 % im Jahr 2010 an. Inzwischen hat sich die Arbeitslosenrate wieder auf 3,9 % (2019) gesenkt. Gerade in Europa gilt die hohe Dynamik des amerikanischen Arbeitsmarktes als Vorbild.

Der hohe Stellenabbau in der verarbeitenden Industrie in den 80er Jahren wurde durch die Schaffung neuer Arbeitsplätze im Servicebereich (*„McJobs"*), aber auch in hoch bezahlten, innovativen Geschäftsfeldern wie Informationstechnologie, Biotech- und Unterhaltungs-industrie bei weitem wettgemacht. Entlassungen werden schneller ausgesprochen, aber ame-rikanische Arbeitgeber sind auch eher wieder zu Neueinstellungen bereit.

Der amerikanische Arbeitsmarkt wird sich weiterhin dynamisch entwickeln und ver-ändern. Ein Blick auf demografische Daten zeigt, dass sowohl das Durchschnittsalter der arbeitenden Bevölkerung als auch der Anteil von Minoritäten und weiblichen Arbeit-nehmern eine steigende Tendenz aufweist. Im Jahr 2017 betrug der Anteil von Frauen 46,9 % am Arbeitsmarkt. 21,6 % sind hierbei ethnischen „Minderheiten" angehörig. Daher gewinnen *diversity issues* (Fragen der Verschiedenheit) im täglichen Personalmanagement immer mehr an Bedeutung.

Der bundesgesetzliche Mindestlohn beträgt zurzeit US$ 7,25.

Obwohl bereits zahlreiche Bundesstaaten mit der dualen Berufsausbildung experi-mentieren, ist das Prinzip des *„learning by doing"* nach wie vor ein wichtiger Faktor für die sehr hohe Anpassungsfähigkeit und Innovationskraft der amerikanischen Wirtschaft.

Ein weiterer Grund für den wenig formalisierten Ausbildungsweg und die hohe Dyna-mik des Arbeitsmarktes kann auch in der schwindenden Rolle der Gewerkschaften gesehen werden. Im Jahre 2017 waren insgesamt 10,7 % der Arbeitnehmer gewerkschaftlich organi-siert. Die Aktivitäten der Gewerkschaften konzentrieren sich regelmäßig auf die Forderung nach Lohnerhöhungen. Das Instrument des Betriebsrats ist in den USA unbekannt und wird auch nicht gefordert.

9.2   Arbeits- und sozialrechtliche Bestimmungen

Der Dualismus bundes- und einzelstaatlicher Rechtsbestimmungen gilt auch für das Arbeits- und Sozialrecht, wobei die Regelungsdichte in den USA bei weitem nicht so hoch ist wie im deutschsprachigen Raum. Zudem ist der staatliche Schutzgedanke zugunsten des Arbeitnehmers nicht so ausgeprägt wie in Kontinentaleuropa, betont wer-den eher die möglichst große Flexibilität und Eigenverantwortung von Arbeitnehmer und Arbeitgeber.

9.2.1 Rechtsgrundlagen bei der Personaleinstellung

Die arbeits- und sozialrechtlichen Auflagen, die ein Unternehmen beachten muss, steigen mit der Mitarbeiterzahl einer Firma. Dies betrifft auch die Neurekrutierung von Angestellten.

Ein Unternehmen mit weniger als 15 Mitarbeitern kann relativ unabhängig von gesetzlichen Bestimmungen operieren. Firmen dieser Größe unterliegen z. B. nicht dem *Civil Rights Act*, der die Diskriminierung nach ethnischer Herkunft, Geschlecht, Religion und Nationalität untersagt.

Spezielle Arbeitsgesetze
Tab. 9.1 zeigt die wichtigsten Arbeitsgesetze, die bei der Einstellung und allen anderen Personalfragen zu beachten sind.

Der *Fair Labor Standards Act* von 1938 regelt das Recht auf Mindestlohn und Überstundenlohn bei Arbeiten die über eine 40-h-Woche hinausgehen. Es gibt jedoch in dem unter Titel 29 § 203 des USC kodifizierten Gesetz zahlreiche Ausnahmeregelungen, welche Arbeitgeber von den gesetzlichen Mindestlöhnen und Überstundenregelungen befreien.

Im *Civil Rights Act* von 1964 ist das Verbot der Diskriminierung aufgrund von ethnischer Herkunft, Hautfarbe, Religion, Geschlecht oder nationalem Ursprung festgehalten. Eingeschlossen in diese Gesetzgebung ist seit 1980 auch die Richtlinie gegen sexuelle Belästigung am Arbeitsplatz.

Im *Equal Pay Act* von 1963 ist die gleiche Bezahlung von Männern und Frauen für die gleiche Art von Arbeit verankert. Es ist nicht gestattet, wegen des Geschlechts unterschiedlich hohe Gehälter zu gewähren, sofern dieselbe Position bekleidet (oder zu bekleiden) ist und die gleichen Grundvoraussetzungen gegeben sind.

Der *Age Discrimination Act* von 1967 verbietet Diskriminierung aufgrund des Alters. Dieser *Act* unterbindet die Ablehnung oder Entlassung eines Arbeitnehmers unter Bezugnahme auf dessen Alter. Würde ein Unternehmen Arbeitnehmer einer bestimmten Altersklasse entlassen (wie es im deutschsprachigen Raum zur Senkung der Lohnkosten im

Tab. 9.1 Wesentliche Gesetze im Personalmanagement

Gesetzesname	Inhalt
Fair Labor Standards Act 1938	Mindestlohn und Überstunden
Title VII/Civil Rights Act 1964	Ethnische Herkunft, Religion, Geschlecht, nationale Herkunft
Equal Pay Act 1963	Bezahlung
Age Discrimination Act 1967	Alter
Americans with Disability Act 1990	Behinderung
Immigration Reform & Contra/Act 1986	Arbeitserlaubnis
Pregnancy Discrimination Act 1978	Schwangerschaft

Rahmen allgemeiner Frühpensionierungen oft geschieht), könnte dies in den USA zu einer Klage nach dem *Age Discrimination Act* führen.

Im *American with Disability Act* von 1990 wurde das Verbot jeglicher Diskriminierung eines Arbeitnehmers aufgrund einer Behinderung normiert. Betroffen sind körperliche wie geistige Behinderungen. Dies gilt ausnahmsweise nicht, wenn die Adaptierung des entsprechenden Arbeitsplatzes für den Arbeitgeber eine unzumutbare Belastung darstellt. Die Definition einer unzumutbaren Belastung hängt jedoch von jedem individuellen Fall ab.

Geltungsbereich
Die Anti-Diskriminierungsgesetze betreffen alle Stadien des Arbeitsverhältnisses. Sie regeln Einstellungsmethoden, die Vermittlung eines Arbeitsverhältnisses, die Überprüfung eines Stellenbewerbers, die tatsächliche Einstellung, das Ausbildungs- und Fortbildungsprogramm, die Vergütung einschließlich der Sozialleistungen, Disziplinarmaßnahmen, Entlassungen und die reguläre Beendigung des Arbeitsverhältnisses sowie die Vertretung durch Gewerkschaften.

Im Falle einer Diskriminierung hat die zuwiderhandelnde oder die verklagte Partei die Pflicht, Maßnahmen zur sofortigen Beseitigung der diskriminierenden Handlung oder Unterlassung zu ergreifen.

Die Implementierung der Anti-Diskriminierungsgesetze fällt in den Zuständigkeitsbereich *der Equal Employment Opportunities Commission.* Sie hat als öffentlicher Ankläger das Recht zur Strafverfolgung und leitet die entsprechenden Maßnahmen dazu ein.

9.2.2 Unterschiede im Arbeitsrecht

Bei den unter Abschn. 9.2.3 angegebenen Sozialleistungen handelt es sich im Vergleich zum deutschsprachigen System um eine Minimallösung für den Arbeitnehmer. Alle anderen Leistungen sind nicht in Arbeits- und Sozialgesetzen geregelt, sondern können entsprechend dem Arbeitsverhältnis individuell festgelegt werden.

Kündigungsschutz
Ein deutlicher Unterschied zum deutschsprachigen Rechtskreis besteht im Kündigungsschutz. Generell gilt der *employment at will-* Grundsatz, der die jederzeitige Auflösung des Arbeitsverhältnisses ohne Angabe von Gründen und Einhaltung von Fristen für Arbeitgeber und Arbeitnehmer vorsieht. Das Prinzip von *„hire and fire"* ist nur bei Firmen mit Gewerkschaftszugehörigkeit, höheren Angestellten und Facharbeitern aufgrund ihrer besseren Verhandlungsposition und aufgrund von individuellen Arbeitsverträgen limitiert.

Einschränkungen bestehen auch im Falle von Massenkündigungen im Rahmen des *Worker Adjustment and Retraining Notification Act (WARN-Act)* aus dem Jahre 1989, nach dem Arbeitgeber mit mehr als 100 Vollzeitbeschäftigten eine Kündigungsfrist von

60 Tagen bei Betriebsschließungen oder Massenfreisetzungen einhalten müssen. In vielen Bundesstaaten (z. B. in New York, Kalifornien) ist auch die Kündigung aufgrund der Wahrnehmung von Bürgerpflichten wie Wehrdienst, der Teilnahme an Wahlen oder Gerichtsdienst gesetzlich ausgeschlossen.

Der Wegfall der allgemeinen Kündigungsfristen bewirkt eine Auflösung der Grenzen zwischen Kündigung und Entlassung. Auch hier werden Abfertigungen und ähnliche freiwillige Sozialleistungen (vergleiche *severance package*) oft individuell oder kollektivvertraglich verhandelt.

Der Arbeitgeber ist in den meisten Staaten auch nicht zur Gehaltsfortzahlung im Krankheitsfall verpflichtet. Sehr oft werden so genannte bezahlte *sick days* im Umfang von fünf bis zehn Tagen pro Jahr je nach Dauer der Betriebszugehörigkeit gewährt. Damit einhergehend kann auch ein Kündigungsschutz im Zeitraum des Krankheitsfalles gewährt werden.

Urlaub

Die aus europäischer Sicht arbeitgeberfreundlichen Rahmenbedingungen beziehen sich auch auf den Urlaub. Hier fehlen ebenfalls Bundes- oder meist auch einzelstaatliche Gesetze. Der Arbeitnehmer verhandelt entweder persönlich, oder sein Arbeitsverhältnis unterliegt kollektivvertraglichen Bestimmungen. Dem amerikanischen Arbeitnehmer stehen durchschnittlich wesentlich weniger bezahlte Urlaubstage zu als dem deutschsprachigen (etwa zehn Tage pro Jahr). Bei einer längeren Betriebszugehörigkeit kann sich der Urlaubsanspruch auf bis zu vier Wochen erhöhen.

So genannte *sabbaticals,* die amerikanische Führungskräfte als unbezahlten Urlaub zur Regenerierung und Realisierung privater Pläne nutzen, erfreuen sich immer stärkerer Beliebtheit. Dieses System wurde von den Universitäten übernommen, die ihren Professoren die Möglichkeit geben, sich jedes siebte Jahr *(sabbatical)* ein Jahr zum Zwecke der wissenschaftlichen Weiterbildung freistellen zu lassen. In diesem Jahr werden die Bezüge in verminderter Höhe gewährt.

Arbeitsvertrag

Das Fehlen umfangreicher gesetzlicher Bestimmungen führt insbesondere bei leitenden Angestellten und qualifizierten Arbeitskräften zu detaillierten individuellen Arbeits- oder Tarifverträgen. Mehr als 70 % aller amerikanischen Arbeitnehmer verfügen dennoch weiterhin nur über mündliche Absprachen hinsichtlich ihrer Arbeitsbedingungen.

Um sich als Arbeitgeber, aber auch als Arbeitnehmer, hinsichtlich der genauen Bedingungen und Zusatzleistungen abzusichern, wird der Abschluss eines Arbeitsvertrages dringend empfohlen. Da viele Leistungen, die im deutschsprachigen Raum arbeitsrechtlich geregelt sind, in den Vereinigten Staaten auf Freiwilligkeit beruhen, besteht nur bei schriftlicher Festlegung der Anspruch auf diese Leistungen (siehe Arbeitsvertragsmuster im Anhang).

Ein formaler Arbeitsvertrag sollte folgende Punkte unbedingt beinhalten:

- Jobtitel
- Dauer der Anstellung
- Kündigungsgründe
- Stellenbeschreibung
- Vertraulichkeitsgrundsatz
- Änderungsbedingungen in der Position
- Verfahren im Streitfall

Mutterschutz

Auch Mutterschutz (Karenz) und Erziehungsurlaub sind anders als im deutschsprachigen Raum geregelt. Im Familienurlaubsgesetz *(Federal Family and Medical Leave Act)* ist festgeschrieben, dass ein Arbeitgeber mit mehr als 49 Angestellten seinen Mitarbeiterinnen beispielsweise bei der Geburt eines Kindes und für die Versorgung dieses neugeborenen Kindes bis zu zwölf Wochen unbezahlten Urlaub einräumen muss, wenn diese mindestens ein Jahr der Firma angehören und in dieser Zeit zumindest 1250 h gearbeitet haben. Sofern die Mitarbeiterin Anspruch auf bezahlten Urlaub hat, kann sie diesen einbringen. Aufgrund des Lohnausfalls während dieser Zeit kann ein großer Teil der arbeitenden Mütter in den USA diesen Anspruch aber nicht realisieren.

Im Gegensatz zum deutschsprachigen Raum, in dem die Gesetzgebung die Frau unter besonderen Mutterschutz stellt (z. B. bezahlter Mutterschaftsurlaub, besonderer Kündigungsschutz), wird diese Materie in den USA unter dem Aspekt der strikten, formellen Gleichbehandlung der Geschlechter geregelt.

Insofern bestehen am amerikanischen Arbeitsmarkt keine gesetzlichen Sonderregelungen zur bevorzugten Behandlung von schwangeren Frauen oder Müttern mit Neugeborenen.

Ein Mutterschaftsurlaub darf nicht zwingend vorgeschrieben werden. Frauen müssen nach einem etwaigen *family leave* wieder unter den gleichen Bedingungen wie alle anderen Arbeitnehmer aufgenommen werden. Da es aber generell keine Kündigungsfrist gibt und Frauen in diesem Falle auch nicht bevorzugt werden dürfen, können sie theoretisch auch am ersten Arbeitstag nach Rückkehr aus dem Mutterschaftsurlaub gekündigt werden.

Einige Staaten, wie New York *(New York State Paid Family Leave)* bieten Programme zum bezahlten Elternurlaub an, bei dem der Versicherungsschutz für bezahlte Familienurlaubsleistungen in der Regel zu den bestehenden Sozialleistungen des Arbeitgebers hinzugefügt und durch Beiträge der Mitarbeiter finanziert wird.

Diskriminierungsverbot

Das einzige arbeitsrechtliche Thema, das in den USA eine stärkere Normierung erfährt als im deutschsprachigen Raum, ist die Diskriminierung am Arbeitsplatz. Gerade in den letzten Jahren wurde ein verstärktes Augenmerk auf diese Anti-Diskriminierungsgesetzgebung gelegt.

Es gibt nunmehr eine Vielzahl von einzel- und bundesstaatlichen Gesetzen, die dafür Sorge tragen, dass keine Benachteiligungen aufgrund von ethnischer Herkunft, Geschlecht, Alter, Religion und nationalem Ursprung am Arbeitsplatz auftreten. Diese Gesetze sind insbesondere bei der Anstellung, Kündigung, Beförderung und der Lohnfestsetzung zu beachten.

Die *EEOC (Equal Employment Opportunity Commission)* fungiert als Ankläger in Diskriminierungsprozessen. Im Abschn. 9.3.3 werden nähere Details, die bei der Einstellung von Personal zu beachten sind, erläutert. Die wichtigsten Diskriminierungsgesichtspunkte, nach welchen die *EEOC* urteilt, wurden im *Civil Rights Act* von 1964 festgelegt. In Diskriminierungsfällen besteht zumeist eine Beweislastumkehr, sodass Verfehlungen des Arbeitgebers vermutet werden, sollte dieser die Anwendung fairer Standards im Rahmen des sehr dehnbaren Begriffes der *business necessity* nicht nachweisen können.

Sexuelle Belästigung

Das Thema der sexuellen Belästigung *(sexual harassment)* am Arbeitsplatz wird in den USA viel enger ausgelegt und auch von der *EEOC* verfolgt. Jegliche Art sexueller Avancen – von sexistischen Witzen und vulgären Gesten bis zu unerwünschtem physischem Kontakt kann zu einer Klage auf Basis des *Civil Rights Act* führen.

Unter *sexual harassment* versteht man juristisch gesehen alle unwillkommenen sexuellen Anträge, falls

- das Erdulden eines solchen Verhaltens ausdrücklich oder stillschweigend als Bedingung für eine Anstellung gefordert wird,
- das Erdulden oder die Zurückweisung eines solchen Verhaltens das berufliche Fortkommen dieser Person negativ beeinflusst oder
- dieses Verhalten den Zweck einer ansonsten unbegründeten Einflussnahme auf das Arbeitsverhalten einer Person hat oder ein einschüchterndes, feindseliges oder anstößiges Arbeitsumfeld erzeugt *("guidelines on discrimination because of sex" 29 CFR § 1604.11).*

Zwar sind laut Gesetz Obergrenzen für Schadenersatzforderungen festgelegt, trotzdem werden oft darüber hinausgehende Schadenersatzsummen zuerkannt, da die Klage auch unter das Recht eines Bundesstaates, das diese Limits nicht vorsieht, gestellt werden kann. Zudem erlaubt der *Civil Rights Act* die Einbeziehung einer *jury,* die vor ihrer Beratung nicht über die Begrenzungen des Schadenersatzes aufgeklärt werden darf.

Die Entwicklung einer ausführlicheren Unternehmenspolitik gegen *sexual harassment* ist empfehlenswert. Diese kann in einem Handbuch festgelegt werden, das jeder Arbeitnehmer bei der Anstellung erhält und dessen Erhalt und/oder Durchsicht er mit seiner Unterschrift bestätigt. Weiter sollte der Arbeitgeber regelmäßig Belehrungen zu dem Thema durchführen. Diese Maßnahmen können in einem möglichen Prozess vom Arbeitgeber vorgetragen werden, um zu zeigen, dass er alles in seiner Macht Stehende getan hat, um Verfehlungen in seinem Unternehmen zu verhindern.

Erhält der Arbeitgeber eine Beschwerde über eine Belästigung nach *§ 1604.11* der *guidelines on discrimination because of sex,* sollte er diesem Anliegen unverzüglich nachgehen. Bei einer standardisierten Befragung des betroffenen Mitarbeiters sollten alle relevanten Informationen festgehalten **und** durch ein Protokoll oder eine ergänzende Tonbandaufnahme dokumentiert werden. Die frühzeitige Beiziehung eines Anwaltes ist empfehlenswert.

9.2.3 Verpflichtende Sozialabgaben

Obwohl die USA weithin als das Arbeitgeberparadies gelten, müssen amerikanische Unternehmer sehr wohl Sozialabgaben für die Arbeitnehmer entrichten.

Federal Insurance Contributions Act (FICA)
Der *Federal Insurance Contributions Act (FICA)* erhebt zwei Steuern bei Arbeitgebern, Arbeitnehmern und Selbstständigen.

Die *Old-Age, Survivors and Disability Insurance (OASDI)* ist im Allgemeinen unter dem Begriff *social security* bekannt und ist das wichtigste Versicherungspaket zur Sicherung des Einkommens. 96 % aller Arbeitnehmer werden von ihr erfasst. Sie ist auf Bundesebene gesetzlich festgelegt. Sowie die *Hospital Insurance (HI)*, besser bekannt unter dem Begriff *medicare,* welche nicht mit der gesetzlichen Krankenversicherung im deutschsprachigen Europa zu vergleichen ist. Diese Versicherung deckt die Kosten des Arbeitnehmers für Arzt, Krankenhaus und Medikamente nur im Falle einer Erkrankung nach der Pensionierung ab.

Die Abgabe für die *OASDI* beträgt 12,4 % des Gehalts bei Gehältern bis zu US$ 132,900 (Stand 2019). Die Abgabe wird von Arbeitgeber und Arbeitnehmer zu jeweils 50 % getragen.

Die *social security* ermöglicht ein wichtiges Basiseinkommen in der Rente für den Arbeitnehmer selbst, für Hinterbliebene eines verstorbenen Versicherten (Ehepartner und minderjährige Kinder) und für den Fall der Berufsunfähigkeit. Im letzteren Fall muss eine mindestens sechsmonatige Versicherungszeit nachgewiesen werden. Der Anspruch auf Rente wird durch verschiedene Beitragspunkte, die sich aus dem jährlichen Einkommen ergeben, berechnet. Das reguläre Pensionsantrittsalter ist 66 Jahre. Es gibt aber keinen zwangsweisen Eintritt in den Ruhestand, es sei denn, ein solcher ist vertraglich vereinbart. Es ist zu beachten, dass die Rentenversicherung nur als eine Beisteuerung zur Rente anzusehen ist, da in den meisten Fällen nicht einmal das Existenzminimum (abhängig von der geografischen Lage) durch diese Sozialleistung abgedeckt wird. Jeder einzelne Arbeitnehmer ist daher aufgefordert, zusätzliche Rücklagen für die Altersversorgung zu bilden. Die verschiedenen Instrumente hierfür werden auch steuerlich begünstigt.

Da eine private Krankenversicherung für viele pensionierte Arbeitnehmer unerschwinglich ist, haben alle Personen, die Anspruch auf *social security* haben, auch Anspruch auf eine Alterskrankenversicherung. Diese tritt ab dem 65. Lebensjahr in Kraft und umfasst die

notwendigste medizinische Versorgung. Haben Personen mangels ausreichender Beitragspunkte nicht den vollen Anspruch auf *medicare,* können sie durch eine freiwillige Aus-
gleichszahlung Anspruch auf *medicare* erlangen. Der Anteil des Steuersatzes, der für *HI*
in der FICA enthalten ist, beträgt 2,9 % (jeweils 1,45 % Arbeitgeber-/Arbeitnehmeranteil).

Was den laufenden Krankenversicherungsschutz betrifft, so müssen sich Arbeitnehmer
in den USA selbst bei einem Versicherungsträger versichern oder es werden kollektive
Krankenversicherungen vom Arbeitgeber angeboten. Dies stellt eine zusätzliche freiwillige
Sozialleistung von Unternehmen dar. Aufgrund des *Affordable Care Acts* von 2010, besser bekannt unter *Obamacare* müssen Unternehmen mit über 50 festen Arbeitnehmern eine
Steuerstrafe zahlen, falls sie keine Krankenversicherung anbieten. Für Arbeitnehmer wurde
diese Steuerstrafe mit dem *Tax Reform and Jobs Act (TCJA)* abgeschafft.

Unemployment Insurance – Arbeitslosenversicherung
Die Arbeitslosenversicherung *(unemployment insurance)* setzt sich aus einer Bundes-
abgabe *(FUTA-Federal Unemployment Tax Act)* und einer einzelstaatlichen Abgabe
(SUTA- State Unemployment Tax Act) zusammen. Der *FUTA*-Steuersatz beträgt 6,0 %
auf die ersten US$ 7000 des Arbeitslohns und wird allein vom Arbeitgeber getragen. Die
SUTA wird von Arbeitgeber und Arbeitnehmer anteilsmäßig getragen. Die Höhe variiert von Bundesstaat zu Bundesstaat und kann bis zu 4,4 % des Gehalts ausmachen. Der
Arbeitgeber kann sich seine SUTA-Beiträge auf die Leistung der Bundesabgabe *FUTA*
bis zur Höhe von 5,4 % anrechnen lassen.

Anders als die *social security* ist die Arbeitslosenversicherung sowohl auf bundesstaatlicher als auch auf einzelstaatlicher Ebene geregelt. Diese Sozialleistung dient
arbeitslos gewordenen Arbeitnehmern bis zum Antritt einer neuen Stelle als teilweiser
Ausgleich des Gehaltsverlusts. Die meisten Bundesstaaten gewähren 26 Wochen Arbeits-
losengeld.

Der *Consolidated Omnibus Budget Reconciliation Act* von 1985 *(COBRA)* verlangt
von Arbeitgebern, die über einen Gruppengesundheitsplan verfügen, ihren Angestellten
die zeitlich befristete Fortsetzung der Gesundheitsvorsorge im Falle der Arbeitslosigkeit
oder sonstiger Veränderung *(qualifying event)* anzubieten. Derartige Veränderungen sind
zum Beispiel:

- der Tod des vom Schutz des *COBRA* umfassten Arbeitnehmers.
- die Beendigung des Arbeitsverhältnisses (sofern diese nicht auf dem Fehlverhalten
  des Arbeitnehmers beruht) oder die Reduzierung der Arbeitszeit.
- die Scheidung oder Trennung des betroffenen Arbeitnehmers von seinem Ehepartner.
- der betroffene Arbeitnehmer wird berechtigt, Leistungen der *medicare* nach Titel
  XVII des *Social Security Act* zu beziehen.
- ein unterhaltsberechtigtes Kind hört auf, ein unterhaltsberechtigtes Kind des betroffenen
  Arbeitnehmers nach den allgemeinen Bestimmungen des Plans zu sein und ein Verlust
  des Versicherungsschutzes tritt ein.

Als Begünstigter des Plans kommen der Ehegatte oder das unterhaltsberechtigte Kind des Arbeitnehmers oder der Arbeitnehmer selbst in Betracht, letzterer aber nur, wenn das qualifying event die Beendigung des Arbeitsverhältnisses oder die Reduzierung der Arbeitszeit ist.

Im Falle der Beendigung des Arbeitsverhältnisses oder der Reduzierung der Arbeitszeit ist die Gesundheitsvorsorge für den Arbeitnehmer, seinen Ehegatten sowie für Unterhaltsberechtigte bis zu 18 Monate gedeckt, im Falle des Todes des Arbeitnehmers sind dessen Ehegatte und unterhaltsberechtigte Kinder für bis zu 36 Monate versichert. Mit Einführung des *Affordable Care Acts* von 2010 *(ACA)* steht dem Arbeitslosen ein Wahlrecht zwischen *COBRA* und *ACA* zu.

Workers Compensation Insurance Arbeitsunfallversicherung

Die Arbeitsunfallversicherung *(workers compensation benefits-)* deckt den Versicherungsschutz für Arbeitnehmer, welche durch arbeitsbezogene Verletzungen oder Krankheiten arbeitsunfähig geworden sind, ab. Diese Sozialleistung wird nur durch einzelstaatliche Gesetze geregelt.

Es bestehen insofern auch von Bundesstaat zu Bundesstaat Unterschiede hinsichtlich Beitragshöhe, Anspruchsdauer und Versicherungsleistung. Die Beitragshöhe beläuft sich auf maximal drei Prozent, die Versicherungsleistung im Durchschnitt auf 66 %, jeweils bezogen auf das Grundgehalt. Jedes Unternehmen mit mehr als zwei Mitarbeitern ist zum Abschluss der Arbeitsunfallversicherung verpflichtet.

9.3 Personalbeschaffung

Die richtige Personalwahl ist einer der wichtigsten Faktoren für einen erfolgreichen Unternehmensstart in den USA.

Nur die Auseinandersetzung mit den dort vorherrschenden Bedingungen und eine genaue Kenntnis hinsichtlich Einstellungspraktiken und rechtlicher Rahmenbedingungen werden zum gewünschten Erfolg führen.

Viele Unternehmen in den Vereinigten Staaten sehen ihr Personal tatsächlich als *human capital* an. Private Atmosphäre und persönliche Kontakte, die über eine oberflächliche Freundlichkeit hinausgehen, werden eher vermieden. Amerikanische Manager pflegen zwar formal gesehen einen lockereren Umgang, aus Sicht des Arbeitgebers ist aber starke Zurückhaltung zu spüren. Klagen wegen sexueller Belästigung oder Diskriminierung am Arbeitsplatz aufgrund persönlicher und fachlich nicht gerechtfertigter Gründe sind in den Vereinigten Staaten sehr häufig. Daher ist es nicht verwunderlich, dass der Umgang mit dem Personal von Zurückhaltung geprägt ist.

9.3.1   Personalsuche

Im Rahmen der Personalsuche gilt es zunächst, folgende Faktoren zu definieren:

- genaue Stellenbeschreibung *(Job description),*
- Gehaltsstufe und Nebenleistungen,
- zeitlicher Horizont der Stellenbesetzung,
- anzusprechender Kandidatenkreis (fachliche Qualifizierung, geografische Positionierung),
- sogenannte *exempt-* oder *non-exempt-Stelle.*

Eine *exempt-* Stelle bedeutet, dass der Arbeitgeber nicht verpflichtet ist, Überstunden zu bezahlen. Solche Stellen sind in den meisten Fällen Managementpositionen, die eine pauschalierte Abgeltung der gesamten Arbeitszeit aufweisen. Auf der *non-exempt-* Ebene sind Arbeitskräfte eingestuft, die ihr Entgelt entsprechend der geleisteten Arbeitsstunden ausgezahlt bekommen.

Das am häufigsten angewandte Personalsuchinstrument ist die Schaltung von Online-Anzeigen oder das Angebot von Arbeitsstellen über die Firmenhomepage. Das Layout und der Inhalt sollten von Personalexperten überprüft werden. So ist es in den meisten Fällen ratsam, Gehaltshöhe und Nebenleistungen explizit anzuführen.

Es gilt zu beachten, dass kein Verstoß gegen die Grundsätze der *Equal Employment Opportunity* vorliegt. Insofern ist der ausdrückliche Verweis im Inserat, das man ein *„equal employment opportunity"* – Arbeitgeber ist und die kulturelle Vielfalt *(diversity)* am Arbeitsplatz fördert, ratsam.

Professionelle Personalsuchfirmen bieten eine oftmals effizientere Alternative zu Online-Inseraten. Rekrutierungsfirmen sind in den USA branchenspezifisch hoch spezialisiert und können zumeist auf einen großen Kandidatenpool zurückgreifen. Gerade bei der Auswahl von Niederlassungsleitern und anderen Schlüsselpositionen eines Tochterunternehmens können Personalvermittler gute Dienste leisten. Die Kosten einer erfolgreichen Suche belaufen sich oft auf bis zu 20 % des Jahresgehaltes.

Zu den proaktiven Rekrutierungsinstrumenten zählt beispielsweise die Kontaktpflege mit Berufsschulen und Universitäten, u. a. durch Berufsmessen an diesen Einrichtungen. Viele Unternehmen sprechen gezielt potenzielle Kandidaten während der Ausbildungszeit an. Oft führen sog. *internships* oder Praktika nach Abschluss des Studiums zu festen Anstellungen. Aufgrund der Vielzahl an privaten und öffentlichen berufsbildenden Schulen und Universitäten müssen entsprechende Kontakte sehr zielgenau und langfristig aufgebaut werden Tab. 9.2.

9.3.2   Das Bewerbungsgespräch

Gerade beim Führen des *job interviews* gilt es wichtige Faktoren zu berücksichtigen, die deutlich von der Praxis im deutschsprachigen Raum abweichen. Insbesondere ist die *equal employment opportunity-* Gesetzgebung zu beachten.

Tab. 9.2 Personalsuchinstrumente und ihre Vor- und Nachteile

Methode	Vorteil	Nachteil
Unternehmenseigene Website	Kostengünstig, optimale Informationsquelle für Bewerber, Inhalte der Website steuerbar, Daten können von internen Systemen verarbeitet werden	Je nach System kann für die Bewerber ein hoher Eingabeaufwand erforderlich sein, hoher Administrationsaufwand
Onlineportale	Hohe Reichweite, je nach Plattform verschiedene praktische Funktionalitäten	Abhängig von vorgegebener Technologie und Funktionen des Portals, mittlerer bis hoher Kostenaufwand je nach Anzeigenintensität
Social Media Plattformen	Gezielte Suche, hohe Datenmenge, kreative Gestaltungsmöglichkeiten, kostengünstig, Kandidaten können evtl. besser eingeschätzt werden	Hoher Administrationsaufwand, private Daten des Bewerbers könnten in Entscheidung einfließen → in USA problematisch! (z. B.: Alter, Geschlecht, Ehestand, Erscheinungsbild)
Onlinewerbung	Strategisch und gezielt einsetzbar, kostengünstig	Kann blockiert werden (Adblocker), Werbeblindheit der User durch hohes Werbeangebot. tlw. keine Steuerung, wo Inserate aufscheinen (Inhalt der Website passend zu Jobinserat)
Personalsuchfirmen	Fokussierter Bewerberpool	Hohe Kosten
Schulrekrutierung	Identifizierung von Top-Absolventen	Schwierige Potenzialerhebung
Berufsmessen	Bildung von Netzwerken	Zeitaufwand, hohe Kosten
Offenes Haus	Gute Public Relations	Zeitaufwand
Direct Mail	Sehr selektiv, persönlich	Zeitaufwand
Radio, TV	Weite Streuung	Hohe Kosten, sinkende Reichweite bei jüngerer Generation
Zeitungsinserate	Weite Streuung	Hohe Kosten, sinkende Reichweite bei jüngerer Generation
Berufsvereinigungen	Persönliche Empfehlungen, kostengünstig	Zeitaufwand
Klienten und Konsumenten	Persönliche Empfehlung	Abwerbung konfliktbeladen

Beim Studium eines amerikanischen Lebenslaufes wird man feststellen, dass persönliche Angaben, die über die Beschreibung der Ausbildung und des Karriereweges hinausgehen, fehlen. Da Personalentscheidungen weder aufgrund von rassischen, religiösen, nationalen, geschlechts- oder altersspezifischen Merkmalen getroffen werden dürfen, werden derartige Angaben auch nicht angeführt. So sollte die Angabe von Geburtsdatum, Ehestand, Glaubensbekenntnis und insbesondere auch das Beifügen eines Fotos im amerikanischen *curriculum vitae* unterlassen werden. Ausländische Bewerber, die den Lebenslauf nicht an amerikanische Gepflogenheiten anpassen, werden von amerikanischen Firmen ignoriert, da sich diese nicht der Gefahr eines diskriminierenden Verhaltens aussetzen wollen.

Beim Interview sollten nur Fragen gestellt werden, die im direkten Zusammenhang mit den Fertigkeiten und Erfahrungen des Bewerbers sowie mit den Anforderungen für die ausgeschriebene Position stehen. Sofern der Bewerber aufgrund seiner Antworten auf unzulässige Fragen nicht eingestellt wird (z. B.: eine Frau wird abgelehnt, weil der potenzielle Arbeitgeber fürchtet, sie könnte wegen ihrer Kinder mehr Fehltage haben als eine Frau ohne Kinder), so riskiert der Unternehmer ein Verfahren wegen Verstoßes gegen das Diskriminierungsverbot.

Die gleichen Voraussetzungen gelten für schriftliche Bewerbungsbögen, die potenzielle Kandidaten auszufüllen haben. Fragen, die gegen das Gleichheitsrecht verstoßen könnten, dürfen nicht gestellt werden. Des Weiteren ist in Bewerbungsformularen und Personalsuchinseraten anzuführen, dass das Unternehmen dem Prinzip der *equal employment opportunity* folgt.

Ein entsprechender Vermerk für Personalsuche, Firmenleitbild und Bewerbungsbogen könnte folgendermaßen lauten:

XY (name of company) welcomes applicants for all positions without regard to race, color, religion, sex, national origin, age and any other legally protected status.

Tab. 9.3 umfasst Fragen, die in einem Bewerbungsgespräch in den USA vermieden werden sollten. Außerdem sind Alternativvorschläge angegeben, um auf möglichst rechtssicherem Wege umfassende Informationen über den Bewerber zu erhalten. Im Zweifelsfalle sollten Fragen, die unter Umständen diskriminierende Aspekte enthalten, nicht gestellt werden.

Sollte der Bewerber von sich aus eine Information geben, die nicht in die Bewerbungsunterlagen einfließen darf, sollte darauf hingewiesen werden, dass diese Information in Bezug auf die Bewerbung nicht relevant ist und das Gespräch auf andere Faktoren lenken. Es sollten auch von solchen Fakten keine schriftlichen Aufzeichnungen gemacht werden.

9.3.3 Die tatsächliche Einstellung

Nach erfolgreicher Personalsuche erfolgt die Anstellung eines neuen Arbeitnehmers meist formlos mit der Einführung ins Unternehmen, Vorstellung der Kollegen und Zuweisung des Arbeitsplatzes. Sehr oft wird ein Mentor bestellt, der als erfahrener Mitarbeiter dem

Tab. 9.3 Fragen zum Einstellungsgespräch

Gebiet	Fragen zu vermeiden	Alternative Fragen
Name	Was ist ihr Mädchenname?	Braucht man zusätzliche Information betreffend Ihres Namens bei einer Überprüfung Ihrer Referenzen?
Alter	Wie alt sind Sie?	Sind Sie über dem gesetzlich verlangten Mindestalter von …?
Staatsbürgerschaft	Wo sind Sie geboren? Was ist ihre Nationalität?	Sind Sie berechtigt, in den Vereinigten Staaten zu arbeiten?
Polizeibericht	Sind sie jemals verhaftet worden?	Sind sie jemals gerichtlich verurteilt worden? Es darf die Anstellung nicht verweigert werden, wenn nicht ein direkter Kontext zur Stelle besteht
Behinderung	Haben Sie eine Behinderung? Sind Sie jemals wegen X behandelt worden?	Können sie die vorgeschriebenen Aufgaben mit oder ohne spezielle Einrichtungen absolvieren?
Sprache	Was ist ihre Muttersprache?	Welche Sprachen sprechen sie und wie flüssig?
Erfahrung	Fragen, die nicht in Zusammenhang mit dem Job stehen	Alle Fragen, die mit dem Job in Zusammenhang stehen
Kinder		Keine Fragen!
Erscheinungsbild		Keine Fragen!
Ehestand		Keine Fragen!
Religion		Keine Fragen!
Finanzen		Keine Fragen!

neuen Mitarbeiter eine Orientierungshilfe bietet sowie als Ansprechpartner für Fragen zu Geschäftspolitik, Unternehmenskultur, Karriereplanung und fachspezifischen Themen zur Verfügung steht und eine problemlose Integration gewährleisten soll.

Die Mehrheit der amerikanischen Mitarbeiter arbeitet ohne Abschluss eines schriftlichen Arbeitsvertrages. Anstelle eines schriftlichen Vertrages wird manchmal ein schriftliches, so genanntes *Job offer*, also ein formelles Stellenangebot, unterbreitet. Mit diesem Schreiben stellt man nicht nur eine formal abgesicherte Vertrauensbasis zum neuen Mitarbeiter her, sondern definiert darin auch in vertragsähnlicher Form wichtige Punkte wie Gehaltskonditionen, Beginn und Ende des Arbeitsverhältnisses sowie den Aufgabenbereich.

Viele amerikanische Firmen verfügen über ein Arbeitnehmer-Handbuch, welches betriebsinterne Richtlinien enthält und einen reibungslosen Arbeitsprozess garantieren soll. Das Handbuch kann auch als eine schriftliche Dokumentation der Firmenregeln, Unternehmenspolitik, Leitbilder und der Firmenphilosophie angesehen werden. Somit dient es auch als Kommunikationsmittel zwischen leitendem Management und den Mitarbeitern sowie als eine Orientierungshilfe, welche für ein faires Verhalten am Arbeitsplatz sorgt. Wichtige Punkte, die in einem Handbuch enthalten sein können, sind:

- Urlaubsregelung
- Disziplinar-Maßnahmen
- Anti-Diskriminierungsrichtlinien
- Gebrauch von Internet und Email und ähnlichen dem Mitarbeiter am Arbeitsplatz zur Verfügung stehenden Arbeitsmittel
- Sicherheit am Arbeitsplatz
- unternehmensspezifische Lohnnebenleistungen etc.

9.3.4 Entlassung

Wie an anderer Stelle schon erwähnt, ist der Kündigungsschutz in den Vereinigten Staaten nur rudimentär ausgeprägt. In den meisten Bundesstaaten gilt nach wie vor der Grundsatz *termination at will,* der eine Kündigung ohne Angabe von Gründen jederzeit gestattet. Jedoch gibt es immer mehr Arbeitnehmer, die ihren Arbeitgeber mit dem Vorwurf der ungerechtfertigten Entlassung, der Diskriminierung und der sexuellen Belästigung verklagen. Die Rechtsstreitigkeiten sind in den Vereinigten Staaten zumeist kostenintensiver als im deutschen Sprachraum und können zu hohen Abfindungsleistungen führen, da die Gerichte in vielen Fällen arbeitnehmerfreundlich urteilen.

Folgende Punkte können im Normalfall zur gerechtfertigten und damit rechtssicheren Kündigung/Entlassung führen:

- Konsistente Inkompetenz des Arbeitnehmers: der Arbeitgeber hat zuvor zahlreiche und gut dokumentierte Möglichkeiten der Leistungssteigerung geboten.
- Verstoß gegen die Firmenpolitik: klare, rechtlich einwandfreie und konsistente Firmenrichtlinien werden vom Arbeitnehmer regelmäßig gebrochen.
- Fernbleiben vom Arbeitsplatz: die wiederholte und unentschuldigte Abwesenheit des Arbeitnehmers gefährdet den Abschluss von Aufträgen und schadet dem Firmenerfolg.
- Körperliche Gewalt: droht oder wendet ein Arbeitnehmer Gewalt gegenüber Mitarbeitern und Kunden an, so ist die sofortige Entlassung auszusprechen, da der Arbeitgeber einen sicheren Arbeitsplatz gewährleisten muss.
- Illegale Handlungen: wenn der Arbeitnehmer illegale Handlungen, wie z. B. Diebstahl, Unterschlagung, Verrat von Geschäftsgeheimnissen begeht, kann ebenfalls die fristlose Entlassung ausgesprochen werden, möglichst nach erfolgter Beweissicherung.

9.4 Einkommensgestaltung

Im Vergleich zum deutschsprachigen Raum finden sich im amerikanischen Gehaltsschema vielfach Zusatzleistungen und stärker ausgeprägte Leistungskomponenten. Da nach amerikanischem Arbeits- und Sozialrecht viele Leistungen des Arbeitgebers auf freiwilliger und nicht gesetzlich verankerter Basis *(fringe benefits)* beruhen, suchen

Arbeitnehmer Unternehmen insbesondere auch nach dem Kriterium erweiterter Sozialleistungen aus.

Vor allem bei verkaufsorientierten Positionen ergibt sich durch die verschiedenen
Vergütungskomponenten, dass unterdurchschnittliche Grundgehälter durch überdurch-
schnittliche Zusatzvergütungen ausgeglichen werden. Das *compensation package* muss
dementsprechend als Ganzes betrachtet werden. Für das mittlere und höhere Management beinhaltet es in der Regel neben dem Grundgehalt eine Bonusvergütung, Nebenleistungen und Sachbezüge.

Die in der Folge dargestellten Vergütungskomponenten sollen eine Orientierungshilfe
darstellen. Das konkrete Gehaltsangebot muss abhängig von Faktoren wie der Erfahrung
und Ausbildung des Mitarbeiters, der Firmengröße, der Konkurrenzsituation und des
spezifischen Aufgabenbereiches verhandelt und definiert werden.

9.4.1 Das Grundgehalt

Die gesetzliche Regelung von Grundgehältern erfolgt durch den *Fair Labor Standards
Act,* der den Mindestlohn und die Überstundenabgeltung auf bundesgesetzlicher Ebene
regelt.

Die letzte Anpassung des Mindestlohnes auf Bundesebene erfolgte im Jahre 2009.
Seit diesem Zeitpunkt beträgt der Mindestlohn US$ 7,25. Das Gesetz schreibt ferner
einen Überstundenzuschlag von 50 % für die Arbeitsleistung vor, die über die gesetzlich
vorgesehenen 40 h pro Woche hinausgeht.

Neben den Bestimmungen für den Mindestlohn auf Bundesebene bestehen einzelne
Tarifverträge, die von den Gewerkschaften ausgehandelt werden. Diese sind aber
branchenbezogen bzw. gelten überhaupt nur für einzelne Unternehmen.

Regionale Unterschiede
Aufgrund der starken regionalen Unterschiede und durch das Fehlen gesetzlicher Regelungen ist es schwierig, eine allgemeine Richtlinie für Grundgehälter zu eruieren. Je
nach Firmenstandort muss das Gehaltsschema angepasst werden.

Zum besseren Verständnis zeigt Tab. 9.4 einen Vergleich der Basisgehälter ausgewählter Berufsgruppen in zwei verschiedenen Bundesstaaten:

Das *Bureau of Labor Statistics* führt eine detaillierte Auflistung zu Gehaltsstatistiken
verschiedenster Berufsgruppen nach US-Regionen, die kostenfrei unter www.bls.gov/
oes/current/oessrcst.htm abgerufen werden können.

Gehaltsgestaltung im höheren Management
Die Beschäftigung qualifizierter und hoch motivierter Manager ist eine Grundvoraus-
setzung für den Erfolg einer Tochtergesellschaft in den Vereinigten Staaten. Umso wichtiger ist der Faktor wettbewerbsfähiger Gehaltsangebote, die unabhängig vom Gehaltsniveau
der Mutterfirma gesehen werden sollten.

Tab. 9.4 Durchschnittlicher Stundenlohn in Florida – New York. (Quelle: www.bls.gov/oes/current/oessrcst.htm)

Berufsbeschreibung	Tampa, FL (US$)	New York, NY (US$)
Geschäftsführer/-innen und Betriebsleiter/-innen	49,48	68,01
Software-Entwickler/-innen, Systemsoftware	45,82	53,32
Chemie-Ingenieure	44,31	46,79
Elektroingenieure	42,33	49,25
Installateur	21,50	38,58
Lastwagenfahrer	19,86	24,48
Verkaufsrepräsentant	19,07	23,78
Chefköche/-innen	18,61	22,28
Tischler/-innen	17,33	29,25
Elektromechaniker	16,89	17,26
Krankenpfleger/-innen	12,88	16,92
Lagerverwalter	12,13	13,47
Einzelhandelskaufmänner/-frauen	10,36	11,09
Kellner/-innen	9,69	11,98

Um die Angemessenheit eines Gehaltes festzustellen, sollten der Umsatz der Tochtergesellschaft und die Anzahl der Beschäftigten herangezogen und der Vergleich mit amerikanischen Konkurrenzfirmen *(benchmark)* und der allgemeinen Lage am Arbeitsmarkt angestellt werden.

Aus Tab. 9.5 sind entsprechende Richtwerte für das Gehaltsniveau im oberen Management zu entnehmen. Die Tabelle entspricht einem Gehaltsschema für ein Unternehmen mit bis zu 20 Mitarbeitern.

9.4.2 leistungsorientierte Gehaltsbestandteile

Zusätzlich zum Basisgehalt besteht das Einkommen in vielen Fällen aus variablen Bonusvergütungen. *Pay for performance* ist in den Vereinigten Staaten noch immer die dominierende Vergütungsstrategie. Im amerikanischen Entlohnungssystem unterscheidet man zwischen kurzfristigen und langfristigen Bonusplänen. Die aktuelle Bonushöhe hängt vom Erreichen spezifischer, im Vorfeld vereinbarter Ziele ab. Der variable und auch der risikoabhängige Bonusanteil machen in den Vereinigten Staaten einen im Vergleich zu Europa hohen Anteil des Einkommens aus.

Kurzfristige Vergütungspläne
In den Bereich der kurzfristigen Bonuspläne fallen jährliche Bonuszahlungen. Werden die festgeschriebenen Ziele am Ende eines Jahres erreicht, erfolgt eine Auszahlung einer

Position	Durchschnittliches Bruttojahresgehalt (US$)
Geschäftsführer	196.050
Leiter Marketing	145.000
Leiter Finanz	143.530
Leiter Verkauf	137.650
Leiter Personal	123.510
Leiter Operations	123.460
Leiter Einkauf	121.810
Leiter Produktion	110.580

Tab. 9.5 Grundgehalt der Managementebene. (Quelle: www.bls.gov/oes/current/oes_nat.htm)

ebenfalls vorweg definierten Endsumme. Die Bonusvergütung richtet sich oft nach dem Grundgehalt der betreffenden Position.

Provisionszahlungen, die an die unmittelbare Höhe eines Umsatzes oder Verkaufsergebnisses gebunden sind, werden vor allem in kleineren Firmen angeboten. Eine andere Möglichkeit zur kurzfristigen Zusatzvergütung kann in der Gewinnbeteiligung gesehen werden *(profit sharing)*. Im Unterschied zum Jahresbonus orientiert sich dieser Anspruch an der tatsächlichen Profitabilität des Unternehmens. Der Begünstigte profitiert vom unmittelbaren Firmenerfolg, aber nicht vom Wertzuwachs des Unternehmens.

Kurzfristige Vergütungspläne, die an sich den Mitarbeiter orientieren und dadurch den Unternehmenserfolg sichern sollen, können langfristig kontraproduktiv wirken. So können beispielsweise leitende Angestellte bestimmte, gehaltswirksame Parameter beeinflussen (z. B. Minimierung der Investitionen), um die vorher vereinbarten Messgrößen für die Bonuszahlung (meist Jahresgewinn) möglichst hoch zu halten.

Langfristige Vergütungsanreize

Aufgrund des oben beschriebenen Interessenkonfliktes zwischen kurzfristig orientierten Entlohnungsstrategien und langfristigem Unternehmenserfolg werden langfristige Vergütungsprogramme in Form von Aktienoptionen immer stärker forciert. Sie bieten dem Management die Möglichkeit, an der langfristigen Wertsteigerung des Unternehmens zu partizipieren. Verschiedene Studien zeigen, dass sich mit diesen Programmen auch die Einstellung der Mitarbeiter ändert. Sie denken unternehmerischer und sehen sich eher als Miteigentümer und weniger als nur Angestellte auf Zeit.

Meistens besteht diese Art Bonus aus der Möglichkeit, Anteile des Unternehmens zu einem vorbestimmten Preis zu erwerben, in Kombination mit einem zeitlich befristeten Verkaufsverbot dieser Anteile.

Die häufigste Alternative ist der *Phantom Stock Plan.* Bei diesem Plan werden dem Mitarbeiter pro forma, ohne Ausgabe von Aktienzertifikaten, Beteiligungsanteile zugeschrieben. Die Anteile berechtigen dazu, an der Wertsteigerung teilzunehmen. In manchen Fällen erhält der Berechtigte auch eine Dividendenzahlung. Bei Fälligkeit der Anteile erfolgt eine Auszahlung auf Basis des Wertzuwachses der Firma in Relation zur Entwicklung des Aktienmarktes.

9.4.3 Freiwillige Sozialleistungen

Die gesetzlich vorgeschriebenen Sozialleistungen des Arbeitgebers sind in den USA wesentlich geringer als im deutschsprachigen Raum. Für viele Arbeitnehmer ist daher das Angebot an freiwilligen Sozialleistungen ein wesentliches Kriterium bei der Wahl des Arbeitsplatzes. In Wirtschaftsmagazinen werden jährlich Rankings der arbeitnehmerfreundlichsten Firmen veröffentlicht, je nach Angebot der freiwilligen Sozialleistungen. Die zusätzliche Absicherung des Arbeitnehmers durch verschiedene Versicherungsleistungen zählt zu den häufigsten *fringe benefits*.

Krankenversicherung

Der Abschluss einer Privatversicherung für den Arbeitnehmer – der gegebenenfalls auch noch seine Familie mitversichern muss – ist sehr teuer (Die Prämien für die Einzelversicherung können rund US$ 320 pro Person und Monat betragen.). Daher ist das Angebot einer Krankenversicherung durch den Arbeitgeber oftmals ein wichtiger Entscheidungsfaktor für die Annahme eines bestimmten Arbeitsangebotes.

In der Praxis wählt das Unternehmen einen Versicherungsträger mit fester Vertragsbindung zu bestimmten Gruppen von Krankenhäusern *(Health Mantainance Organizations – HMO)* und versichert seine Arbeitnehmer im Rahmen dieser Gruppenversicherungspläne. Je nach Anzahl der versicherten Arbeitnehmer werden spezielle Varianten und Ermäßigungen vom Versicherungsträger angeboten. Die Kosten werden in den meisten Fällen nicht vollständig vom Arbeitgeber übernommen, sondern im Rahmen einer prozentualen Beteiligung bzw. von Selbstbehaltsklauseln vom Arbeitnehmer mitgetragen.

Rentenversicherung

Die gesetzliche Absicherung der Altersvorsorge ist mit der Pflichtversicherung im Rahmen der *social security* abgedeckt. Da allerdings der Leistungsumfang auf maximal US$ 45.240 p. a. (Leistungsgrenze für 2019) begrenzt ist, bieten die meisten amerikanischen Arbeitgeber zusätzliche Firmenpensionen an.

Der am häufigsten verwendete Pensionsvorsorgeplan ist der *401k-Plan*. Der Name dieser privaten Pensionsvorsorge rührt von einer speziellen, steuerbegünstigten Bestimmung des *Internal Revenue Code (IRC)* her. Der *401k-Plan* ist ein Wachstumsplan, der sich aus Beiträgen seitens des Arbeitgebers und Arbeitnehmers zusammensetzt. Der Arbeitnehmer kann einen bestimmten Anteil seines Gehalts (Gehaltsobergrenze ist US$ 275.000 für 2018) steuerbegünstigt in den Pensionsplan einzahlen. Die Obergrenze des Arbeitnehmeranteils betrug im Jahr 2018 US$ 18.500. Der Arbeitgeber zahlt – gemessen an der Beitragshöhe des Arbeitnehmers – ebenfalls einen festgelegten Prozentsatz in den Pensionsfonds ein. Die Auszahlung der Beiträge erfolgt bei Erreichen der Altersgrenze von 66 Jahren auf freiwilliger Basis, bei Beendigung des Arbeitsverhältnisses, im Todesfall oder bei Invalidität.

Neben dem *401k-Plan* bestehen weitere Arten von betrieblichen Pensionsvorsorge-plänen, wie z. B. der *defined pension plan,* der eine festgelegte Summe als Pensionsanspruch garantiert. Für das obere Management wird oft ein *supplemental executive retirement plan* angeboten, der die steuerbegünstigte Einzahlung höherer Beitragszahlungen erlaubt.

Weitere Versicherungen
Als wichtigste zusätzliche freiwillige Versicherungsleistungen gelten vor allem:

- *Lebensversicherung:* Größere Unternehmen bieten ihren Mitarbeitern auch eine Lebensversicherung an, wobei ein großer Anteil der Beiträge von Arbeitgeberseite übernommen wird. Die Familie erhält im Todesfall des Arbeitnehmers eine bei Ver-tragsabschluss festgelegte Summe.
- *Unfallversicherung:* Die in den USA bestehende Unfall- oder Invaliditätsversicherung wird auf einzelstaatlicher Basis geregelt und variiert dementsprechend im Leistungsan-gebot (siehe Arbeits- und Unfallversicherung). Um den Mitarbeitern einen zusätzlichen Schutz zu gewährleisten, bieten manche Firmen eine private Unfallversicherung an.
- *Zahnärztliche Versicherung:* Da in den meisten Krankenversicherungsplänen keine zahnärztlichen Leistungen enthalten sind, bieten Unternehmen oftmals eine Sonder-versicherung für die zahnmedizinische Versorgung an.

9.4.4 Sachbezüge

Als Sachbezüge werden Leistungen bezeichnet, die den Mitarbeitern nicht in direkter finanzieller Form oder als Versicherungsschutz zugutekommen, sondern in Form von verschiedenen Vergünstigungen oder Kostenübernahmen für Sachaufwendungen zur Ver-fügung gestellt werden.

Der Aufbau des Gehaltspaketes kann in den USA also sehr vielfältig gestaltet sein. Es zählt nicht nur allein der Betrag am Lohnzettel oder der sogenannte *paycheck.* Gerade in mittleren und höheren Managementpositionen hängen Loyalität des Arbeitnehmers und Dauer des Arbeitsverhältnisses vom Grad der Zusatzvergünstigungen ab. In den USA werden der Status und die Wichtigkeit eines Arbeitnehmers an dessen Sonderver-gütungen gemessen.

Transport- und Reisebezogene Sachbezüge
Die beliebteste Firmenleistung in diesem Zusammenhang, vor allem im höheren Management, ist der Firmenwagen. Die Kosten für Anschaffung, Reparatur, Benzin, Ver-sicherung und sonstige Erhaltungskosten werden vom Arbeitgeber getragen.

In manchen Fällen wird der Ersatz der Reisekosten für den Ehepartner bei Geschäfts-reisen übernommen. Eine weitere Möglichkeit der zusätzlichen Vergütung sind VIP-Mitgliedschaften, die einen Anspruch auf vergünstigte Reisekosten bewirken.

Da die Kranken- und Unfallversicherungsleistungen oftmals nur auf einen Bundesstaat begrenzt sind, werden Mitarbeiter, die berufsbedingt häufig reisen, routinemäßig mit einer Reisekrankenversicherung versorgt.

Freizeitangebote

Viele größere amerikanische Firmen bieten die Möglichkeit der vergünstigten Mitgliedschaft in Gesellschafts-, Sport- und Gesundheitsklubs. Vor allem auch Eintrittskarten zu Sportveranstaltungen, Theatervorstellungen oder Freizeitparks sind ein beliebter Sachbezug.

Darlehen

In größeren Unternehmen besteht für Mitarbeiter oftmals die Möglichkeit, ein zinsbegünstigtes Darlehen in Anspruch zu nehmen. Die amerikanische Steuergesetzgebung begünstigt derartige Darlehen, beschränkt deren Verwendung aber auf bestimmte Zwecke wie etwa den Hauskauf oder Universitätsgebühren.

Dieses Firmendarlehen ist in den Vereinigten Staaten eine sehr gängige Zusatzleistung von Unternehmen und wird in der Regel nicht nur dem höheren Management, sondern jedem Mitarbeiter gewährt, der in einem festen Anstellungsverhältnis steht.

9.5 Visaregelungen

Da im Rahmen einer Unternehmensgründung in den USA sehr oft wichtige Mitarbeiter aus dem Stammhaus in Deutschland, Österreich oder der Schweiz etwa wegen des *know-how*-Transfers oder auch zu Controlling-Zwecken entsandt werden, müssen in diesem Zusammenhang auch die einwanderungs-rechtlichen Bestimmungen näher analysiert werden.

Daher sollten Visafragen schon zu Beginn der Betriebsplanung bedacht werden, da ohne entsprechendes Visum weder eine Aufenthaltsgenehmigung noch die Beschäftigungsbewilligung erlangt werden kann.

9.5.1 Überblick

Für die Einreise in die USA benötigen Ausländer in der Regel ein Visum. Im Rahmen des sogenannten *Visa Waiver-Programms* sind einreisende Personen aus zahlreichen Staaten, darunter auch Deutschland, Österreich und die Schweiz, von der Visumspflicht befreit.

Allerdings brauchen sie eine sog. ESTA-Genehmigung, die unter https://esta.cbp.dhs.gov/esta/application.html beantragt werden kann. Die Beantragung sollte mindestens 72 h vor Abflug erfolgen. Bei einer Einreise im Rahmen des *Visa Waiver-Programms* ist man allerdings nicht zur Beschäftigung in den Vereinigten Staaten berechtigt, und eine Verlängerung des Aufenthaltes ist ebenfalls nicht möglich. **Jeder Aufenthalt über 90 Tage hinaus ist ausnahmslos visumspflichtig.**

Im Rahmen des *Visa Waiver-Programms* ist es nicht möglich, den Aufenthaltsstatus in den USA selbst zu ändern oder ein neues Visum zu beantragen, wie dies bei anderen Visumsarten möglich ist.

Im Allgemeinen sind zwei Arten von Visa zu unterscheiden:

- *Nichteinwanderungsvisum:* Dieses gilt für Ausländer, welche nur vorübergehend in den Vereinigten Staaten bleiben wollen. Je nach Art und Möglichkeit gibt es hier Visa mit oder ohne Arbeitserlaubnis.
- *Einwanderungsvisum:* Dieses Visum eignet sich für Personen, die einen dauerhaften Aufenthalt in den Vereinigten Staaten anstreben. Es gewährt unbeschränkte Arbeitserlaubnis. Der Vollständigkeit halber ist jedoch zu erwähnen, dass auch Einwanderungsvisa *(green cards)* ihre Berechtigung verlieren können, wenn man sich zu lange außerhalb der Vereinigten Staaten aufhält.

Die genauen und aktuellen Bedingungen zur Erlangung eines Visums werden auch beim amerikanischen Konsulat im Antragstellerland bekannt gegeben.

Der Besitz eines Visums verschafft dem Visumsinhaber noch nicht das Recht, in die USA einzureisen. Beamte der Einwanderungsbehörde kontrollieren jeden Visuminhaber am Flughafen und behalten sich das Recht vor, die Einreise zu verweigern. Außerdem ist zwischen Visums- und Aufenthaltsdauer zu unterscheiden. So ist die Aufenthaltsdauer bei einem Besuchervisum sechs Monate, während die Visagültigkeit zehn Jahre betragen kann. Man ist dann zu mehrmaliger Einreise in die Vereinigten Staaten berechtigt.

9.5.2 Visaantrag

Der Visaantrag wird beim entsprechenden Konsulat im Heimatland beantragt. Hinsichtlich eines Nichteinwanderungsvisums kann der Antragsteller frei zwischen Berlin (DE), Frankfurt a. M. (DE), München (DE), Wien (AT) oder Bern (CH) als Antragsort wählen.

Für ein Nichteinwanderungsvisum muss zunächst das Antragsformular DS-160 ausgefüllt und die Visagebühr bezahlt werden. Erst dann kann der Antragsteller den notwenigen Interviewtermin bei der zuständigen Botschaft vereinbaren.

Bei dem Visumsgespräch sind folgende Unterlagen in jedem Fall mitzubringen:

- Reisepass, der bei Ausreise aus den USA noch sechs Monate gültig ist
- das ausgefüllte Antragsformular DS-160
- aktuelles Passfoto
- Terminbestätigung.

Ja nach Visumskategorie sind noch weitere Dokumente erforderlich (z. B. die Heiratsurkunde). In manchen Fällen (Visum ohne Arbeitserlaubnis) ist der Nachweis einer finanziellen Unterstützung erforderlich. Dies ist oft nicht explizit vorgeschrieben, kann aber bei der Ausstellung eines längeren Besucher- oder Studentenvisums von Bedeutung zu sein.

Auch wird ein Nachweis darüber verlangt, dass man vorhat die USA wieder zu verlassen.

Ein Einwanderungsvisum kann dagegen nur beim Konsulat in Frankfurt beantragt werden. Befindet sich der Antragsteller bereits in den USA, muss er sich wegen eines Einwanderungsvisums an das U.S. Citizenship and Immigration Services (USCIS) wenden.

Um ein Einwanderungsvisum beantragen zu können, muss zunächst ein U.S.-Staatsbürger (z. B. Ehegatte, qualifizierter Verwandter oder Arbeitgeber) eine Einwanderungsvisa-Petition beim USCIS einreichen. Erst wenn das USCIS diese Petition genehmigt hat, kann das Einwanderungsvisum über die Konsulatsabteilung in Frankfurt beantragt werden.

Auch bei einem Einwanderungsvisum müssen zunächst die entsprechenden Visagebühren bezahlt werden, bevor ein Interviewtermin anberaumt wird. Des Weiteren wird ein polizeiliches Führungszeugnis des Antragstellers verlangt und der Antragsteller muss sich noch vor seinem Interview einer ärztlichen Untersuchung durch einen hierzu autorisierten Arzt unterziehen. Eine entsprechende Anleitung und Instruktionen wird dem Antragsteller durch das Konsulat zusammen mit dem Interviewtermin mitgeteilt.

Da sich die Anforderungen an die Visavergabe und die benötigten Unterlagen aber stetig verändern, sollte vor der Antragstellung nochmals der aktuelle Stand der Visaregelungen bei der jeweiligen amerikanischen Botschaft oder Konsulat des Heimatlandes erfragt werden.

9.5.3 Nichteinwanderungsvisa

Einige Visa in dieser Kategorie enthalten eine Arbeitserlaubnis, andere hingegen nicht. Es wird ausdrücklich darauf hingewiesen, dass eine Person, welche ohne Arbeitserlaubnis eine bezahlte Beschäftigung ausübt, die Berechtigung zum weiteren Aufenthalt in den Vereinigten Staaten verliert.

Visa ohne Arbeitserlaubnis
In manchen Fällen reicht ein Visum ohne Arbeitserlaubnis auch für Geschäftsreisende aus, z. B. für den Besuch von Fachmessen oder Konferenzen, für das Aushandeln und Unterzeichnen von Verträgen, für innerbetriebliche Ausbildung oder um Projekte mit US-amerikanischen Kollegen zu besprechen, sofern dieser Aufenthalt 90 Tage nicht überschreitet. Bei Überschreitung der 90-Tagesgrenze muss ein sog. B1-Visum beantragt werden. Der Aufenthaltszweck ist die Förderung der Geschäfte des ausländischen Arbeitgebers. Die Entlohnung muss durch den heimatlichen Arbeitgeber erfolgen und nicht vom amerikanischen. Selbstständige Dienstleistungstreibende (z. B. *consultants*), die aus US-Quellen bezahlt werden, erhalten kein „B1"-Visum. In der Regel wird das Aufenthaltsrecht bis zu sechs Monaten gewährt.

Das sog. B2-Visum gilt für Touristen, die sich länger als 90 Tage im Land aufhalten wollen. Es gilt ebenfalls für medizinische Behandlung, Teilnahme an Veranstaltungen oder für Angehörige von Geschäftsreisenden. Der Aufenthalt ist auf sechs Monate (mit der Möglichkeit einer Verlängerung auf ein Jahr) begrenzt, wobei die Gültigkeitsdauer des Visums mehrere Jahre betragen kann.

Da Reisen in die USA aus geschäftlichen und touristischen Zwecken oftmals miteinander verbunden werden, kann auch ein kombiniertes B1/B2 Visum beantragt werden.

Visa mit Arbeitserlaubnis

Um ein Visum mit Arbeitserlaubnis zu erhalten, muss der Antragsteller bereits einen Arbeitgeber in den USA gefunden haben. Der Arbeitgeber muss in den USA eine Petition auf eine Arbeitsgenehmigung für den Antragsteller einreichen. Sobald das zuständige USCIS die Petition genehmigt hat, kann der Visumantrag gestellt werden. Die Visa werden nur mit einer zeitlichen Beschränkung erteilt, innerhalb der die ausländische Arbeitskraft in den Vereinigten Staaten tätig sein darf. In einigen Fällen können diese Fristen von der US-amerikanischen Einwanderungsbehörde verlängert werden, damit die Tätigkeit abgeschlossen werden kann. Anschließend muss der ausländische Arbeitnehmer jedoch eine bestimmte Zeit im Ausland verbringen, bevor er erneut eine befristete Tätigkeit unter einer der aufgeführten Klassifikationen aufnehmen darf.

Die hier maßgeblichen Visa mit Arbeitserlaubnis sind in folgende Kategorien aufgeteilt:

- L-1 Visa – Kategorie:
  Das L-1 Visum ist für firmeninterne Versetzungen vorgesehen. Der Arbeitnehmer muss innerhalb der drei Jahre vor Antragstellung mindestens ein Jahr ständig bei dem Arbeitgeber beschäftigt gewesen sein, der ihn in die USA versetzt. Dort muss der Arbeitnehmer dann bei einer Filiale, der Muttergesellschaft, einem angeschlossenen Unternehmen oder einer Tochtergesellschaft desselben Arbeitgebers (mind. 50 % Eigentumsidentität) in einer Managerfunktion, als leitender Angestellter oder spezialisierte Fachkraft tätig werden. Das Visum wird für drei Jahre ausgestellt, kann jedoch für Mitarbeiter um zwei Jahre und für leitende Angestellte um weitere 3 Jahre verlängert werden.
- H-1B Visum:
  Das H-1B Visum ist für Personen mit einer besonderen beruflichen Qualifikation vorgesehen. Diese Qualifikation muss weiterhin auch Voraussetzung für die in den USA zu besetzenden Position sein. Das H-1B Visum ist an den jeweiligen Arbeitsplatz gebunden und kann für bis zu sechs Jahre ausgestellt werden.
  Für ein L-1 oder ein H-1B Visum muss der US-amerikanische Arbeitgeber zunächst eine Petition für Arbeitnehmer im Nichteinwanderungsstatus, Formblatt I-129, beim USCIS einreichen. Erst wenn das USCIS die Petition genehmigt hat, kann das Visum beim zuständigen Konsulat beantragt werden.

- E-Visa – Kategorie:
  E-Visa werden aufgrund von Handelsabkommen zwischen den USA und bestimmten Ländern, u. a. Deutschland, genehmigt. Sie erlauben den Visumsinhabern, in den USA zu leben und dort Handel oder Investitionen zu verwalten.
  Ein E-1 Visum kann beantragen, wer deutscher Staatsangehöriger ist und für eine deutsche Firma arbeitet, die Handel im Sinne des Immigration *Nationality Act* (INA) betreibt. Der Handel muss beträchtlich sein und zwischen den USA und Deutschland stattfinden.
  Ein E-2 Visum kommt in Betracht, wenn der Antragsteller deutscher Staatsangehöriger ist und er selbst oder der Inhaber der Firma, für die er arbeitet, bereits investiert hat oder gerade dabei ist, zu investieren. Weiterhin ist es Voraussetzung, dass in den aktiven Betrieb eines neu errichteten oder bereits bestehenden Geschäftsbetrieb in den USA investiert wird und die Investition erheblich ist. Hierfür ist eine Investitionssumme von US$ 100.000 als Richtwert anzunehmen.
  Für ein E-Visum muss dem Visumsantrag zusätzlich ein vollständig ausgefülltes Formular DS-156E beigefügt werden.

9.5.4 *Green Card* – Einwanderungsvisum

Wer Inhaber eines Einwanderungsvisa ist, dem wird nach der Einreise in die USA eine Permanent Resident Card, besser bekannt als „Greencard", ausgestellt. Diese berechtigt den Inhaber zum unbefristeten Aufenthalt in den USA und ist gleichzeitig auch eine unternehmensunabhängige Arbeitserlaubnis.

Personen, die über außerordentliche berufliche Erfahrungen oder Qualifikationen verfügen, wie etwa Professoren, Wissenschaftler, Manager oder Personen mit einem höheren akademischen Abschluss, werden bei *green card*-Anträgen bevorzugt behandelt. Außerdem können Unternehmer, die in ein neues Geschäft in den Vereinigten Staaten investieren wollen (E-Visum), eine *green card* beantragen.

Im Gegensatz zu den beschäftigungsabhängigen Nichteinwanderungsvisa ist die *green card* nicht mehr an ein bestimmtes Unternehmen gebunden. Aus steuerlicher Sicht ist darauf zu achten, dass man als *permanent resident* mit seinem weltweiten Einkommen in den Vereinigten Staaten steuerpflichtig ist.

Die Daueraufenthaltsberechtigung kann auf zwei Wegen erlangt werden:

- Arbeitsbezogene Immigration: man kann ein Angebot auf eine dauerhafte Beschäftigung vorweisen.
- Familienbezogene Immigration: man erfüllt die Voraussetzung aufgrund entsprechend enger familiärer Bindungen zu einem US- Staatsangehörigen oder einer Person, die sich dauerhaft und legal in den USA aufhält.

Wenn sich ein Ausländer bereits mit einem Nichteinwanderungsvisum in den Vereinigten Staaten aufhält, kann er den Wechsel auf eine *green card* beantragen, sofern er die USA legal betreten hat und die Voraussetzungen für ein Einwanderungsvisum grundsätzlich erfüllt.

Zu Beginn wird die *green card* auf zwei Jahre befristet ausgestellt, um Missbrauch (z. B. Scheinehen) vorzubeugen. Danach wird eine Green Card jeweils um 10 Jahre verlängert.

Insgesamt werden ca. 140.000 *green cards* pro Jahr vergeben. Erhält man seine *green card* nicht in dem Jahr der Antragstellung, so wird man auf eine Warteliste gesetzt und erhält das Visum zum nächstmöglichen Termin.

Alternativ zur Erlangung der Green Card auf dem oben genannten Weg gibt es noch die Möglichkeit, eine Green Card im Rahmen der sogenannten *Diversity Visa Lottery* zu erhalten. Hierbei werden jährlich ca. 50.000 Green Cards mittels einer kostenlosen Lotterie an Ausländer vergeben, die die Green Card unter normalen Umständen nicht erhalten würden. Dieses System wird von beiden Seiten des politischen Spektrums kritisiert, sodass eine Abschaffung des Lotterieverfahrens in Zukunft möglich erscheint.

9.5.5 Einbürgerung

Von den oben angeführten Aufenthaltsgenehmigungen ist die Einbürgerung zu unterscheiden. Daueraufenthaltsberechtigte mit rechtmäßig erlangtem Status können Staatsbürger der USA werden.

Sie müssen zum Zeitpunkt der Antragstellung seit mindestens fünf Jahren in den USA mit „permanent resident" Status, also als Inhaber einer Green Card, wohnhaft oder seit mindestens drei Jahren in den USA mit einem U.S.-Staatsbürger verheiratet und zusammenlebend sein. Darüber hinaus muss dieser eine bestimmte Zeit in den USA gelebt haben und muss dort auch gemeldet gewesen sein. Schließlich werden auch hinreichende Englischkenntnisse sowie die Anerkennung der US-amerikanischen Werte, Gesetze und Verfassung vorausgesetzt.

Das Recht der USA erlaubt es Amerikanern auch die Staatsangehörigkeit weiterer Staaten zu besitzen. Für Bürger aus Deutschland, Österreich und der Schweiz regelt das nationale Recht die Frage, ob eine Doppelstaatsbürgerschaft möglich ist. So gilt beispielsweise ein Schweizer, der auch die amerikanische Staatsbürgerschaft besitzt, auf dem Boden der Schweiz als Schweizer und als Amerikaner in den USA. Nach deutschem Recht dagegen verliert ein Deutscher grundsätzlich seine deutsche Staatsangehörigkeit, sobald er sich in einem anderen Staat einbürgern lässt. Der Verlust der deutschen Staatsangehörigkeit kann vermieden werden, indem vor der Einbürgerung eine Beibehaltungsgenehmigung beim zuständigen Konsulat eingeholt wird.

Interkulturelle Beobachtungen

10

Gerhard Apfelthaler

> *Americans are from Mars, Europeans are from Venus: they agree*
> *on little and understand each other less and less.*
>
> Robert Kagan

So wichtig technisches Wissen über Firmengründung, Finanzierung, Personalrekrutierung für den US Markteintritt auch ist, so gilt es ebenfalls auch interkulturelles Verständnis im Umgang mit den Vereinigten Staaten zu entwickeln. Auf den ersten Blick erscheint vielerlei in den USA und Europa ja ähnlich zu sein, dennoch gibt es aber teils fundamentale und nicht immer gleich erkennbare Unterschiede. Sowohl in der Phase der Geschäftsanbahnung als auch in der Abwicklung ist es unumgänglich, diese Unterschiede zu kennen und zu berücksichtigen, um entsprechenden Geschäftserfolg in den USA realisieren.

10.1 Der Mythos „des Amerikaners"

Von *den Amerikanern*, also einem typischen oder gar repräsentativen Vertreter der US-Kultur zu sprechen ist natürlich eine Verallgemeinerung. Wie Europäer so sind auch Amerikaner je nach regionaler Herkunft, Erziehung, persönlicher Lebenserfahrung, und noch vielen anderen Kriterien mitunter stark voneinander verschieden. So wie Amerikaner von *den* Deutschen sprechen und sich kaum über die nicht unerheblich unterschiedlichen Mentalitäten von Hanseaten, Franken oder Schwaben bewusst sind, so ist natürlich auch *der Amerikaner* ein noch nicht gesichtetes Fabelwesen. Amerikakenner wissen, dass die Mentalitätsunterschiede zwischen Südwesten, Mittelwesten und Nordosten teilweise erheblich sind. Ist man

G. Apfelthaler (✉)
Los Angeles, USA
E-Mail: office@atconsult.com

© Springer-Verlag GmbH Deutschland, ein Teil von Springer Nature 2019
N. Buch und S. C. Oehme (Hrsg.), *Firmengründung in den USA*,
https://doi.org/10.1007/978-3-662-58422-4_10

lange von etwa fünf verschiedenen Regionalkulturen in den USA ausgegangen, so gibt es
heute Meinungen, die gar von elf kulturell deutlich unterscheidbaren Kulturen in den USA
sprechen. Da wird z. B. die „Left Coast", jener enge Küstenstreifen, der von Südkalifornien
bis in den Bundesstaat Washington reicht, als deutlich unterschiedlich vom „Far West", welcher mehrere Bundesstaaten um die Rocky Mountains umfasst, und auch dem sogenannten
„El Norte", der sich von vom Süden Arizonas über New Mexico bis nach Texas erstreckt,
gesehen. Einwanderung aus verschiedensten Weltregionen, verschiedenste Kolonialver-
gangenheiten, und unterschiedliche wirtschaftliche Entwicklungsstandards haben jeweils
zusätzlich dazu beigetragen, dass die USA die Bezeichnung eines „Melting Pot" hinreichend
verdient haben. Trotz dieser komplexen Vielfalt kann man dennoch eine Menge an kulturspezifischen Gemeinsamkeiten innerhalb dieses vielfältigen Landes identifizieren. Die dazu
nachfolgenden Ausführungen sind hingegen immer nur als Beginn, als gewissermaßen der
kleinste gemeinsame Nenner zu verstehen, sowie als Anregung zur weiteren Beschäftigung
mit diesem Thema (s. auch Literaturverzeichnis).

10.2 Amerikanische Mythen

Interkulturelles Verständnis ist immer dort gefragt, wo es um Austauschbeziehungen zwischen Menschen aus unterschiedlichen Kulturen geht. So wie Fremdsprachenkenntnisse
für eine reibungslose Kommunikation nötig sind, so ist es ebenso wichtig, Verhaltens-
muster richtig deuten zu können, um zu einem gemeinsamen Verständnis zu gelangen.
Gerade in den USA ist dies kein leichtes Unterfangen. Die dynamische Bevölkerungsentwicklung – so wird bis 2050 nicht nur ein Ansteigen der Bevölkerungszahl von zurzeit
323 Mio. auf ca. 438 Mio. Menschen erwartet, sondern auch eine immer deutlichere ethnische und sprachliche Diversität – macht es bei näherem Hinsehen gar nicht so einfach
zu definieren, was typisch amerikanisch, sozusagen der Mehrheitskultur entsprechend ist.
Lange schon nicht mehr repräsentieren die WASPs („White Anglo Saxon Protestants")
überall die USA. An manchen Orten wird sogar davon gesprochen, dass die neue Mehrheit
in den USA die Diversität selbst sei – also gewissermaßen kulturneutrale Räume, in denen
unterschiedlichste kulturelle Werte koexistieren. Dennoch gibt es aber noch immer eine
Handvoll an Themen – moderne Mythen und vielleicht sogar Grundwerte – welche Amerikaner wie auch Einwanderer, unabhängig ob aus Europa, Asien oder Afrika kommend,
internalisieren und infolge als typisch amerikanisch empfunden werden.

Der Begriff Mythos stammt aus dem Altgriechischen und bedeutet wörtlich übersetzt:
Wort, Erzählung, Sage. Mythen erklären die Welt und die sich in ihr abspielenden Vorgänge beziehungsweise interpretieren diese. Im Gegensatz zur Philosophie sind Mythen
nicht bewusst konzipiert und verfasst, sondern kommen aus dem Unbewussten einer
Gruppe, eines Volkes. Die Kraft des Mythos liegt im kollektiven Empfinden, die den
Zusammenhalt innerhalb einer Gruppe beziehungsweise einer Nation fördert, Identität
stiftet und zur Integration in der Gemeinschaft beiträgt. Und wenngleich Mythen oft auch
einen wahren Kern haben, so ist es doch auch eine Eigenschaft des Mythos, dass dieser

nicht immer (oder nicht mehr) ganz den Tatsachen entspricht. Einige dieser modernen Mythen und Grundwerte, die die amerikanische Gesellschaft und Arbeitswelt bestimmen, sind zum besseren Verständnis nachfolgend kurz beschrieben.

10.2.1 Der Mythos des *Melting Pot*

Die USA als Einwanderungs- und Vielvölkernation benötigten von Anbeginn Symbole, welche das Gemeinsame betonen und so aus unterschiedlichsten ethnischen Gruppierungen eine homogene Nation schaffen. Der Mythos des *melting pot*, die USA als Schmelztiegel von Einwanderern unterschiedlichster Nationalitäten, bringt dies zum Ausdruck.

Amerikaner wird man durch Einwanderung, angezogen von wirtschaftlichen Möglichkeiten, aber mehr noch durch Adoption eines gewissen, typisch amerikanischen Lebensstils, der von einer Vielzahl von Symbolhandlungen geprägt ist. Egal woher man kommt, in der Vorschule werden z. B. Kinder dazu erzogen, „sie selbst zu sein", in der Schule wird morgens zu Unterrichtsbeginn Fahnentreue geschworen, später beteiligt man sich an einem Teamsport wie American Football oder Baseball, danach folgt der Aufstieg entlang der Karriereleiter in Unternehmen, man feiert gemeinsam Halloween und schmeißt mit Freunden Partys zur Superbowl. Subtile Unterschiede werden dabei scheinbar abgeschliffen, und im Melting Pot amalgamiert.

Die Kinder von Einwanderern sind bereits Amerikaner durch Geburt, dies unabhängig vom rechtlichen Einwanderungsstatus ihrer Eltern. Sofern man auf amerikanischem Boden geboren wird, gilt man als *first generation american* und hat somit automatisches Anrecht auf die amerikanische Staatsbürgerschaft. Letztlich bleibt aber dennoch auch das Bewusstsein einer eigenen ethnischen Gruppe anzugehören, über mehrere Generationen bestehen. Dieses Bewusstsein wird als Bestandteil der eigenen amerikanischen Identität gesehen, und wird durch entsprechende Traditionen gepflegt. So veranstalten die meisten Volksgruppen auch Paraden und Umzüge zu ihren Nationalfeiertagen. Ethnische Gruppen leben oft auch in Großstädten lokal in eigenen Bezirken zusammen, ein Phänomen, das vor allem, aber nicht nur, in den traditionellen Einwanderungsstädten *(New York, Miami, Chicago, Los Angeles, San Francisco)* über mehrere Generationen hinweg beobachtbar ist. Man ist als Amerikaner gleichzeitig auch Pole, Russe, Chinese, Grieche, also gewissermaßen mehr Teil eines „Fruit Salads" als eines „Melting Pots".

10.2.2 God bless America

...in God we trust. Dies drückt nicht nur das religiöse Empfinden der Amerikaner aus, sondern vor allem das Sendungsbewusstsein der Vereinigten Staaten, eine *auserwählte* Nation zu sein. Und ihre Beziehung zum Geld, ist doch dieser Satz auf den Dollarbanknoten zu finden, ist damit ebenfalls auf den Punkt gebracht: *God bless America – in our dollars we trust.*

Auch wenn sie mitunter die USA oder gar ihren Bundesstaat niemals verlassen haben, so sind Amerikaner grundsätzlich überzeugt, damit gesegnet zu sein, im *besten* Land der Welt zu leben, in einem Land das mit Wohlstand, Freiheit und unzähligen Entfaltungsmöglichkeiten für das Individuum gesegnet ist: *„America is the greatest planet on earth"*, wie es einem US-Präsidenten einmal herausgerutscht ist. Dafür sind Amerikaner dankbar, denn als Nation ehemaliger Einwanderer sind sie – oder zumindest ihre Vorväter – einer Welt entkommen, in der diese Werte keine Selbstverständlichkeit sind. Diese Einstellung spiegelt sich auch im Symbolcharakter des *Thanksgiving* Feiertages wider. *Thanksgiving* ist nicht nur das überlieferte Erntedankfest der ersten eingewanderten Puritaner, sondern vielmehr ein allgemeiner Feiertag des Danksagens. *Thanksgiving* ist sicherlich neben dem 4. Juli, dem *Independence Day,* der für die Kollektivseele Amerikas wichtigste Feiertag.

Zunächst seit den Ereignissen um den 11. September 2001, danach durch Jahre des Konflikts im Irak und in Afghanistan, und zuletzt durch starke Veränderungen in der US-Politik hat *„God bless America"* neue Bedeutung gewonnen. Der Satz ist omnipräsent, regelmäßig auf *billboards,* in Reklamen und sonstigen Medien zu sehen und wird wieder standardisiert von Politikern zum Abschluss öffentlicher Reden verwendet. Man kann sich des Eindrucks nicht erwähren, dass Amerikaner eine neue Schwäche, Unsicherheit und Ungewissheit ihre Zukunft und ihr *homeland* betreffend, verspüren und dadurch um so öfter und deutlicher den Schutz einer Allmacht suchen.

10.2.3 The Pursuit of Happiness

Thomas Jefferson, dritter Präsident der USA und Hauptverfasser der Unabhängigkeitserklärung, der *Declaration of Independence,* hält darin das Recht, nach einem glücklichen Leben zu streben, ausdrücklich fest. Jefferson schreibt:

> We hold these truths to be self-evident: that all men are created equal, that they are endowed by their creator with certain inalienable rights. Among these are life, liberty and the pursuit of happiness.

Als Ausgangspunkt und Grundgedanken wird man „das Recht auf Glück" wohl kaum in einer europäischen Rechtsordnung finden. Jefferson, beseelt vom Toleranzgedanken der Aufklärung, wollte damit das ethische Ideal des gerechten Staates festschreiben, das dem Einzelnen das Recht auf freie Religionsausübung gewährt, beziehungsweise das Recht sein Leben gemäß eigener, individueller Regeln zu führen. Und dieses Recht auf Selbstverwirklichung ist auch heute noch eines der zentralsten Elemente der US-Kultur. Schon im jüngsten Altern werden Kinder dazu geführt ihre eigene Identität zu finden. Es gilt der Glaube daran, dass in jedem das Potenzial zu Großem schlummert, das eben nur entdeckt und gefördert werden möchte. Mit fortschreitendem Alter werden Kinder angehalten, sich in unterschiedlichsten künstlerischen, sportlichen, oder karitativen

Tätigkeiten zu versuchen, um ihren eigenen Weg zu finden und ihre Persönlichkeit zu bilden. Und gerade in den letzten Jahren wurde es immer wichtiger und auch immer mehr akzeptiert, dass dieser Teil der Selbstfindung auch ein positives, offenes und bedingungsloses Bekenntnis zu unterschiedlichster ethnischer Herkunft, Behinderungen, oder sexueller Orientierung einschließt. Man darf in den USA man selbst sein, und ist kaum an gesellschaftliche Erwartungen gebunden.

10.2.4 Das Land der unbegrenzten Möglichkeiten

Neben all den geschäftlichen Beweggründungen, die letztlich für eine Expansion in die USA ausschlaggebend sind, wird immer wieder als intuitives Motiv der Glaube an „das Land der unbegrenzten Möglichkeiten" angeführt. Auch Amerikaner sind davon überzeugt, im *land of opportunity* zu leben. Und der Glaube „*anything goes*" wird immer wieder bestätigt. Auch wenn sozio-ökonomische Daten schon lange nicht mehr den amerikanischen Traum, es vom Tellerwäscher bis zum Millionär zu schaffen, bestätigen, so treibt dieser dennoch Menschen weiterhin zur Leistung an. Ob es sich um einen Landschaftsgärtner in den Vororten von Los Angeles handelt, oder den angehenden Rechtsanwalt in New York, sie alle werden vom Traum vom Aufstieg und einem besseren Leben geleitet. War diese Vorstellung von den USA als dem Land der unbegrenzten Möglichkeiten in früherer Zeit hauptsächlich darauf aufgebaut, dass man mit harter Arbeit entlang von erprobten Aufstiegspfaden hinaufarbeiten konnte, so ist es heute oftmals ein anderer Pfad. Einerseits haben die Mitglieder der Familie Kardashian vorgelebt, wie man es ohne besonderes Talent und mit kaum formaler Ausbildung zu Bekanntheit und Wohlstand bringen kann; andererseits aber hat aber auch die unglaubliche Innovationskraft des Silicon Valleys und anderer Start-Up Ökosysteme in den USA gezeigt, dass mit Kreativität, Einsatz und Geschick auch vieles möglich ist. Das Erreichen unbegrenzter Möglichkeiten besteht dabei nicht nur in der Schaffung unglaublichster Unternehmenswerte in kürzester Zeit, sondern auch das Erreichen ambitionierter Ziele, und das Schaffen ganz neuer Industrie- und Technologiesparten.

10.3 Das *Value System* der amerikanischen Arbeitswelt

Die Unterschiede zwischen deutschsprachiger und amerikanischer Arbeitswelt mögen auf den ersten Blick gar nicht so deutlich zu sein, nicht zuletzt aufgrund der hohen Aufmerksamkeit, die die amerikanische Managementliteratur im deutschen Sprachraum findet. Dennoch sind es tendenziell Werte wie Sicherheit, Genauigkeit, Loyalität zum Unternehmen, die prägenden Charakter in der deutschsprachigen Arbeitswelt haben und sich teilweise erheblich vom amerikanischen *value system* unterscheiden. Einige Elemente des arbeitsrelevanten Wertesystems wollen wir im Folgenden beleuchten.

10.3.1 *Work and Recreation* – Arbeit und Urlaub

Die amerikanische Gesellschaft misst den Themen Arbeit, Effizienz und Zeitmanagement eine sehr hohe Bedeutung bei. Natürlich dient Arbeit zunächst dem Erwerb materieller Werte, aber die mit einem *Job* verbundene identitätsstiftende Bedeutung ist sehr hoch. Man definiert sich über seine Tätigkeit, und es ist nicht unüblich, dass in den ersten Minuten einer Konversation mit einem Unbekannten sofort die Sprache auf die Art der Berufstätigkeit, die Karriere, die eigenen Erfolge, und selbstverständlich das Gehalt kommt. Arbeitslosigkeit ist daher gesellschaftlich verpönt, und um dieser zu entgehen, sind Amerikaner auch durchaus gerne einmal bereit, einen belanglose *Job* zu akzeptieren, auch wenn dieser nicht dem eigenen Ausbildungsgrad oder dem letzten Gehaltsniveau entspricht, anzunehmen.

Ebenso wie Amerikaner von Ihrer Arbeit besessen sind, wird großer Wert auf Effizienz gelegt. „*To get the job done*" und noch dazu am besten auf eine rasche, neue und unkonventionelle Weise ist eine ganz typisch amerikanische Eigenschaft. Aufgaben werden nicht zuerst nach ihrer Sinnhaftigkeit hinterfragt, sondern tendenziell gleich erledigt. Daher findet man auch in vielen amerikanischen Unternehmen eine geringere Planungsorientierung, und eine stärkere Bereitschaft zu einem „*Trial and Error*". Es wird oft mit einem Minimum an Vorbereitung oftmals mit einer vorgefertigten Standardlösung an ein Problem herangegangen, und dann, wenn nötig, im Zuge fortschreitender Tätigkeit nach adjustiert. Dies hat wohl auch mit der Einstellung des „*time is money*" zu tun. Diese ist wohl vielen Menschen bekannt, und sie bestimmt oftmals auch das Alltagsleben. Pünktlichkeit wird nicht nur als Tugend, sondern als Selbstverständlichkeit gesehen, Besprechungen, Konferenzen und sogar Cocktail-Veranstaltungen oder Abendessen sind zeitlich genau geplant – sie beginnen nicht nur pünktlich, sondern enden auch zum vorgegebenen Zeitpunkt.

Freizeit wird vor allem als *recreation* für die Arbeit gesehen, und auch da sind Amerikaner üblicherweise *busy*. Es gehört einfach zum guten Ton ständig beschäftigt zu sein, und Zeit wird nicht einfach nur totgeschlagen, sondern sie wird ständig mit Aktivitäten gefüllt.

Der Urlaubsanspruch des Einzelnen ist in der Regel viel geringer als im europäischen Raum und dies bedeutet – ab einer gewissen Mindestzugehörigkeit zum Unternehmen – durchschnittlich zwei Arbeitswochen pro Jahr. Die USA hat kein Arbeitsrecht, das verpflichtenden Urlaub vorsieht, und üblicherweise wird von Mitarbeitern eine Woche bis höchstens zwölf Arbeitstage Urlaub beansprucht. Häufiger werden auch einfach verlängerte Wochenenden in Anspruch genommen, die sich durch etwaige gesetzliche Feiertage anbieten. Sehr beliebt sind hier zu Sommeranfang das *Memorial Day Weekend* und zu Sommerende, das *Labor Day Weekend*.

10.3.2 *Achievement and Success* – Leistung und Erfolg

Die USA sind eine sehr leistungsorientierte Gesellschaft. Leistung und Erfolg, unabhängig in welchem Beruf erbracht, führen zu gesellschaftlicher Anerkennung. Persönliche Leistung wird vor allem durch materielle Werte dokumentiert, und – im Gegensatz zu europäischem Understatement – gerne auch anderen gegenüber gezeigt.

Die Leistungsorientierung beginnt in den USA bereits im frühen Kindheitsalter. Im Sinne positiver Verstärkung werden amerikanische Kinder für kleinste Leistungen, die in Deutschland oder Österreich keiner Bemerkung wert gesehen werden, gelobt. Bei Sportbewerben ist es heute z. B. durchaus üblich, dass nicht nur Sieger Trophäen erhalten, sondern auch alle anderen Teilnehmer eine „Participation Trophy" erhalten. Und an Schulen ist es z. B. auch geläufig, dass zu Ende des Schuljahres eine Reihe unterschiedlichster Preise vergeben werden, die so mannigfaltig sind, dass nahezu jedes Schulkind mit einer Art von Preis bedacht wird – alles nur im Sinne der Anerkennung. Als Mittel zur Verhaltensänderung werden vor allem Lob und Anerkennung, nicht aber Kritik angewandt. Bewertungsskalen sind positiv ausgerichtet auch wenn sie letztlich gleiches wie im deutschen Sprachraum ausdrücken. Es kommt eben darauf an, wie eine Botschaft mitgeteilt wird.

Leistung ist für Amerikaner zwar durchaus mit harter Arbeit verbunden, vor allem aber mit Erfolg. *Hard work* ohne ein entsprechendes Resultat zu erreichen, zählt kaum. Die Leistungserreichung wird in der Regel mit finanzieller Vergütung beziehungsweise beruflichem Aufstieg belohnt. Beförderungen werden von amerikanischen Mitarbeitern früher und öfter als im deutschen Sprachraum erwartet. In großen Unternehmen werden Beförderungen durchaus im Jahresrhythmus, beziehungsweise auch rascher ausgesprochen. Kriterium hierbei ist in erster Linie Leistung, die Seniorität im Unternehmen oder auch informelle Netzwerke spielen im Vergleich zu Europa eher eine untergeordnete Rolle.

10.3.3 *Material Comfort* – Materielle Orientierung

Durchaus im Einklang mit der Leistungsorientierung, sind Amerikaner sehr materialistisch orientiert und legen großen Wert auf Konsum und materielle Güter. Autos sind durchschnittlich größer als in Europa, Familienhäuser ebenso. Dies hat nicht zuletzt damit zu tun, dass materielle Güter herausragend Leistung, Überlegenheit, und gesellschaftlichen Status signalisieren. Die für Europa eher dominierenden Aspekte von Sicherheit und Bequemlichkeit, die materieller Wohlstand zumeist mit sich bringt, sind in den USA eindeutig nachrangig. Amerikaner definieren sich gerne über die Güter, die sie besitzen oder konsumieren. Konsum spielt eine sehr wichtige Rolle im amerikanischen Alltagsleben. Die *shopping mall,* die in vielen amerikanischen Kleinstätten das Orts- beziehungsweise Stadtzentrum ersetzt, wird trotz explosiven Wachstums von Internetshopping und Zustelldiensten nach wie vor gerne besucht.

Die finanzielle Leistungsvergütung spielt in der Arbeitswelt eine im Vergleich zum deutschen Sprachraum bei weitem wichtigere Rolle. Amerikanische Manager sind viel stärker kurzfristig und finanziell orientiert und neigen dazu den *return on investment* zum Maßstab aller Dinge zu sehen. Karrieresprünge bedeuten fast immer Gehaltssprünge und selbst enge Freunde stehen offen miteinander im Wettbewerb darum, wer denn das höhere Gehalt habe oder den größeren Bonus bekomme. In den USA ist es auch viel üblicher als in Europa, dass Gehälter an die individuelle Leistung gekoppelt sind. Die Vorstandschefs der im *DowJones*-Aktienindex gelisteten Unternehmen verdienen im Schnitt das 200fache des Durchschnittseinkommens eines amerikanischen Arbeiters, im deutschen Sprachraum liegt dieses Verhältnis bei etwa 20, und oftmals sind deren Gehälter von der Entwicklung des Aktienkurses abhängig.

10.3.4 *Equality* – Gleichheit

Die amerikanische Betonung der *equality* liegt vor allem im Sicherstellen der Chancengleichheit für das Individuum in der Gesellschaft. Unabhängig von der Herkunft oder von Umständen soll dem Einzelnen die Möglichkeit zur Entfaltung seines Potenzials gegeben werden. Niemand soll wegen seines Alters, Geschlechts, Hautfarbe, sexueller Orientierung, religiösen Bekenntnisses oder anderer Faktoren die Möglichkeit verweigert werden, seine (ihre) Leistung unter Beweis zu stellen. Dies ist nicht nur ein Prinzip, das stark in der amerikanischen Seele verankert ist, sondern das auch vor Gericht oder Gleichbehandlungskommissionen einklagbar ist.

Dem Gleichheitsimperativ widersprechend sind die USA interessanterweise aber auch eine ausgeprägte Klassengesellschaft. Auch wenn für den deutschsprachigen Beobachter zunächst der informelle Charakter in der Kommunikation zwischen amerikanischen Vorgesetzten und seinen Mitarbeitern auffällt, so sind die hierarchischen Unterschiede in der Unternehmensorganisation zumeist viel deutlicher ausgeprägt als im deutschen Sprachraum. Obwohl im persönlichen Gespräch Rangunterschiede keine ersichtliche Rolle spielen und Sitzordnungen zumeist ungezwungen sind, ist die Hierarchie beispielsweise an der innerbetrieblichen Titelstruktur und deren geradezu militärisch anmutender Bezeichnungen erkennbar, und oftmals wiederum auch im Gehaltsschema, sowie sogar in Details wie der Bürogröße, des Mobiliars, etc. abgebildet (Tab. 10.2).

10.3.5 *Freedom* – Freiheit

Freiheit ist Amerikanern sicherlich der wichtigste Grundwert, den alle Bereiche der amerikanischen Gesellschaft für sich beanspruchen. Auch wenn sie dann und wann unter Beschuss steht, so ist Freiheit als Postulat der Politik (*„free and open society"*), der Wirtschaft (*„free trade and commerce"*) und der Presse (*„free press"* und vor allem *„freedom of speech"*) doch die grundlegende Basis für die individuelle Persönlichkeitsentfaltung.

Tab. 10.1 Amerikanische Titelstruktur

Chairman of the Board	Aufsichtsratsvorsitzender
Chief Executive Officer (CEO)	Geschäftsführer
President	Vorstandsvorsitzender bzw. Geschäftsführer; Hierarchiestufe unter *CEO*
Chief Operating Officer (COO)	Operativer Geschäftsführer
Chief Financial Officer (CFO)	Finanzchef
Executive Vice President	Hauptabteilungsleiter
Senior Vice President	Verschiedene Hierarchiestufen
Vice President	Vordefinierte Verantwortungsübernahme in einem vorgegebenen Aufgabenbereich
Business Assistant	Einstiegsposition in größeren Unternehmen

In den USA ist daher auch im Großen und Ganzen alles erlaubt, was nicht ausdrücklich verboten ist. Solange es nicht gegen die guten Sitten oder etablierte Gesetze geht, verstehen Amerikaner es als Grundrecht, sich selbst darzustellen, zu entwickeln und ihre Unabhängigkeit zu bewahren. Individualität wird als die Freiheit des Einzelnen verstanden, sich selbst zu finden und sich anders als die anderen zu verhalten – natürlich verbunden mit der Erwartung, dass man auch von anderen so akzeptiert wird, wie man sein möchte. Wo es in vielen Ländern Konformitätsdruck gibt, so gibt es in den USA einen gewissen Druck zur Selbstverwirklichung. Dies erklärt z. B. auch die für Europäer oftmals verblüffende Vielfalt des Angebots an Produkten und Dienstleistungen in vielfachen Variationen. Von dutzenden Variationen an Seminaren zur Selbstverwirklichung bis zu hunderten verschiedenen Energieriegeln im Supermarkt, pochen Amerikaner auf das Recht zu Auswahl und Individualisierung.

10.3.6 *Moral Orientation and Patriotism* – Moral und Patriotismus

Trotz aller Pragmatik ist den Amerikanern die Auseinandersetzung mit moralischen Fragestellungen ein ständiges Anliegen. Glaubensgemeinschaften spielen hier nach wie vor eine große Rolle. Mit hunderttausenden Kirchen und Gebetshäusern verfügt die USA über die weltweit höchste Dichte an religiösen Gemeinden. Der Protestantismus ist mit nahezu 50 % die wichtigste Religion, gefolgt vom Katholizismus, und mehr als 200 weiteren Glaubensbekenntnissen. Diese bieten ihren Mitgliedern Werteorientierungen an, und oftmals sind sie aber auch Zentrum des sozialen Lebens, und haben karitative Aufgaben.

Patriotismus, ein im deutschen Sprachraum – mit Ausnahme der Schweiz – nur beschränkt populärer Begriff, ist in den USA ein großes Thema. Amerikaner verstehen sich als Inbegriff der freien Welt. Amerikaner sind grundsätzlich stolz auf ihr Land, und scheuen auch nicht davor zurück dies in Wort und Tat zu vertreten. Es ist nicht unüblich, dass bei Konzerten und anderen Veranstaltungen die Nationalhymne angestimmt oder Fahnentreue geschworen wird. Symbole wie die amerikanische Flagge werden dementsprechend auch gerne zur Schau gestellt. Im Geschäftsleben hat daher „Made in USA" – gerade auch heute wieder – besonderen Stellenwert.

10.4   Geschäftsetikette: die ungeschriebenen Regeln

Wie in jedem Land ist es auch in den Vereinigten Staaten wichtig, die ungeschriebenen Regeln des Geschäftsverkehrs zu kennen. Als Europäer kann man sich zwar auf seinen Ausländerbonus stützen, jedoch wird die Kenntnis gewisser Umgangsregeln den Geschäftsablauf sicherlich positiv beeinflussen. Auch wenn es manchmal von Vorteil ist seine Andersartigkeit zu verwenden, so sollte auch dies nur bewusst eingesetzt werden. Grundsätzlich gilt: je besser man sich dem US Geschäftspartner gegenüber anpasst, desto positiver wird dies empfunden.

10.4.1 Höflichkeit

In einem Land wie den USA, das generell von Schnelllebigkeit geprägt ist, ist der erste Eindruck besonders entscheidend, was wunderbar in dem amerikanischen Spruch „There is never a second chance to make a first impression" zum Ausdruck kommt.

Höflichkeit wird in den Vereinigten Staaten generell groß geschrieben, wobei die Höflichkeit im deutschen Sprachraum viel zurückhaltender ist. In Gesprächen erkundigt man sich in den höchsten Tönen nach dem Befinden des anderen und verspricht bei der Verabschiedung ein rasches Wiedersehen. Das Wichtigste hierbei ist allerdings nicht der Inhalt, sondern der Ton in dem dies geschieht. Oft wirken derartige Begebenheiten für deutschsprachige Beobachter übertrieben und man sei gewarnt, den Inhalt als bare Münze zu nehmen. Es ist lediglich der Umgangston, der die ganz normale Form der Höflichkeit widerspiegelt und nicht mit echter Herzlichkeit verwechselt werden sollte.

Amerikaner sind informeller als deutschsprachige Geschäftsleute und gehen in der Anrede rasch auf den Vornamen des Gesprächspartners über. Um aber peinliche Situationen zu vermeiden, sollte darauf geachtet werden, wie sich das Gegenüber vorstellt, um dann die entsprechende Anrede zu wählen. Weiters sollten Dritte, die bei Gesprächen anwesend sind, ebenfalls unbedingt vorgestellt werden.

Informelle Kommunikationsgewohnheiten sowie die ständige Geschäftigkeit sollten nicht als unhöflich verstanden werden. Kurz gehaltene Antworten werden nicht als schroff empfunden. Im Gegenteil, ausführliche Kommentare sind zumeist nicht angebracht und führen beim Gesprächspartner nur zu Ungeduld und rufen Unverständnis hervor. So ist die ununterbrochen gestellte Frage *„How are you?"* beispielsweise eher rhetorisch gemeint und sollte nur mit: *„Fine, thank you, how are you?"* oder überhaupt nur mit einem

„How are you?" beantwortet werden. Längere Antworten sind in diesem Zusammenhang nicht erwünscht, und sollten, wenn überhaupt, allemal nur positive und niemals negative Aussagen, wie etwa über den Gesundheitszustand, Familien- oder Geschäftsprobleme, enthalten.

Generell wird im verbalen Umgang Freunden und Geschäftsleuten die gleiche Aufmerksamkeit geschenkt. Dies mag für den deutschsprachigen Europäer ungewohnt erscheinen, da dieser Freunden und Geschäftspartnern im Gespräch unterschiedlich begegnet.

Bei offiziellen Zusammenkünften sind persönliche Fragen durchaus zulässig. wobei der Begriff *persönlich* für Amerikaner eine andere Bedeutung hat. Fragen beschränken sich auf Hobbys, persönliche Interessen und Errungenschaften – niemals aber ernsthafte Themen der Politik, soziale Belange oder intime Details.

Amerikaner definieren sich selbst und andere nach der Art ihrer beruflichen Tätigkeit. Oft versuchen sie bereits in den ersten Minuten eines Gesprächs berufliche Details des Gegenübers herauszufinden. Berufliche Leistungen und Erfolge sind im amerikanischen Kulturkreis sehr wichtig und es beeindruckt einen amerikanischen Geschäftspartner, wenn diese explizit erwähnt werden. Oftmals fällt Europäern auch auf, dass amerikanische Manager viel häufiger die erste Person Einzahl („I") verwenden, wenn sie über die Leistungen ihres Unternehmens sprechen und nicht, wie es der gute Ton im deutschsprachigen Raum gebietet, die erste Person Mehrzahl („we"). Falsche Bescheidenheit ist in den USA jedenfalls fehl am Platz. Man kann ungeniert über seine beruflichen und schulischen Höhepunkte sprechen, aber auch die betreffende Aufmerksamkeit in diesen Belangen dem amerikanischen Gegenüber zumessen. Entsprechendes Feedback an passender Stelle (*„that's great"*, *„how wonderful"*), schafft somit eine positive Gesprächsatmosphäre.

10.4.2 Mündliche und schriftliche Kommunikation

Obwohl Amerikaner in ihrem Gesprächsverhalten ungezwungen und informell sind, ändert sich dies schnell bei schriftlicher Kommunikation. Wird im Gespräch und bei Präsentationen noch jeder englische Sprach- und Ausdrucksfehler verziehen, so gelten bei schriftlicher Festlegung gänzlich andere Regeln. Hier wird Präzision vorausgesetzt.

Geschäftsbriefe sollten klar und übersichtlich abgefasst werden. Höflichkeitsformen, aber keine langen Einleitungen sind gefragt. Eine gute Gliederung und das rasche Hervorheben der wichtigsten Punkte sind von großer Wichtigkeit. Gleiches gilt für E-Mail-Kommunikation, auch wenn diese, für den deutschsprachigen Europäer vielleicht erstaunlich, oftmals weder eine vollständige Anrede noch eine freundliche Verabschiedung oder namentliche Kennzeichnung enthalten.

Am wesentlichsten aber ist, dass Kommunikation sehr hohen Stellenwert in den USA hat. Amerikaner haben nicht nur große Freude an jeglicher Kommunikation und finden es ausgesprochen leicht, auch mit völlig Unbekannten mit gänzlich anderem Hintergrund ein langes und freundliches Gespräch zu führen, sie erwarten auch, dass viel kommuniziert wird. Anstelle von Planung und Recherche tritt dann oftmals ein klärendes Telefonat, eine schnelle Email, oder eine Textnachricht. Europäer sind auch oftmals überrascht, wie viel Zeit in den USA für persönliche Meetings oder Telefonkonferenzen aufgewendet wird.

10.4.3 Titel

Obwohl es mit Ausnahme von Medizinern und Pfarrern *(doctor, reverend)* nicht üblich ist, den Titel im persönlichen Gespräch zu verwenden, gibt es in den USA ein ausgeprägtes Bewusstsein für die Wichtigkeit von Titeln. Aufgrund der Unterschiede im Bildungswesen trägt ein amerikanischer Hochschulabgänger schon zwei verschiedene Titel, ein *bachelor's und master's degree.* Davon abgesehen werden alle weiteren erworbenen Berufsabschlüsse ebenfalls als Titel getragen. So könnte beispielsweise ein Steuerberater über folgende Titelreihung verfügen: *BS, MBA, CPA, EA* gleichbedeutend mit: *Bachelor of Science, Master of Business Administration, Certified Public Accountant, Enrolled Agent.*

Im Gegensatz zur Geschäftskarte werden im Schriftverkehr die Titel zumeist vollständig angeführt. Ebenfalls wird man in vielen Büros die diversen Diplome seiner Gesprächspartner an den Wänden hängen sehen. Auf der Visitenkarte findet sich die Kombination von Namen und Berufstitel eher selten. Zumeist erfolgt lediglich die Berufsbezeichnung unterhalb des Namens, beispielsweise: *Attorney at Law.* Für den deutschsprachigen Besucher sollten Geschäftskarten ebenfalls in englischer Sprache und amerikanischem Stil erstellt werden, da die wenigsten amerikanischen Geschäftspartner deutschsprachige Karten verstehen.

Noch wesentlicher als akademische Titel oder Berufstitel sind Funktionsbezeichnungen in Unternehmen. Diese sagen viel über die unternehmensinterne Hierarchie und den Status des Einzelnen in diesem Gefüge aus. Wo man ich in Europa oft mit der einfachen Bezeichnung „Stellvertreter" zufrieden gibt, existiert in den USA ein reiches Gefüge an Abstufungen – durchaus auch eine Abbildung der Tatsache, dass Unternehmenshierarchien in den USA deutlich steilere Pyramiden abbilden als im deutschsprachigen Raum.

10.4.4 Geschäftskleidung

Mit der richtigen Kleidung kann man in einer stark an äußeren Merkmalen orientierten Gesellschaft wie den USA einen guten ersten Eindruck erzielen und somit von Anfang an Professionalität und Vertrauen erwecken. Interessanterweise kann man trotz des amerikanischem Individualismus in der Welt des *Corporate America* eine starke Konformität in der Geschäftskleidung feststellen. Der Geschäftsanzug in dunkelblauer beziehungsweise dunkelgrauer Farbe ist empfehlenswerter Standard. Kombiniert wird er mit hellem Hemd (weiß, hellblau) und schlichter Krawatte. Die rotfarbige *power tie* ist der obersten Führungsebene vorbehalten. Socken sind in der Farbe anzupassen und reichen bis zur Wade. Es gilt in den Vereinigten Staaten als extrem unschick, *Bein* zu zeigen. Die Schuhe sollten ebenfalls dunkel und vor allem immer makellos gepflegt sein.

Frauen in Managementpositionen tragen meistens Kostüme, welche auch in dezenten Farben gehalten sind. Allerdings spiegeln sich Modetrends bei der *businesswoman* eher wider als in der Männerwelt. Generell ist zu empfehlen, keine Schuhe mit zu hohen Absätzen zu tragen, beziehungsweise zu viel Dekolleté zu zeigen. Die puritanischen Wurzeln der Gesellschaft leben – zumindest an der Oberfläche – nach wie vor und zu viel Freizügigkeit wird nicht allzu viel Vertrauen im Geschäftsleben wecken. Die Geschäftsfrau sollte klassisch wirken um ihre Kompetenz zu unterstreichen.

Bei so konservativen Bekleidungsvorschriften fällt die in vielen Unternehmen jeweils freitags geübte Lockerung des *dress code,* dem sogenannten *casual friday* besonders auf: es darf in gehobener Freizeitkleidung gearbeitet werden und für Männer entfällt die Krawattenpflicht.

10.4.5 Alkohol und Rauchen

Amerikaner sind durch Medien und politische Kampagnen gesteuerte, aber immer mehr auch durch eigenes Bewusstsein getriebene Gesundheitsfanatiker. Der schlanke, gut trainierte und gesunde Mensch wird als erfolgreiches Idealbild angesehen. Im krassen Gegensatz steht dazu die hohe Übergewichtsrate der Amerikaner und der stetig steigende Fast Food Konsum.

Es ist empfehlenswert, während einer Reise in die USA nach Möglichkeit Alkohol und Tabak komplett aus dem Geschäftsleben zu verbannen. Auch wenn Geschäftspartner das Rauchen gestatten, so ist dies eher als rhetorische Höflichkeit einzustufen. In Bürogebäuden, aber auch in Restaurants, in Parkanlagen und in anderen öffentlichen Räumen herrscht striktes Rauchverbot.

Die ambivalente Einstellung der Amerikaner zu Alkohol als Droge ist ebenfalls bekannt. Der Genuss von übermäßig viel Alkohol ist jedenfalls verpönt. Zwar ist der Genuss von einem Glas Wein bei einem *business dinner* durchaus akzeptabel, ein Bier zur Mittagszeit könnte aber bei den amerikanischen Geschäftspartnern den Eindruck erwecken, man wäre alkoholabhängig. Wenn auch der Genuss von Marihuana in mehreren Bundesstaaten mittlerweile legal ist, ist von dessen Konsum (oder auch nur dem Hinweis darauf) im geschäftlichen Kontext jedenfalls Abstand zu nehmen.

10.5 Grundsätzliches zur Verhandlungsführung

Amerikaner sind definitiv Verhandlungsprofis. Deutschsprachige Europäer neigen tendenziell zu deduktivem Vorgehen. Dies bedeutet, dass zunächst allgemeine Beobachtungen und Annahmen getroffen werden, um konkrete Sachverhalte zu analysieren und zu überprüfen. Aufgrund der vorherrschenden induktiven Denkweise in den USA, die von einzelnen Beispielen ausgeht und so versucht, auf das Allgemeine zu schließen, muss jeder noch so kleine Sachverhalt ausgehandelt werden. Ein sichtbares Zeichen dieser Verhandlungsfreude ist die höchste Anwaltsdichte der Welt: in den USA gibt es mehr als 1,3 Mio. zugelassene Rechtsanwälte, im Vergleich dazu gibt es in Deutschland knapp 130.000, also proportional in etwa mehr als doppelt so viele.

Trotz dieser naturgegebenen Neigung zur Verhandlung ist die Verhandlungsführung der Amerikaner oft relativ unkreativ. Sie folgt einer stark linearen Denkweise, die im Verhandlungsprozess durch gegenseitiges Geben und Nehmen gekennzeichnet ist, mit dem Ziel, seine Verhandlungsposition so weit als möglich durchzusetzen. Dies endet allerdings oft in einem Kompromiss, die eine Verhandlungslösung, bei der alle Verhandlungspartner gewinnen, ausschließt.

Seit den 80er Jahren wird dem kreativen Verhandlungstraining in den USA ein wachsender Stellenwert zugemessen und ist heute fixer Bestandteil vieler *MBA* Programme. Die Amerikaner Fisher und Ury haben dazu mit ihrem eindrucksvollen Werk „*Getting to Yes*", das im deutschen Sprachraum als „Das Harvard Konzept" zum viel gelesenen Bestseller wurde, den Startschuss gegeben. Anstatt wie üblich auf eine besonders harte oder besonders weiche Art mit dem Gegenüber zu verhandeln, geht es in der Methode des Harvard-Konzeptes um *sachbezogenes Verhandeln*. Vor allem Interessenkonflikte werden hierbei vielmehr in Bezug auf den Gehalt der Sachlichkeit entschieden, als in einem Kampf um die persönlichen Belange. Auf diese Weise ist die Methode des *sachbezogenen Verhandelns* in der Sache an sich hart, dem Konfliktpartner gegenüber aber weich, da keine „faulen Tricks" oder unnötiges Gehabe angewendet werden.

Der professionellen Verhandlungsvorbereitung, auch wenn dies eigentlich keiner Erwähnung bedürfen sollte, ist große Bedeutung beizumessen. Übermäßiges Vertrauen in den US Verhandlungspartner führen zu leichtsinniger Vertragsgestaltung und zählen zu den größten Fehlern, die deutschsprachige Unternehmen in den USA begehen. Gerade in einem anderen kulturellen und rechtlichen Umfeld sollten alle wichtigen Verhandlungspunkte vor dem eigentlichen Verhandlungsbeginn abgeklärt werden. Informationen zu Fachtermini, juristischen und finanziellen Fragen sind im Vorfeld entsprechend zu bearbeiten.

Bei Verhandlungseröffnung ist darauf zu achten, dass dem Gegenüber die Rolle der einzelnen Mitglieder des Verhandlungsteams transparent ist. Amerikaner brauchen die Festlegung eines Teamleaders um sicher zu gehen, dass sie sich gegebenenfalls an diesen wenden können.

Grundsätzlich erwarten Amerikaner auch einen reibungslosen, störungsfreien Ablauf der Verhandlungen. Ausländer, die in Amerika Geschäfte machen, können somit auch schnellere Ergebnisse erwarten als in Europa. Auch hier gilt: *time is money*. Lange Pausen und Verzögerungen sollten vermieden werden. Sie verunsichern den amerikanischen Verhandlungspartner und unterminieren die eigene Glaubwürdigkeit.

Entschuldigungen für unzureichendes Englisch sind fehl am Platze. Schließlich liegt es an jedem selbst, persönliche Schwächen zu beseitigen.

Unabhängig von ausgetauschten Höflichkeiten und informeller Atmosphäre bauen Amerikaner während Verhandlungen keine persönlichen Beziehungen zum Verhandlungspartner auf. Die persönliche Ebene wird unabhängig von sachlichen Verhandlungsbeziehungen gesehen. Zur Überraschung vieler Europäer, sind bereits in der Vergangenheit getätigte und zu aller Zufriedenheit verlaufene Geschäfte durchaus kein Garant für neue Aufträge.

Die erfolgreich verlaufene Geschäftsverhandlung wird mit einem Vertrag abgeschlossen. Für die Amerikaner ist der Vertrag ein „heiliges" Dokument, das nicht gebrochen werden darf, auch wenn sich die Rahmenbedingungen ändern. Verträge dienen der Erreichung konkreter Ergebnisse, nicht aber zum Aufbau einer persönlichen Geschäftsbeziehung. Daher sollten alle möglichen und unmöglichen Sachverhalte vertraglich geregelt werden.

Abschließend soll nochmals betont werden, dass die aus übermäßigem Vertrauen resultierende leichtsinnige Vertragsgestaltung zu den größten Fehlern gehört, die deutschsprachige Unternehmen in den USA begehen.

10.6 Ein Wort am Ende

Wenngleich die grundlegendsten Werte einer Kultur oft über Generationen stabil bleiben, so muss man für die USA des frühen 21. Jahrhunderts einen gewaltigen Wertewandel konstatieren. Einerseits natürlich haben politische Entwicklungen vom Aufstieg der „Tea Party" innerhalb der republikanischen Partei bis hin zur Präsidentschaftswahl von 2016 tiefe Spuren in den USA hinterlassen. Durch diese Entwicklungen sind die Vereinigten Staaten konservativer, rauer, und weniger tolerant geworden. Gleichzeitig aber hat sich gerade im letzten Jahrzehnt in der jüngeren Generation die Geisteshaltung der „Millennials" verfestigt, und ein großer Teil der jüngeren Bevölkerung führt einen Wertewandel weg von Materialismus und hin zu Sinnstiftung herbei. All dies macht die USA zu einem spannenden und dynamischen Experiment, in dem allerdings Vorhersagen zu kulturgerechtem Verhalten immer schwieriger werden.

Fallstudien

11

Nikolaus Buch, Sven C. Oehme und Birgit Findeis

11.1 Einleitung

Nachfolgend sind vier Fallstudien deutschsprachiger Niederlassungsgründungen in den USA zusammengestellt, basierend auf Interviews mit den amerikanischen Geschäftsleitern der Unternehmen. Im Rahmen der Interviews wurden vor allem die in den vorherigen Kapiteln angeführten Themenstellungen

- Firmengründung
- Personal
- Business Plan
- Rechtliche Aspekte
- Management
- Interkulturelle Beobachtungen

diskutiert. Auf Ersuchen der Gesprächspartner wurden die Fallstudien mit Ausnahme der XL Energy Marketing SP. Z O.O. anonymisiert. Die Fallstudien leiten jeweils mit einem Kurzprofil der amerikanischen Niederlassung ein, daran folgt die Gesprächszusammenfassung.

N. Buch · S. C. Oehme · B. Findeis (✉)
New York, USA
E-Mail: birgit.findeis@eabo.biz

N. Buch
E-Mail: nbuch@atconsult.com

S. C. Oehme
E-Mail: oehme@eabo.biz

© Springer-Verlag GmbH Deutschland, ein Teil von Springer Nature 2019
N. Buch und S. C. Oehme (Hrsg.), *Firmengründung in den USA*,
https://doi.org/10.1007/978-3-662-58422-4_11

11.2   Fallstudie: XL Energy

Das Interview wurde mit Frau Maja Sponring, Director of Operations von XL Energy, geführt.

Die XL Energy Marketing SP. Z O.O. wurde 1999 in Warschau, Polen gegründet. Seitdem produziert und vertreibt der Getränkehersteller den Energydrink XL Energy. Nach sechs Jahren wurde die Produktpalette um andere Geschmacksrichtungen und eine zuckerfreie Sorte erweitert. In den Jahren 2013 bis 2015 wurde die Produktpalette weiter ausgebaut, bevor 2016 XL TEN, eine zuckerfreie Variante mit Geschmack des Flagshipgetränks XL Energy, auf dem Markt kam. Die Produkte sind heute in 65 Ländern erhältlich, die Erschließung weiterer Märkte innerhalb und außerhalb der USA ist weiterhin oberste Priorität des Unternehmens. Mit über 200 Mio. weltweit verkauften Dosen ist XL Energy die zweitgrößte unabhängige Energydrink-Marke der Welt und wird in acht verschiedenen Sorten weltweit verkauft.

Bevor XL Energy das Büro 2005 in New York eröffnete, waren wichtige Märkte in Europa und Osteuropa bereits erschlossen. Durch den Markteintritt in die USA sollte einerseits ein wichtiger, großer Absatzmarkt bedient werden, andererseits die Präsenz im amerikanischen Markt auch für zukünftige Expansionen in anderen Ländern eine gute Verhandlungsbasis schaffen. Nach der formalen US-Firmengründung wurde eine Analyse der rechtlichen Rahmenbedingungen (u. a. *FDA, Trademarks, Customs Regulations*) durchgeführt und die Erkenntnisse umgesetzt. Weiters wurden im Rahmen eines Businessplans unter anderem ausführliche Markt- und Wettbewerbsanalysen, sowie Budget- und Verkaufsprognosen durchgeführt. Nach einem Jahr erfolgte dann die erste Lieferung der Produkte in das US-Lager.

Als Markterschließungsstrategie wurden im ersten Schritt Marketingtools im Sinne von *direct marketing* gewählt. Dabei wurde ein firmeninternes Projektteam aufgebaut, das den jeweiligen Markt bearbeitete. Anfangs wurde der Fokus auf die New York *Tri-State Area* gelegt. Das Projektteam identifizierte Kunden (Restaurants, Bars, Nachtklubs, …) in diesem Markt und startete die Kontaktaufnahme über *cold calling* und persönliche Produktpräsentationen. Ein großer Fokus wurde außerdem auf die Versendung und Verteilung von Produktsamples gelegt. Dadurch wurden wichtige Kundenkontakte aufgebaut und ein Gefühl für den Markt gewonnen. Nachdem der New Yorker Markt erschlossen war, entschied sich XL Energy für dieselbe Markteintrittsstrategie (*direct marketing* durch Projektteams und Tools wie *cold calling, product sampling, in-person* Präsentationen) in Los Angeles. Diese Strategie war so erfolgreich, dass mehr als die Hälfte der Kunden von dieser anfänglichen Kundenidentifikationsinitiative noch nach elf Jahren regelmäßig bestellen.

Die US-Tochter von XL Energy ist eigenständig und unabhängig vom *Headquarter* in Europa organisiert. Das bedeutet, dass wichtige Prozesse wie die *cost of goods*-Rechnung und das Aufgeben der Bestellung eigenständig von dem US-Tochterunternehmen übernommen wird. Alle anderen Absatzmärkte außerhalb Europas werden jedoch komplett über das polnische *Headquarter* abgewickelt. Gründe für die getrennte Betrachtung der

USA sind die gesetzlichen Rahmenbedingungen der *Food and Drug Administration (FDA)* und *Costums Regulations,* die rechtliche Trennung vom Stammunternehmen und die Gewährleistung einer effizienten, lokalen Marktbearbeitung in den USA.

Die Produktion findet in Polen statt. Eine Plankostenrechnung für die Produktherstellung in den USA wurde zwar erstellt, aber das Unternehmen errechnete Kostenvorteile bei Belassung der Produktion in den bisherigen Anlagen in Polen. Es wurde jedoch ein eigenes Logistikcenter in den USA errichtet. Nach der Herstellung werden die Produkte, unabhängig von der Bestellmenge, in das US-amerikanische Logistikcenter ausgeliefert, um den Lagerbestand sicherzustellen. Nach Eingang einer Lieferung wird diese in kleinere Mengen aufgeteilt und an die Distributoren weiterversendet. Die Distributoren verkaufen die Produkte unter anderem an Restaurants, Bars, Delis, Nachtklubs und Supermärkte. Aufgrund der positiven Absatzentwicklung musste das Dosendesign FDA konform gestaltet werden. Es genügte nicht mehr, wie bei früher kleineren Absatzmengen möglich, die Nährwerttabelle mit der US-amerikanischen Nährwerttabelle zu überkleben.

Zollinspektionen dauern teilweise sehr lange und normalerweise sind diese bereits vor Ankunft in den USA abgeschlossen, jedoch kommt es immer wieder vor, dass der Zoll entscheidet, den Container später zu prüfen. Dies kann bis zu drei Wochen in Anspruch nehmen und bedeutet eine Verzögerung in der Auslieferung an die Distributoren und Endkunden.

Die Personalsuche in den USA erfolgt über Online Plattformen, aber auch *Headhunting* und *Word of Mouth.* Die Personalzusammensetzung besteht, mit Ausnahme von Frau Sponring, ausschließlich aus US-amerikanischen Mitarbeitern. Die Belegschaft schwankt projektabhängig. Bei der Erschließung von neuen Märkten wird das Personal entsprechend aufgestockt. Im Vergleich zu europäischen Arbeitskräften fehlt es amerikanischen Mitarbeitern zum Teil an *common sense* bzw. Improvisationsfähigkeit in der Ablauforganisation. Die Mitarbeiter sind außerdem zumeist auf die Beschreibung der vorgegebenen Stellen fixiert und dies gilt es bei Personalrekrutierung von Anfang an im Auge zu behalten.

Die Unternehmenskommunikation ist auf persönlicher Basis informell (beispielsweise Anrede mit Vornamen). Die firmeninterne Email-Kommunikation ist im Gegensatz dazu vergleichsweise formal und Emails werden mit Briefkopf versendet.

In der US-amerikanischen Unternehmenskommunikation ist es wichtig, in Meetings und Unterhaltungen am Arbeitsplatz besonders Rücksicht auf das Diskriminierungsverbot (keine Benachteiligung aufgrund von ethnische Herkunft, Geschlecht, Alter, Religion und nationalem Ursprung) zu nehmen.

Das Unternehmen XL-Energy verfolgt eine aktive Patent- und Trademarkstrategie für bestehende und mögliche zukünftige Produkte. Das Unternehmen ist in dieser Hinsicht sehr erfolgreich. XL-Energy sicherte sich bereits in der Anfangsphase notwendige Trademarks für ihre Energydrink-Produkte, welche bis heute bestehen. Außerdem werden laufend zahlreiche, neue Trademarks für zukünftige Produkte registriert, um auf Trends und Kundenbedürfnisse reagieren zu können. Damit kann sich XL-Energy strategisch positionieren und den Unternehmenserfolg langfristig absichern.

Die Erschließung weiterer Märkte und das Unternehmenswachstum hat höchste Priorität. Die Marktdurchdringung in einzelnen Staaten hängt von unterschiedlichen Faktoren ab. Eine große Rolle spielt die Bereitschaft der Distributoren ein Produkt in den Markt einzuführen. Das ist oftmals vom Zeitpunkt der Kontaktaufnahme des Distributors in Hinblick auf sein derzeitiges und bisheriges Produktportfolio abhängig. Weiters kommt es auch auf die Stärke der Konkurrenten in den einzelnen Bundesstaaten, sowie auf den generellen Lifestyle der Bevölkerung im jeweiligen Markt an. So gestaltete sich beispielsweise die Marktgestaltung in San Francisco schwieriger, da die Bevölkerung hier sehr gesundheitsbewusst lebt und daher eher zu *natural products* greifen.

Durch die akribische Planung des Markteintritts in die USA verlief dieser ohne grobe Probleme. Frau Sponring schätzt die zukünftige Unternehmensentwicklung positiv ein. XL-Energy ist, durch umfassende Markt-, Wettbewerbsanalysen und Analysen der rechtlichen Rahmenbedingungen *(FDA, Customs Regulations, Trademarks),* eine funktionierende Markteintritts- und Marketingstrategie, ein sinnvolles Logistiknetzwerk, sowie hohe Kundenzufriedenheit, eine erfolgreiche Unternehmensgründung in den USA geglückt.

11.3   Fallstudie: Beschläge GmbH

Das Interview wurde mit Herrn Gruber, Geschäftsführer der Beschläge GmbH, geführt.

Die Beschläge GmbH ist ein österreichisches Traditionsunternehmen und bis heute im Familienbesitz. Das Unternehmen produziert Zubehör für die Möbelindustrie und verfügt über eine hochautomatische Produktion, die durch innovative Eigenentwicklungen im Laufe der Jahre immer weiter optimiert wurde. Ein Großteil der Erzeugnisse wird exportiert.

Vor dem Markteintritt in den USA wurden extensive Marktstudien durchgeführt. Diese beinhalteten Analysen der Marktsituation und Markttrends, die Identifikation von Branchenverbänden, Fachzeitschriften und wichtigen Veranstaltungen und Messen der Industrie, um einen professionellen Eindruck des US-Marktes zu erhalten. In Folge wurden auch Informationen zum Mitbewerb und potenziellen Distributionskanälen erhoben. Die Entscheidung zum Markteintritt erfolgte aufgrund positiver Ergebnisse der Marktstudien und persönlich gewonnener Eindrücke bei Messebesuchen und Gesprächen mit internationalen Kunden.

Durch Gewinnung zweier amerikanischer Großkunden konnte die Startphase zunächst ohne hohes Geschäftsrisiko bewältigt werden. Diese Abnehmer garantierten die nötige Auslastung, um den Geschäftsbetrieb kostendeckend zu gewährleisten. Allerdings waren die Abnahmeverträge an strenge Lieferkonditionen geknüpft. So musste ein umfangreiches Lager aufgebaut und vorrätig gehalten werden, um auch kleine Einzelbestellmengen und *just-in-time* Lieferungen zu gewährleisten. Wenn gewisse Artikel nicht vorrätig waren, mussten diese trotz der hohen Kosten per Luftfracht in die USA gebracht werden, um die garantierten Lieferzeiten einzuhalten. Dennoch gelang es, aufgrund der Abnahmevereinbarung mit den beiden Großkunden innerhalb von zwei Jahren den *Break Even* – Punkt zu erreichen.

Die Niederlassung wurde, basierend auf einer entsprechenden Standortanalyse (Nähe zu vorhandenen und potenziellen Kunden, logistische Infrastruktur, Verkehrsanbindung, Lohnniveau) in Charlotte, North Carolina gegründet.

Zur Führung des US-Tochternehmens wurde ein amerikanischer Geschäftsführer eingestellt. Dieser war sowohl für die Kundenakquisition, als auch den Aufbau der Verwaltung zuständig. Weitere US-Arbeitskräfte wurden in der Verwaltung und der Logistik eingestellt. Trotz hoher Sozialkompetenz und einem entsprechend gut dotierten Gehalt mit hoher Leistungsprämie erfüllte der Geschäftsführer nicht die in ihn gesetzten Erwartungen. Der ehemals erfolgreich in einem Konzern tätige Manager verstand den vom österreichischen Management geforderten *common sense* nicht, beziehungsweise fehlten ihm die für den weiteren Geschäftsaufbau nötigen Improvisationsfähigkeiten gänzlich. Er war es gewohnt, als Linienmanager Anweisungen entgegenzunehmen und entsprechend umzusetzen, jedoch nicht eigenverantwortlich, wie vom österreichischen Familienbetrieb gefordert, Neukunden zu gewinnen und den Geschäftsbetrieb entsprechend zu entwickeln. Ebenfalls verursachte die intensive Reisetätigkeit des Geschäftsführers hohe Sachkosten. Trotz entsprechender Versuche des österreichischen Managements konnten die starken Mentalitätsunterschiede nicht entsprechend ausgeglichen werden. Vielleicht auch, weil der österreichischen Unternehmensleitung die Kenntnis über das *day to day management* im amerikanischen Geschäftsalltag fehlte. Schlussendlich trennte sich das Unternehmen von dem Geschäftsführer und interimsmäßig wurde das Tochterunternehmen direkt von Österreich aus gesteuert.

Nach einem Jahr operativer Geschäftstätigkeit wurde die Beschläge GmbH von einem großen Konkurrenten auf eine Patentverletzung geklagt. Obwohl sich die Klage letztlich als gegenstandslos erwies, erzeugte diese Situation großes Unbehagen im Mutterhaus. Der Rechtsstreit bedeutete für das Unternehmen eine hohe Ressourcenbelastung, die sich infolge auf die weitere Geschäftsentwicklung negativ auswirkte. Innerhalb von zwei Jahren summierten sich die Kosten für rechtsanwaltliche Beratung und Prozessvorbereitung auf knapp eine Million Euro – ein Umstand, der in Folge das Betriebsergebnis des Mutterunternehmens stark belastete.

In weiterer Folge führte die Finanzkrise 2009 zum Entschluss, das Tochterunternehmen zu schließen. Einer der Großkunden reduzierte die Bestellmengen innerhalb kürzester Zeit um zunächst 50 %, forderte allerdings weiterhin das Einhalten der zeitnahen Liefervereinbarungen.

Trotz des zunächst so erfolgreichen Geschäftsrahmens aufgrund der Vereinbarungen mit Großkunden, konnten die Herausforderungen des Marktes, die Managementprobleme und rechtliche Auseinandersetzungen nicht zufriedenstellend in den Griff bekommen werden und die US-amerikanische Niederlassung wurde aufgelassen. Aufgrund stark geänderter Rahmenbedingungen in den letzten Jahren verfolgt die österreichische Firmenleitung mittlerweile eine andere Internationalisierungsstrategie. Die stark fortschreitende Zentralisierung im Handel ermöglicht die Konzentration auf internationale Großkunden, kleine und mittlere Abnehmer werden nicht mehr direkt angesprochen. Als marktführender Produzent ist das Unternehmen in der Lage, individuelle Wünsche in großen Mengen und kürzester Zeit zu erfüllen; und so werden internationale Großkunden direkt von Österreich aus beliefert.

11.4   Fallstudie Galerie Inc

Die Galerie Corporation ist im internationalem Kunsthandel tätig. Ursprünglich wurde diese Mitte der 90er Jahren gegründet, mit dem Ziel das deutsche Mutterhaus in den USA zu repräsentieren. Die Gesellschafter in Deutschland waren durch diverse Berichte in den deutschen Medien über die hohen Haftungsrisiken in den USA verunsichert. Eine wesentliche Gründungsvoraussetzung war daher, eine Struktur zu finden, die die Vermeidung eines Haftungsdurchgriffs etwaiger Kläger aus den USA auf das Vermögen der deutschen Muttergesellschaft (im folgenden Galerie GmbH) gewährleistete. Nach langen Diskussionen wurde entschieden, zum einen die in Deutschland beliebte Struktur der Betriebsaufspaltung in die USA zu übertragen und zum anderen, um dem Haftungsdurchgriff eine weitere Hürde entgegenzustellen, nicht die Galerie GmbH zur Gesellschafterin der US Gesellschaften zu bestimmen, sondern vielmehr die Gesellschafter der Galerie GmbH direkt an den US Gesellschaften zu beteiligen.

In Ausführung dieser angedachten Struktur wurde zunächst eine Galerie Inc. in Delaware gegründet, die von zwei deutschen Privatpersonen im Verhältnis 50/50 gehalten wurde. Direkt im Anschluss gründete man die Galerie L.P., ebenfalls in Delaware, an der die Galerie Inc. zu 1 % als General Partner (persönlich haftender Gesellschafter) beteiligt war und die zwei Privatpersonen als Limited Partners (beschränkt haftende Gesellschafter) zu jeweils 49.5 %. Delaware wählte man als Gründungsstaat, da man meinte, hierdurch die Körperschaftsteuerbelastung in den USA deutlich zu verringern. Operativer Sitz beider Gesellschaften war New York als Zentrum des amerikanischen Kunsthandels.

Die Geschäfte der Galerie L.P. führte die Galerie Inc. Die Struktur war damit einer GmbH & Co. KG nach deutschem Gesellschaftsrecht nachempfunden. Nach einem zwischen der deutschen Galerie GmbH und der Galerie L.P. abgeschlossenen Repräsentationsvertrag war die Galerie L.P. exklusiver Repräsentant der Galerie GmbH in den USA. Haupteinnahmen der Galerie L.P. waren Kommissionen aus den für die Galerie GmbH vermittelten Geschäften in den USA und Kanada.

Buchhalterisch und steuerlich führte die dargestellte Struktur zu folgenden Erfordernissen:

Die Galerie L.P. und die Galerie Inc. stellten jeweils Jahresabschlüsse auf, auf deren Grundlage Steuererklärungen erstellt wurden. Die Galerie L.P. als Personengesellschaft war selbst nicht Besteuerungssubjekt in den USA. Vielmehr wurde das Einkommen bei den Gesellschaftern der Galerie L.P. besteuert, also der Galerie Inc. und den beiden in Deutschland ansässigen Privatpersonen. Die beiden in Deutschland ansässigen Gesellschafter wurden durch ihre Beteiligung an einer U.S. amerikanischen Personengesellschaft in den USA beschränkt – d. h. mit ihrem Einkommen aus U.S. Quellen – steuerpflichtig und waren damit zur Erstellung jährlicher Steuererklärungen in den USA verpflichtet. Um dieser Verpflichtung nachkommen zu können, mussten zunächst Steuernummern in den USA beantragt werden.

Für die **Galerie L.P.** ergab sich aus der gewählten Struktur folgender jährlicher Verwaltungsaufwand:

Auf *Bundesebene* waren jährlich eine Form 1065 U.S. Return of Partnership Income (vergleichbar der deutschen einheitlichen und gesonderten Gewinnfeststellung), drei Schedules K-1 Partners Share of Income, Deductions, Credits, etc. zu erstellen, und zwar für die Galerie Inc. sowie die beiden deutschen Gesellschafter, und zwei Forms 8805 Foreign Partner`s Information Statement of Section 1446 Withholding Tax für die beiden deutschen Gesellschafter.

Auf *Staatenebene* waren jährlich für *Delaware* ein Partnership Return und drei Schedules K-1 für die Gesellschafter zu erstellen sowie für *New York State and New York City* ein Partnership Return und drei Schedule K-1 für die Gesellschafter und ein New York City Unincorporated Business Return zu erstellen.

Damit waren allein für die Galerie L.P. jährlich 15 Steuerformulare zu erstellen und einzureichen.

Für die **Galerie Inc.** ergab sich aus der gewählten Struktur folgender jährlicher Verwaltungsaufwand:

Auf *Bundesebene* war jährlich eine Form 1120 U.S. Corporation Income Tax Return und auf Staatenebene für *Delaware* ein Corporation Income Tax Return sowie für *New York State and New York City* ein General Business Corporation Franchise Tax Return zu erstellen.

Zu den oben aufgeführten jährlich zu erstellenden 15 Steuerformulare für die Galerie L.P. kamen 3 weitere hinzu, die für die Galerie Inc. jährlich zu erstellen und einzureichen waren.

Für die **beiden deutschen Gesellschafter** der Galerie L.P. ergab sich aus der gewählten Struktur folgender jährlicher Verwaltungsaufwand:

Auf *Bundesebene* war jährlich jeweils eine Form 1040NR U.S. Nonresident Alien Income Tax Return sowie auf *Staatenebene* jeweils eine Form 1040NR Nonresident and Part-Year Resident Income Tax Return für New York State zu erstellen.

Für die beiden deutschen Gesellschafter waren damit jährlich weitere 4 Steuerformulare zu erstellen und einzureichen, sodass die gewählte Struktur zur Folge hatte, dass jährlich die Erstellung und Einreichung von 22 Steuerformulare erforderlich wurden. Die Gründung der US Repräsentanz hatte damit zu einem extrem hohen Verwaltungs- und Kostenaufwand geführt.

Der Unmut der Geschäftsführungen der Galerie Inc. und Galerie GmbH über diesen extrem hohen Verwaltungs- und Kostenaufwand wurde von Jahr zu Jahr größer und in 2008 traten die Geschäftsführungen an uns mit der Bitte heran, einen Reorganisationsplan zu erstellen. Ziel der Reorganisation war es unter Einbindung aller Gesellschafter und unter weitgehender Vermeidung haftungsrechtlichen Risikos den administrativen Aufwand abzubauen und die Verwaltungskosten langfristig zu senken.

Nach Vorlage unseres Organisationsplanes wurden die Galerie L.P. auf eine neu gegründete New York State Corporation, die Galerie Inc., verschmolzen. Die Delaware Gesellschaften wurden geschlossen. Die deutschen Gesellschafter übertrugen im Anschluss daran ihre Anteile an die Galerie GmbH, die seitdem 100 % der Anteile an der Galerie Inc. hält.

Unter der neuen Struktur ergibt sich nun folgender jährlicher Verwaltungsaufwand: Die Galerie Inc. erstellt einen Jahresabschluss. Auf dessen Grundlage werden auf *Bundesebene* jährlich eine Form 1120 U.S. Corporation Income Tax Return sowie auf *New York State and New York City* jährlich ein General Business Corporation Franchise Tax Return erstellt und eingereicht.

Da es sich bei der Galerie Inc. um eine Kapitalgesellschaft handelt, ist diese selbst Steuersubjekt. Die Gesellschafterin der Galerie Inc. ist daher im Grundsatz nicht zur Erstellung und Einreichung von US-amerikanischen Steuerformularen verpflichtet. Da die Delaware Gesellschaften geschlossen wurden, entfällt auch die Verpflichtung in Delaware State Steuerformulare einzureichen.

Durch die Reorganisation wurden aus den bisher jährlich erforderlichen 22 Steuerformularen 2 jährliche zu erstellende und einzureichende Steuererklärungen. Der Verwaltungs- und Kostenaufwand der US Repräsentanz ist seitdem überschaubar.

Die Reorganisation war aber auch aus einem weiteren Grund dringend geboten:

Für die Gesellschafter der Galerie GmbH war es bei der Gründung einer Tochtergesellschaft in den USA sehr wichtig jegliche Form der Durchgriffshaftung von Gläubigern der US Gesellschaft auf das Vermögen der deutschen Muttergesellschaft auszuschließen. Die ursprüngliche Entscheidung die Struktur der Betriebsaufspaltung aus Deutschland in die USA zu übertragen ist letztendlich Ausdruck dieses Verlangens. Dabei wurden jedoch viele Besonderheiten der hiesigen Rechtsordnung außer Betracht gelassen. Ein besserer Ansatz wäre gewesen zu prüfen, wie in den USA das Problem der Vermeidung eines Haftungsdurchgriffes gelöst wird.

Vorauszuschicken ist, dass die U.S. Rechtsordnung das Konstrukt des *Piercing the Corporate Veil* kennt, was der deutschen Durchgriffshaftung gleichkommt. Auch im Rahmen des *Piercing the Corporate Veil* geht es um die Frage, wann ein Gläubiger einer Kapitalgesellschaft auf das Vermögen der Gesellschafter durchgreifen kann.

Grundsätzlich ist in den USA – wie auch in Deutschland – bei Kapitalgesellschaften die Haftung auf das Gesellschaftsvermögen begrenzt. Diese Haftungsbeschränkung wurde allerdings über die Jahre von diversen US Gerichten aufgeweicht, indem in unzähligen Entscheidungen eine Vielzahl von Rechtstheorien entwickelt wurde, die heute festlegen, wann ein Gläubiger einer Kapitalgesellschaft direkt auf das Vermögen der Gesellschafter zugreifen kann. In diesen Gerichtsentscheidungen finden sich vor allem zwei Sachverhalte, bei deren Vorliegen eine Durchgriffshaftung von dem zuständigen Gericht im Regelfall bejaht wurde.

Der erste Sachverhalt, der in der Regel zu einer Durchgriffshaftung führt liegt dann vor, wenn von der Kapitalgesellschaft die gesellschaftsrechtlichen Formalitäten nicht penibel eingehalten wurden. Zu diesen zwingend einzuhaltenden Formalitäten für Kapitalgesellschaften zählen zum Beispiel, die Ausgabe von Anteilen, das jährliche

Halten von Gesellschafterversammlungen, das Vorliegen eines Gesellschaftsvertrages/ Satzung und die Erstellung von Protokollen.

Der zweite Sachverhalt, der in der Regel zur Bejahung einer Durchgriffshaftung führt ist dann gegeben, wenn Mutter- und Tochtergesellschaften nicht eindeutig als zwei separate Gesellschaften geführt wurden. Um im Ernstfall nachweisen zu können, dass Mutter- und Tochtergesellschaft zwei separate Gesellschaften sind, ist neben einer klaren Trennung der Vermögen Gesellschaft/Gesellschafter erforderlich, dass Vorgänge zwischen Gesellschaft/Gesellschafter klar dokumentiert werden, Personalunionen und Insichgeschäfte vermieden werden und es klare vertragliche Vereinbarungen zwischen Gesellschaft/ Gesellschafter gibt, die in der täglichen Praxis auch angewandt und umgesetzt werden.

Im Rahmen des Reorganisationsprozesses haben wir sichergestellt, dass bei der Galerie Inc. die oben genannten Formalitäten implementiert wurden und es sich bei Galerie GmbH und Galerie Inc. eindeutig um zwei separate Gesellschaften handelt. Die Vermögen wurden strikt getrennt geführt, Personalunion wurden vermieden. Auch wurde in regelmäßigen Abständen geprüft, dass diese Erfordernisse über die Jahre eingehalten und nicht verwässert wurden.

In 2015 Jahren kam es dann tatsächlich zu einer Klage eines amerikanischen Kunden gegen die Galerie Inc. mit dem Ziel auf das Vermögen der Galerie GmbH in Deutschland durchzugreifen. Der Kläger hatte sein Anliegen bereits in zwei Klagen in Deutschland direkt gegen die Galerie GmbH durchzusetzen versucht, wurde allerdings in beiden Fällen von deutschen Gerichten abgewiesen. Daraufhin verklagte er die Galerie Inc. in New York auf Herausgabe eines Kunstwerkes, das sich im Besitz der Muttergesellschaft befand, mit der Argumentation, dass es sich bei der Galerie Inc. nicht um ein von der Muttergesellschaft eigenständiges Rechtssubjekt handele und von daher im Wege der Durchgriffshaftung die Galerie GmbH das Kunstwerk herausgeben müsse. Das New Yorker Gericht entschied, dass aufgrund der Aktenlage die Galerie Inc. ein eigenständiges Rechtssubjekt sei, das über die Jahre gänzlich getrennt von der Muttergesellschaft geführt wurde. Besonders wurde darauf hingewiesen, dass ersichtlich alle gesellschaftsrechtlichen Formalitäten einer nach dem Staate New York gegründeten Kapitalgesellschaft über die Jahre seit Gründung eingehalten wurden, das Vermögen der Galerie Inc. klar von dem Vermögen der Galerie GmbH getrennt geführt wurde, eine Personalunion zu keinem Zeitpunkt bestand und es klare vertragliche Vereinbarungen zwischen Mutter- und Tochtergesellschaft gab, die das Innenverhältnis eindeutig regelten und die in der Praxis auch eingehalten wurden. Die Klage auf Herausgabe des Kunstwerkes durch die Galerie GmbH wurde abgewiesen.

Zusammenfassend ist festzustellen, dass die Einhaltung der gesellschaftsrechtlichen Formalitäten sowie die klare Trennung von Mutter- und Tochterunternehmen die allgemein empfehlenswerte Strategie ist, will man als ausländischer Gesellschafter den Zugriff auf das eigene Vermögen durch US Gläubiger vermeiden. Die Übertragung der Struktur der Betriebsaufspaltung in den US-amerikanischen Rechtskreis macht aus unserer Perspektive keinen Sinn und ist zusätzlich extrem arbeits- und kostenintensiv.

11.5   Fallstudie: IT Corporation

Ein deutsches Softwareentwicklungsunternehmen, im folgenden IT GmbH genannt, entwickelte Mitte 2000 eine hoch erfolgreiche Open Source Software, die von Unternehmen nach spezifischen, internen Anpassungsmaßnahmen zur Risikoanalyse vielfältiger unternehmensinterner Vorgänge eingesetzt wurde. Hierbei wurde die Open Source Software kostenfrei online zur Verfügung gestellt.

Die IT GmbH erzielt Umsätze durch kostenpflichtige Serviceleistungen im Zusammenhang mit der Open Source Software. Das beinhaltet die spezifische Anpassung auf die Systeme der Kunden, sowie den Vertrieb eines Trouble-Shooting Programms.

Die Open Source Software war von Anfang an in den USA ein großer Erfolg und wurde von namhaften Kunden genutzt. Im Vergleich zum europäischen Markt wuchs der US Markt vergleichsweise schnell. Zunächst versuchte die IT GmbH den US Markt durch das deutsche Unternehmen zu bedienen. Es zeichnete sich allerdings relativ schnell ab, dass dies auf die Dauer nicht geordnet durchführbar war. Daher entschloss man sich in 2008 ein Tochterunternehmen in den USA zu gründen, dessen einzige Gesellschafterin die IT GmbH war. Die Gründung wurde von der deutschen Geschäftsführung über einen Onlineanbieter in die Wege geleitet. Einen US Gründungsanwalt befragte man nicht und war der Auffassung, dass man diese Kosten sparen könnte. Die US Kapitalgesellschaft, im folgenden IT Inc. genannt, wurde von dem Onlineanbieter in Form einer Delaware Corporation gegründet. Die deutsche Geschäftsführung war der Meinung, dass man hierdurch die Zahlung von US Steuern vermeiden konnte. Gründungsunterlagen wurden von dem Onlineanbieter entweder nicht zur Verfügung gestellt, oder von der Geschäftsführung der IT GmbH nicht als wichtig erkannt und von daher nicht dokumentiert. Es konnte außerdem nicht festgestellt werden, ob eine Steuerregistrierung, sowie eine Steuernummer für die IT Inc. beantragt wurde. Die operativen Geschäfte wurden Anfangs ausschließlich aus der Privatwohnung des ersten Mitarbeiters der IT Inc. in New York getätigt, der über Deutschland bezahlt wurde. Eine Registrierung der IT Inc. in New York State wurde nicht beantragt. Dieser Mitarbeiter kündigte innerhalb der ersten sechs Monate und verzog unbekannt. Bedauerlicherweise wurde nie ein Mitarbeiter der IT GmbH in die USA entsandt, um das US Unternehmen kontrolliert aufzubauen.

Um das Geschäft in den USA am Laufen zu halten, wurden von der Geschäftsführung aus Deutschland weitere Mitarbeiter eingestellt. Um die Anstellungsgespräche durchzuführen, flogen Mitarbeiter der IT GmbH in die USA. In den Folgemonaten wurden in Kalifornien, Illinois, Maryland, New Jersey und Pennsylvania Mitarbeiter angestellt, die alle von zu Hause aus arbeiteten. Da man offiziell in keinem der Staaten ein Büro angemietet hatte, hielt man Registrierungen der IT Inc. in den einzelnen Staaten nicht für nötig.

Erst als die Zahlung der Gehälter über die IT GmbH zu komplex wurde, schaltete man in den USA eine Gesellschaft ein, die in den USA die monatlichen Lohnzahlungen abwickeln sollte. Da man diesem Payroll Provider Service keine feste Geschäftsadresse nennen konnte, meldete dieser die IT Inc kurzer Hand unter seiner Hauptadresse in Florida an. Erst nachdem sich Anfragen des Payroll Provider Services häuften, die die deutsche Geschäftsführung nicht beantworten konnte, wurde nach einem US Berater gesucht und wir bekamen den Auftrag den Stand der Dinge zu analysieren.

Zunächst holten wir die steuerlichen Registrierungen sowie die Registrierungen als Arbeitgeber der IT Inc. in Kalifornien, Illinois, Maryland, New Jersey, New York und Pennsylvania nach, um zumindest für die Zukunft ein geordnetes Tätigwerden der IT Inc. in den USA sicherzustellen. Zeitgleich beantragten wir alle erforderlichen Steuernummern auf Bundes- wie auch Staatenebene für die IT Inc. Die Tatsache, dass Delaware als Gründungsstaat keine Körperschaftsteuer erhebt, befreit nicht von der Pflicht Körperschaftsteuer auf Bundesebene sowie in all den Bundesstaaten abzuführen, in denen die IT Inc. einen steuerlichen Nexus begründet hatte und operative tätig war.

Im Anschluss daran wurde geklärt – teilweise nach Rücksprache mit den zuständigen Steuerämtern – inwieweit und für welche Zeiträume die IT Inc. verpflichtet war, Steuererklärungen zu erstellen und einzureichen. Diesen Verpflichtungen wurde nachträglich nachgekommen. Es wurden nachträglich Steuererklärungen für die IT Inc. auf Bundesebene sowie für die folgenden Staaten erstellt: Kalifornien, Florida, Illinois, Maryland, New Jersey, New York und Pennsylvania. Der Zeit- und Kostenaufwand war erheblich und lag deutlich über dem, was bei einer von Anfang an kontrollierten Gründung einer US Gesellschaft angefallen wäre.

Als die Mitarbeiter ihre jährlichen Einkommensteuererklärungen abgaben, stellte sich heraus, dass von dem Payroll Provider in deren jeweiligen Ansässigkeitsstaat kein Lohnsteuereinbehalt durchgeführt wurde. Dieser hatte alle Mitarbeiter als in Florida ansässig behandelt und keine Lohnsteuer abgeführt. Die jeweiligen Ansässigkeitsstaaten verlangten von der IT Inc. dies nachzuholen und die entsprechenden vierteljährlichen Steuererklärungen nachzureichen. Der Payroll Provider teilte mit, dass er keine Steuererklärungen für vergangene Perioden erstellen könnte. Die IT Inc. musste das in Eigenregie durchführen, was zu einem ungeplanten Arbeits- und Kostenaufwand führt und über Monate Mitarbeiter der GmbH und der Inc. einspannte. Nachdem das erfolgte, bekam die IT Inc. über Monate Bescheide der jeweiligen Staaten zu den Lohnsteuerabführungen, die bearbeitet werden mussten. Jede verspätete Antwort wurde seitens des betroffenen Staates mit Strafzahlungen quittiert.

Nachdem sich die Lage bei der IT Inc. etwas entspannte, tauchte das nächste Thema auf. Einer der großen US Kunden hatte in den Anfangsjahren direkt die IT GmbH für die durch diese in Rechnung gestellten Tätigkeiten bezahlt. Im Rahmen einer Steuerprüfung bei diesem US Kunden wurde bemängelt, dass kein Steuereinbehalt erfolgt war. Um dieses Versäumnis zu berichten wurde die IT GmbH von dem US Kunden gebeten für die einschlägigen Veranlagungszeiträume in den USA Steuererklärungen hinsichtlich ihrer US Quelleneinkünfte zu erstellen. Da man den Kunden nicht verlieren wollte, wurde dieser Bitte nachgekommen, eine Steuernummer für die IT GmbH beantragt und alle erforderlichen Steuererklärungen erstellt.

Trotz der ganzen verwaltungstechnischen Probleme, war und blieb das Produkt in den USA hoch erfolgreich. Es wurden internationale Investoren gefunden, die sich an der Unternehmung künftig beteiligen wollten. Im Rahmen einer von der Investorengruppe durchgeführten *Due Diligence* wurde schnell klar, dass sich die Investoren keinesfalls an der IT Inc. beteiligen wollten, da diesen die Altlasten aus der Gründungszeit zu unüberschaubar waren. Die Investorengruppe verlangte als Voraussetzung für ihre Beteiligung die Gründung einer neuen Gesellschaft und die Übertragung aller Mitarbeiterverhältnisse, Rechte, Verträge, Lizenzen etc. von der IT Inc. auf die neu gegründete Gesellschaft.

Nachdem nun über Jahre hinweg zeit- und kostenaufwendig die aus der Anfangsphase der Unternehmensgründung entstandenen Probleme beseitigt worden waren, wurde die IT Inc. nach Übertragung aller Mitarbeiterverhältnisse, Rechte, Verträge, Lizenzen etc. auf die neue Gesellschaft abgewickelt. Dies Abwicklung wiederum erforderte zeitaufwendige Deregistrierung der IT Inc. auf Bundesebene wie auch in allen oben genannten Staaten, die durch die Tatsache, dass keine Gründungsunterlagen vorhanden waren, erschwert wurde. Was dieser Fall zeigt, ist, dass es im Rahmen von Unternehmensgründungen in den USA dringend angeraten ist, sich von Anfang an fachmännisch beraten und begleiten zu lassen.

Anhang

12

Nikolaus Buch und Sven C. Oehme

12.1 Anmerkungen zu Kapitel 1 Firmengründung USA

12.1.1 Vereinigte Staaten von Amerika – allgemeine Informationen

Staatsform: Präsidiale Bundesrepublik seit 1789

Hauptstadt: Washington DC (601.723 Einwohner 2010)

Größere Städte: New York (8,5 Mio.)
Los Angeles (4,0 Mio.)
Chicago (2,7 Mio.)
Houston (2,3 Mio.)
Phoenix (1,6 Mio.)
Philadelphia (1,6 Mio.)
San Antonio (1,5 Mio.)
San Diego (1,4 Mio.)

Fläche: 9.833.517 km^2

N. Buch (✉) · S. C. Oehme
New York, USA
E-Mail: nbuch@atconsult.com

S. C. Oehme
E-Mail: oehme@eabo.biz

© Springer-Verlag GmbH Deutschland, ein Teil von Springer Nature 2019
N. Buch und S. C. Oehme (Hrsg.), *Firmengründung in den USA*,
https://doi.org/10.1007/978-3-662-58422-4_12

Administrative Gliederung: 50 Bundesstaaten, der District of Columbia DC und das Territorium von Puerto Rico. Die Bundesstaaten verfügen jeweils über eine Verfassung, ein Zweikammernparlament und einen gewählten Gouverneur.

Bevölkerung: 324,3 Mio. Einwohner (Dezember 2016) davon rund 77 % Weiße, 13 % Schwarze, 17 % Hispanics, 1 % Indianer, Eskimos und Aleuten sowie 6 % Asiaten.

Bevölkerungswachstum: +0,74 %

Bevölkerungsdichte: 35 Einwohner/km^2

Sprache: Englisch, (Spanisch regional)

Religion: 24 % Katholiken, 51 % Protestanten, 2 % Juden, 1 % Muslime

12.1.2 Zeitzonen

Die USA (ohne Alaska und Hawaii) erstrecken sich über 4 Zeitzonen (siehe auch Tab. 12.1):

Eastern Standard Time Zone (EST): Sechs Stunden früher als in Deutschland

Central Standard Time Zone (CST): sieben Stunden früher als in Deutschland

Mountain Standard Time Zone (MST): acht Stunden früher als in Deutschland

Pacific Standard Time Zone (PST): neun Stunden früher als in Deutschland

Tab. 12.1 Zeitzonen USA

EST	CST	MST	PSI
Boston, MA	Chicago, IL	Helena, MT	Seattle, WA
New York, NY	St. Louis, MO	Denver, CO	San Francisco, CA
Detroit, MI	Memphis, TN	Albuquerque, NM	Las Vegas, NY
Washington, DC	Little Rock, AR	Tucson, AZ	Los Angeles, CA
Miami, FL	New Orleans, LA	San Diego, CA	

12.2 Anmerkungen zu Kapitel 4 Gründungsprozess

▷ Alle nachfolgenden juristischen Dokumente sind den jeweiligen Gegebenheiten anzupassen und sollten nur als Beispiel verstanden werden. Unterschiede ergeben sich auch von Bundesstaat zu Bundesstaat. Das Hinzuziehen eines Anwalts ist unbedingt anzuraten.

12.2.1 Checkliste für die Unternehmensgründung

I. Unternehmensgründung in Delaware
(https://firststeps.delaware.gov):

1. Kontaktierung eines registrierten Agenten
2. Wahl der Rechtsform
3. ggfs. Namensreservierung
4. Ausfüllen des Certificate of Incorporation/Formation
5. Übermittlung des vollständigen Certificate an die Division of Corporations

II. Unternehmensgründung in New York
(https://www.dos.ny.gov/corps/):

1. Gründung von Business Corporations
   a) Ein *„Certificate of Incorporation of … under section 402 of the Business Corporation Law"* ist von jedem Unternehmensgründer unter Angabe des Namens und der Adresse zu unterzeichnen, zu bestätigen und beim Department of State einzureichen. Das Certificate sollte folgende Punkte beinhalten:
   aa. Firma des Unternehmens
   bb. Unternehmenszweck
   cc. Angabe, in welchem *county* innerhalb des Bundesstaates das Unternehmen seinen Sitz haben soll
   dd. Gesamtanzahl an Aktien, die durch das Unternehmen ausgegeben werden sollen

ee. sofern die Aktien in Gattungen eingeteilt werden, die Bezeichnung jeder Gattung und die Angabe der jeweiligen Rechte, Vorzugsrechte und Beschränkungen jeder Gattung

ff. falls die Aktien in Serien ausgegeben werden sollen, die Bezeichnung jeder Serie und die Angabe der Abweichungen zwischen den Serien in den jeweiligen Rechten, Vorzügen und Beschränkungen

gg. die Bestimmung des *Secretary of State* als Zustellungsbevollmächtigter des Unternehmens und die Adresse des Postamts in oder außerhalb des Staates, an das der Secretary of State eine Kopie aller ihm zugestellten Unterlagen übersenden soll

hh. falls das Unternehmen einen registrierten *Agent* haben soll, dessen Name und Adresse innerhalb dieses Staates

ii. die Dauer des Unternehmens, falls es nicht für unbegrenzte Zeit gegründet werden soll

b) Zusätzlich soll das *Certificate of Corporation* Rückstellungen darstellen, die die persönliche Haftung der *directors* beschränkt.

2. Gründung von Limited Liability Companies

Eine LLC kann durch Niederlegung der *Articles of Incorporation* gemäß Art. 2 *Limited Liability Company Law* gegründet werden. Die *Articles of Incorporation* müssen durch einen oder mehrere Organisatoren der LLC unterzeichnet werden.

Die *Articles of Incorporation* sollen folgende Punkte enthalten:

a) die Firma der LLC

b) das *county* des Bundesstaates, in dem die LLC ihren Sitz haben soll

c) die Benennung des *Secretary of State* als Zustellungsbevollmächtigter der LLC und die Adresse des Postamtes innerhalb oder außerhalb des Bundesstaates, an das der *Secretary of State* eine Kopie aller ihm zugestellten Unterlagen übersenden soll

d) falls die LLC einen registrierten Agenten haben soll, seinen Namen und seine Adresse innerhalb des Bundesstaates

e) die Angabe, ob alle oder bestimmte Mitglieder in ihrer Funktion als Mitglieder für alle oder bestimmte Verbindlichkeiten haften sollen

f) andere gesetzmäßige Bestimmungen

12.2.2 Namensreservierung

Application for Reservation of Name
Under § 303 of the Business Corporation Law
NYS Department of State
DIVISION OF CORPORATIONS, STATE RECORDS and UCC
99 Washington Ave
Albany, NY 12231

PLEASE TYPE OR PRINT

APPLICANT'S NAME AND ADDRESS:

NAME TO BE RESERVED:

RESERVATION IS INTENDED FOR (CHECK ONE):
G New domestic corporation
G Foreign corporation intending to apply for authority to do business in New York State*
G Proposed foreign corporation, not yet incorporated, intending to apply for authority to conduct business in New York State
G Change of name of an existing domestic or an authorized foreign corporation*
G Foreign corporation intending to apply for authority to do business in New York State whose corporate name is not available for use in New York State*
G Authorized foreign corporation intending to change its fictitious name under which it does business in this state*
G Authorized foreign corporation which has changed its corporate name in its jurisdiction, such new corporate name not being available for use in New York State*

X
Signature of applicant, applicant's attorney or agent Typed/printed name of signer
(If attorney or agent, so specify)

INSTRUCTIONS:
2. Upon filing this application, the name will be reserved for 60 days and a certificate of reservation will be issued.
3. The certificate of reservation must be returned with and attached to the certificate of incorporation or application for authority, amendment or with a cancellation of the reservation.
4. The name used must be the same as appears in the reservation.
5. A US$20 fee payable to the Department of State must accompany this application.
6. Only names for business, transportation, cooperative and railroad corporations may be reserved under § 303 of the Business Corporation Law.
*If the reservation is for an existing corporation, domestic or foreign, the corporation must be the applicant.

12.2.3 *Certificate of Incorporation* – **Gründungsurkunde**

New York State
Department of State
Division of Corporations, State Records & UCC
99 Washington Ave
Albany, NY 12231

CERTIFICATE OF INCORPORATION
OF
(Insert Name of Domestic Professional Service Corporation)
Under Section 1503 of the Business Corporation Law

FIRST: The name of the professional service corporation is:

.

SECOND: The professional service corporation shall practice the profession(s) of:

.

THIRD: The county within this state in which the office of the professional service corporation is to be located is:

.

FOURTH: The total number of shares which the corporation shall have the authority to issue and a statement of the par value of each share or a statement that the shares are without par value are:

.

FIFTH: The Secretary of State is designated as agent of the professional service corporation upon whom process against it may be served. The address to which the Secretary of State shall mail a copy of any process against the professional service corporation served upon him or her is:

.

SIXTH: (Attach the appropriate certificate(s) from the licensing authority) The names and residence addresses of all individuals who are to be the original shareholders, directors and officers of the professional service corporation are:

(Signature of Incorporator)
(Typed or Printed Name of Incorporator)
(Address)
(City, State and Zip Code)

CERTIFICATE OF INCORPORATION
OF

(Insert Name of Domestic Professional Service Corporation)
Under Section 1503 of the Business Corporation Law

Filed by:
(Name)
(Mailing address)
(City, State and Zip code)

NOTE: This form was prepared by the New York State Department of State for filing a certificate of incorporation for a professional service corporation. It does not contain all option provisions under the law. You are not required to use this form. You may draft your own form or use forms available at legal stationery stores. The Department of State recommends that legal documents be prepared under the guidance of an attorney. The certificate must be submitted with the filing fee, made payable to the Department of State, of US$125 plus the applicable tax on shares pursuant to Section 180 of the Tax law. The minimum tax on shares is US$10.

§ 1503(c) of the Business Corporation Law requires that a certified copy of the certificate of incorporation be filed with the licensing authority within 30 days after the date of the filing of the certificate of incorporation with the Department of State. The fee for a certified copy is US$10.

12.2.4 Gesellschaftsvertrag *By-Laws* einer *Delaware Corporation* als Beispiel

(By-Laws sind den jeweiligen Gegebenheiten anzupassen und sollten nur als Beispiel verstanden werden. Unterschiede ergeben sich auch von Bundesstaat zu Bundesstaat. Das Hinzuziehen eines Anwalts ist dringend anzuraten.)

BYLAWS

OF

…………………………………..

(a Delaware Corporation)

ARTICLE I

STOCKHOLDERS

7. **CERTIFICATES REPRESENTING STOCK.** Certificates representing stock in the Corporation shall be signed by, or in the name of, the Corporation by the Chairman or Vice-Chairman of the Board of Directors, if any, or by the President or a Vice-President and by the Treasurer or an Assistant Treasurer or the Secretary or an Assistant Secretary of the Corporation. Any or all the signatures on any such certificate may be a facsimile. In case any officer, transfer agent, or registrar who has signed or whose facsimile signature has been placed upon a certificate shall have ceased to be such officer, transfer agent, or registrar before such certificate is issued, it may be issued by the Corporation with the same effect as if he were such officer, transfer agent, or registrar at the date of issue.

Whenever the Corporation shall be authorized to issue more than one class of stock or more than one series of any class of stock, and whenever the Corporation shall issue any shares of its stock as partly paid stock, the certificates representing shares of any such class or series or of any such partly paid stock shall set forth thereon the statements prescribed by the General Corporation Law. Any restrictions on the transfer or registration of transfer of any shares of stock of any class or series shall be noted conspicuously on the certificate representing such share. The Corporation may issue a new certificate of stock or uncertificated shares in place of any certificate theretofore issued by it, alleged to have been lost, stolen, or destroyed, and the Board of Directors may require the owner of the lost, stolen, or destroyed certificate, or his legal representative, to give the Corporation a bond sufficient to indemnify the Corporation against any claim that may be made against it on account of the alleged loss, theft, or destruction of any such certificate or the issuance of any such new certificate or uncertificated shares.

8. **UNCERTIFICATED SHARES.** Subject to any conditions imposed by the General Corporation Law, the Board of Directors of the Corporation may provide by resolution or resolutions that some or all of any or all classes or series of the stock of the Corporation shall be uncertificated shares. Within a reasonable time after the issuance or transfer of any uncertificated shares, the Corporation shall send to the registered owner thereof any written notice prescribed by the General Corporation Law.

9. **FRACTIONAL SHARE INTERESTS.** The Corporation may, but shall not be required to, issue fractions of a share. If the Corporation does not issue fractions of a share, it shall 1) arrange for the disposition of fractional interests by those entitled thereto, 2) pay in cash the fair value of fractions of a share as of the time when those entitled to receive such fractions are determined, or 3) issue scrip or warrants in registered form (either represented by a certificate or uncertificated) or bearer form (represented by a certificate) which shall entitle the holder to receive a full share upon the surrender of such scrip or warrants aggregating a full share. A certificate for a fractional share or an uncertificated fractional share shall, but scrip or warrants shall not unless otherwise provided therein, entitle the holder to exercise voting rights, to receive dividends thereon, and to participate in any of the assets of the Corporation in the event of liquidation. The Board of Directors may cause scrip or warrants to be issued subject to the conditions that they shall become void if not exchanged for certificates representing the full shares or uncertificated full shares before a specified date, or subject to the conditions that the shares for which scrip or warrants are exchangeable may be sold by the Corporation and the proceeds thereof distributed to the holders of scrip or warrants, or subject to any other conditions which the Board of Directors may impose.

10. **STOCK TRANSFERS.** Upon compliance with provisions restricting the transfer or registration of transfer of shares of stock, if any, transfers or registration of transfers of shares of stock of the Corporation shall be made only on the stock ledger of the Corporation by the registered holder thereof, or by his attorney thereunto authorized by power of attorney duly executed and filed with the Secretary of the Corporation or with a transfer agent or a registrar, if any, and, in the case of shares represented by certificates, on surrender of the certificate or certificates for such shares of stock properly endorsed and the payment of all taxes due thereon.

11. **RECORD DATE FOR STOCKHOLDERS.** In order that the Corporation may determine the stockholders entitled to notice of or to vote at any meeting of stockholders or any adjournment thereof, the Board of Directors may fix a record date, which record date shall not precede the date upon which the resolution fixing the record date is adopted by the Board of Directors, and which record date shall not be more than sixty nor less than ten days before the date of such meeting. If no record date is fixed by the Board of Directors, the record date for determining stockholders entitled to notice of or to vote at a meeting of stockholders shall be at the close of business on the day next preceding the day on which notice is given, or, if notice

is waived, at the close of business on the day next preceding the day on which the meeting is held. A determination of stockholders of record entitled to notice of or to vote at a meeting of stockholders shall apply to any adjournment of the meeting; provided, however, that the Board of Directors may fix a new record date for the adjourned meeting. In order that the Corporation may determine the stockholders entitled to consent to corporate action in writing without a meeting, the Board of Directors may fix a record-date, which record date shall-not-precede the date upon which the resolution fixing the record date is adopted by the Board of Directors, and which date shall not be more than ten days after the date upon which the resolution fixing the record date is adopted by the Board of Directors If no record date has been fixed by the Board of Directors, the record date for determining the stockholders entitled to consent to corporate action in writing without a meeting, when no prior action by the Board of Directors is required by the General Corporation Law, shall be the first date on which a signed written consent setting forth the action taken or proposed to be taken is delivered to the Corporation by delivery to its registered office in the State of Delaware, its principal place of business, or an officer or agent of the Corporation having custody of the book in which proceedings of meetings of stockholders are recorded. Delivery made to the Corporation's registered office shall be by hand or by certified or registered mail, return receipt requested. If no record date has been fixed by the Board of Directors and prior action by the Board of Directors is required by the General Corporation Law, the record date for determining stockholders entitled to consent to corporate action in writing without a meeting shall be at the close of business on the day on which the Board of Directors adopts the resolution taking such prior action. In order that the Corporation may determine the stockholders entitled to receive payment of any dividend or other distribution or allotment of any rights or the stockholders entitled to exercise any rights in respect of any change, conversion, or exchange of stock, or for the purpose of any other lawful action, the Board of Directors may fix a record date, which record date shall not precede the date upon which the resolution fixing the record date is adopted, and which record date shall be not more than sixty days prior to such action. If no record date is fixed, the record date for determining stockholders for any such purpose shall beat the close of business on the day on which the Board of Directors adopts the resolution relating thereto.

12. **MEANING OF CERTAIN TERMS.** As used herein in respect of the right to notice of a meeting of stockholders or a waiver thereof or to participate or vote thereat or to consent or dissent in writing in lieu of a meeting, as the case may be, the term "share" or "shares" or "share of stock" or "shares of stock" or "stockholder" or "stockholders" refers to an outstanding share or shares of stock and to a holder or holders of record of outstanding shares of stock when the Corporation is authorized to issue only one class of shares of stock, and said reference is also intended to include any outstanding share or shares of stock and any holder or holders of record of outstanding shares of stock of any class upon which or upon whom the Certificate

of Incorporation confers such rights where there are two or more classes or series of shares of stock or upon which or upon whom the General Corporation Law confers such rights notwithstanding that the Certificate of Incorporation may provide for more than one class or series of shares of stock, one or more of which are limited or denied such rights hereunder; provided, however, that no such right shall vest in the event of an increase or a decrease in the authorized number of shares of stock of any class or series which is otherwise denied voting rights under the provisions of the Certificate of Incorporation, except as any provision of law may otherwise require.

13. STOCKHOLDER MEETINGS

– *TIME.* The annual meeting shall be held on the date and at the time fixed, from time to time, by the directors, provided, that the first annual meeting shall be held on a date within thirteen months after the organization of the Corporation, and each successive annual meeting shall be held on a date within thirteen months after the date of the preceding annual meeting. A special meeting shall be held on the date and at the time fixed by the directors.

– *PLACE.* Annual meetings and special meetings shall be held at such place, within or without the State of Delaware, as the directors may, from time to time, fix. Whenever the directors shall fail to fix such place, the meeting shall be held at the registered office of the Corporation in the State of Delaware.

– *CALL.* Annual meetings and special meetings maybe called by the directors or by any officer instructed by the directors to call the meeting.

– *NOTICE OF WAIVER OF NOTICE.* Written notice of all meetings shall be given, stating the place, date, and hour of the meeting and stating the place within the city or other municipality or community at which the list of stockholders of the Corporation may be examined. The notice of an annual meeting shall state that the meeting is called for the election of directors and for the transaction of other business which may properly come before the meeting, and shall (if any other action which could be taken at a special meeting is to be taken at such annual meeting) state the purpose or purposes. The notice of a special meeting shall in all instances state the purpose or purposes for which the meeting is called. The notice of any meeting shall also include, or be accompanied by, any additional statements, information, or documents prescribed by the General Corporation Law. Except as otherwise provided by the General Corporation Law, a copy of the notice of any meeting shall be given, personally or by mail, not less than ten days nor more than sixty days before the date of the meeting, unless the lapse of the prescribed period of time shall have been waived, and directed to each stockholder at his record address or at such other address which he may have furnished by request in writing to the Secretary of the Corporation. Notice by mail shall be deemed to be given when deposited, with postage thereon prepaid, in the United States Mail.

If a meeting is adjourned to another time, not more than thirty days hence, and/or to another place, and if an announcement of the adjourned time and/or place is made at the meeting, it shall not be necessary to give notice of the adjourned meeting unless the directors, after adjournment, fix a new record date for the adjourned meeting. Notice need not be given to any stockholder who submits a written waiver of notice signed by him before or after the time stated therein. Attendance of a stockholder at a meeting of stockholders shall constitute a waiver of notice of such meeting, except when the stockholder attends the meeting for the express purpose of objecting, at the beginning of the meeting, to the transaction of any business because the meeting is not lawfully called or convened. Neither the business to be transacted at, nor the purpose of, any regular or special meeting of the stockholders need be specified in any written waiver of notice.

– *STOCKHOLDER LIST.* The officer who has charge of the stock ledger of the Corporation shall prepare and make, at least ten days before every meeting of stockholders, a complete list of the stockholders, arranged in alphabetical order, and showing the address of each stockholder and the number of shares registered in the name of each stockholder. Such list shall be open to the examination of any stockholder, for any purpose germane to the meeting, during ordinary business hours, for a period of at least ten days prior to the meeting, either at a place within the city or other municipality or community where the meeting is to be held, which place shall be specified in the notice of the meeting, or if not so specified, at the place where the meeting is to be held. The list shall also be produced and kept at the time and place of the meeting during the whole time thereof, and may be inspected by any stockholder who is present. The stock ledger shall be the only evidence as to who are the stockholders entitled to examine the stock ledger, the list required by this section or the books of the Corporation, or to vote at any meeting of stockholders.

– *CONDUCT OF MEETING.* Meetings of the stockholders shall be presided over by one of the following officers in the order of seniority and if present and acting the Chairman of the Board, if any, the Vice-Chairman of the Board, if any, the President, a Vice-President, or, if none of the foregoing is in office and present and acting, by a chairman to be chosen by the stockholders. The Secretary of the Corporation, or in his absence, an Assistant Secretary, shall act as secretary of every meeting, but if neither the Secretary nor an Assistant Secretary is present the Chairman of the meeting shall appoint a secretary of the meeting.

– *PROXY REPRESENTATION.* Every stockholder may authorize another person or persons to act for him by proxy in all matters in which a stockholder is entitled to participate, whether by waiving notice of any meeting, voting or participating at a meeting, **or** expressing consent or dissent without a meeting. Every proxy must be signed by the stockholder or by his attorney-in-fact. No proxy shall be voted or acted upon after three years from its date unless such proxy provides for a longer period. A duly executed proxy shall be irrevocable if it states that it is irrevocable and, if, and only as long as, it is coupled with an interest sufficient in law to support an irrevocable power. A proxy may be made irrevocable regardless of whether the interest with which it is coupled is an interest in the stock itself or an interest in the Corporation generally.

– *INSPECTORS*. The directors, in advance of any meeting, may, but need not, appoint one or more inspectors of election to act at the meeting or any adjournment thereof. If an inspector or inspectors are not appointed, the person presiding at the meeting may, but need not, appoint one or more inspectors. In case any person who maybe appointed as an inspector fails to appear or act, the vacancy may be filled by appointment made by the directors in advance of the meeting or at the meeting by the person presiding thereat. Each inspector, if any, before entering upon the discharge of his duties, shall take and sign an oath faithfully to execute the duties of inspectors at such meeting with strict impartiality and according to the best of his ability. The inspectors, if any, shall determine the number of shares of stock outstanding and the voting power of each, the shares of stock represented at the meeting, the existence of a quorum, the validity and effect of proxies, and shall receive votes, ballots, or consents, hear and determine all challenges and questions arising in connection with the right to vote, count and tabulate all votes, ballots, or consents, determine the result, and do such acts as are proper to conduct the election or vote with fairness to all stockholders. On request of the person presiding at the meeting, the inspector or inspectors, if any, shall make a report in writing of any challenge, question, or matter determined by him or them and execute a certificate of any fact found by him or them

– *QUORUM*. The holders of a majority of the outstanding shares of stock shall constitute a quorum at a meeting of stockholders for the transaction of any business. The stockholders present may adjourn the meeting despite the absence of a quorum.

– *VOTING*. Each share of stock shall entitle the holders thereof to one vote Directors shall be elected by a plurality of the votes of the shares present in person or represented by proxy at the meeting and entitled to vote on the election of directors. Any other action shall be authorized by a majority of the votes cast except where the General Corporation Law prescribes a different percentage of votes and/or a different exercise of voting power, and except as may be otherwise prescribed by the provisions of the Certificate of Incorporation and these Bylaws. In the election of directors, and for any other action, voting need not be by ballot.

14. **STOCKHOLDER ACTION WITHOUT MEETINGS.** Any action required by the General Corporation Law to be taken at any annual or special meeting of stockholders, or any action which may be taken at any annual or special meeting of stockholders, may be taken without a meeting, without prior notice and without a vote, if

a consent in writing, setting forth the action so taken, shall be signed by the holders of outstanding stock having not less than the minimum number of votes that would be necessary to authorize or take such action at a meeting at which all shares entitled to vote thereon were present and voted. Prompt notice of the taking of the corporate action without a meeting by less than unanimous written consent shall be given to those stockholders who have not consented in writing. Action taken pursuant to this paragraph shall be subject to the provisions of Section-228 of the General Corporation Law.

ARTICLE II

DIRECTORS

15. **FUNCTIONS AND DEFINITION.** The business and affairs of the Corporation shall be managed by or under the direction of the Board of Directors of the Corporation. The Board of Directors shall have the authority to fix the compensation of the members thereof. The use of the phrase "whole board" herein refers to the total number of directors, which the Corporation would have if there were no vacancies.

16. **QUALIFICATIONS AND NUMBER.** A director need not be a stock- holder, a citizen of the United States, or a resident of the State of Delaware. The initial Board of Directors shall consist of two persons. Thereafter the number of directors constituting the whole board shall be at least one. Subject to the foregoing limitation and except for the first Board of Directors, such number may be fixed from time to time by action of the stockholders or of the directors, or, if the number is not fixed, the number shall be one. The number of directors may be increased or decreased by action of the stockholders or of the directors.

17. **ELECTION AND TERM.** The first Board of Directors, unless the members thereof shall have been named in the certificate of Incorporation, shall be elected by the incorporator or incorporators and shall hold office until the first annual meeting of stockholders and until their successors are elected and qualified or until their earlier resignation or removal. Any director may resign at any time upon written notice to the Corporation. Thereafter, directors who are elected at an annual meeting of stockholders, and directors who are elected in the interim to fill vacancies and newly created directorships, shall hold office until the next annual meeting of stockholders and until their successors are elected and qualified or until their earlier resignation or removal. Except as the General Corporation Law may otherwise require, in the interim between annual meetings of stockholders or of special meetings of stockholders called for the election of directors and/or for the removal of one or more directors and for the filling of any vacancy in that connection, newly created directorships and any vacancies in the Board of Directors, including unfilled vacancies resulting from the removal of directors for cause or without cause, may be filled by the vote of a majority of the remaining directors then in office, although less than a quorum, or by the sole remaining director.

18. **MEETINGS.**

- *TIME.* Meetings shall be held at such time as the Board shall fix, except that the first meeting of a newly elected Board shall be held as soon after its election as the directors may conveniently assemble.

- *PLACE.* Meetings shall be held at such place within or without the State of Delaware as shall be fixed by the Board.

- *CALL.* No call shall be required for regular meetings for which the time and place have been fixed. Special meetings may be called by or at the direction of the Chairman of the Board, if any, the Vice-Chairman of the Board, if any, of the President, or of a majority of the directors in office.

- *NOTICE OR ACTUAL OR CONSTRUCTIVE WAIVER.* No notice shall be required for regular meetings for which the time and place have been fixed. Written, oral, or any other mode of notice of the time and place shall be given for special meetings in sufficient time for the convenient assembly of the directors thereat Notice need not be given to any director or to any member of a committee of directors who submits a written waiver of notice signed by him before or after the time stated therein. Attendance of any such person at a meeting shall constitute a waiver of notice of such meeting, except when he attends a meeting for the express purpose of objecting, at the beginning of the meeting, to the transaction of any business because the meeting is not lawfully called or convened. Neither the business to be transacted at, nor the purpose of, any regular or special meeting of the directors need be specified in any written waiver of notice.

- *QUORUM AND ACTION.* A majority of the whole Board shall constitute a quorum except when a vacancy or vacancies prevents such majority, whereupon a majority of the directors in office shall constitute a quorum, provided that such majority shall constitute at least one-third of the whole Board. A majority of the directors present, whether or not a quorum is present, may adjourn a meeting to another time and place. Except as herein otherwise provided, and except as otherwise provided by the General Corporation Law, the vote of the majority of the directors present at a meeting at which a quorum is present shall be the act of the Board. The quorum and voting provisions herein stated shall not be construed as conflicting with any provisions of the General Corporation Law and these Bylaws, which govern a meeting of directors held to fill vacancies, and newly created directorships in the Board or action of disinterested directors. Any member or members of the Board of Directors or of any committee designated by the Board, may participate in a meeting of the Board, or any such committee, as the case may be, by means of conference telephone or similar communications equipment by means of which all persons participating in the meeting can hear each other.

- *CHAIRMAN OF THE MEETING.* The Chairman of the Board, if any and if present and acting, shall preside at all meetings. Otherwise, the Vice-Chairman of the Board, if any and if present and acting, or the President, if present and acting, or any other director chosen by the Board, shall preside.

19. **REMOVAL OF DIRECTORS.** Except as may otherwise be provided by the General Corporation Law, any director or the entire Board of Directors may be removed, with or without cause, by the holders of a majority of the shares then entitled to vote at an election of directors.

20. **COMMITTEES.** The Board of Directors may, by resolution passed by a majority of the whole Board, designate one or more committees, each committee to consist of one or more of the directors of the Corporation. The Board may designate one or more directors as alternate members of any committee, who may replace any absent or disqualified member at any meeting of the committee. In the absence or disqualification of any member of any such committee or committees, the member or members thereof, present at any meeting and not disqualified from voting, whether or not he or they constitute a quorum, may unanimously appoint another member of the Board of Directors to act at the meeting in the place of any such absent **or** disqualified member. Any such committee, to the extent provided in the resolution of the Board, shall have and may exercise the powers and authority of the Board of Directors in the management of the business and affairs of the Corporation with the exception of any authority the delegation of which is prohibited by Section 141 of the General Corporation Law, and may authorize the seal of the Corporation to be affixed to all papers which may require it.

21. **WRITTEN ACTION.** Any action required or permitted to be taken at any meeting of the Board of Directors or any committee thereof may be taken without a meeting if all members of the Board or committee, as the case may be, consent thereto in writing, and the writing or writings are filed with the minutes of proceedings of the Board or committee.

ARTICLE III

OFFICERS

The officers of the Corporation shall consist of a President, a Secretary, a Treasurer, and, if deemed necessary, expedient, or desirable by the Board of Directors, a Chairman of the Board, a Vice-Chairman of the Board, an Executive Vice-President, one or more other Vice-Presidents, one or more Assistant Secretaries, one or more Assistant Treasurers, and such other officers with such titles as the resolution of the Board of

Directors choosing them shall designate. Except as may otherwise be provided in the resolution of the Board of Directors choosing him, no officer other than the Chairman or Vice-Chairman of the Board, if any, need be a director Any number of offices may be held by the same person, as the directors may determine. Unless otherwise provided in the resolution choosing him, each officer shall be chosen for a term which shall continue until the meeting of the Board of Directors following the next annual meeting of stockholders and until his successor shall have been chosen and qualified. All officers of the Corporation shall have such authority and perform such duties in the management and operation of the Corporation as shall be prescribed in the resolutions of the Board of Directors designating and choosing such officers and shall have such additional authority and duties as are incident to their office except to the extent that such resolutions may be inconsistent therewith. The Secretary or an Assistant Secretary of the Corporation shall record all of the proceedings of all meetings and actions in writing of stockholders, directors, and committees of directors, and shall exercise such additional authority and perform such additional duties, as the Board shall assign to him. The Board of Directors may remove any officer, with or without cause. The Board of Directors may fill any vacancy in any office.

ARTICLE IV

CORPORATE SEAL

The Corporate Seal shall carry the name of the Corporation "..." and the year of its incorporation "...".

ARTICLE V

FISCAL YEAR

The fiscal year of the Corporation shall be fixed, and shall be subject to change, by the Board of Directors.

ARTICLE VI

CONTROL OVER BYLAWS

Subject to the provisions of the Certificate of Incorporation and the provisions of the General Corporation Law, the power to amend, alter, or repeal these Bylaws and to adopt new Bylaws may be exercised by the Board of Directors or by the stockholders.

STATE OF DELAWARE
CERTIFICATE OF LIMITED PARTNERSHIP

• **The Undersigned,** desiring to form a limited partnership pursuant to the Delaware
Revised Uniform Limited Partnership Act, 6 Delaware Code, Chapter 17, do hereby
certify as follows:

• **First:** The name of the limited partnership is

_____

_____

• **Second:** The address of its registered office in the State of Delaware is

_____

_____ in the city of

_____.

The name of the Registered Agent at such address is

_____

_____

• **Third:** The name and mailing address of each general partner is as follows:

_____

_____

_____

_____

• **In Witness Whereof,** the undersigned has executed this Certificate of Limited Partnership of _____ as of

_____

By: _____

General Partner

Name: _____

(type or print name)

STATE *of* DELAWARE
CERTIFICATE *of* TRUST

This Certificate of Trust is filed in accordance with the provisions of the Delaware Statutory Trust Act (12 Dei. C. Section 3801 ct seq.) and sets forth the following:

• **First:** The name of the trust is

_____

_____

• **Second:** The name and address of the trustee or the Registered Agent is (meeting the requirements of subsection 3807)

_____

_____

_____

• **Third:** *(Use this paragraph only if the company is to have a specific effective date:)* "This Certificate shall be effective

_____."

• **Fourth:** *(Insert any other information the trustees determine to include therein.)*

_____

_____

_____

_____

_____

_____

_____

BY: _____

Trustee(s)

NAME: _____

(Type or Print)

STATE *of* DELAWARE
LIMITED LIABILITY COMPANY
CERTIFICATE *of* FORMATION

• **First:** The name of the limited liability company is

_____

_____

• **Second:** The address of its registered office in the State of Delaware is

_____

_____ in the city of

_____.

The name of its Registered agent at such address is

_____

_____

• **Third:** *(Use this paragraph only if the company is to have a specific effective date of dissolution.)* "The latest date on which the limited liability company is to dissolve is _____."

• **Fourth:** *(Insert any other matters the members determine to include herein.)*

_____

_____

_____

_____

_____

_____

_____

In Witness Whereof, the undersigned have executed this Certificate of Formation of

_____ this _____ day of _____,

20_____.

BY: _____

Authorized Person(s)

NAME: _____

Type or Print

STATE *of* DELAWARE
CERTIFICATE *of* INCORPORATION
A NON-STOCK CORPORATION

• **First:** The name of this Corporation is

_____

_____

• **Second:** Its Registered Office in the State of Delaware is to be located at

_____

_____ Street, in the City of

_____

County of _____ Zip Code _____. The registered agent in charge
thereof is

_____

_____

_____

• **Third:** The purpose of the corporation is to engage in any lawful act of activity for
which corporations may be organized under the General Corporation Law of Delaware. *(If
the corporation is to be a nonprofit corporation, please add: "This Corporation shall be a
nonprofit corporation.")*

_____

_____

• **Fourth:** The corporation shall not have any capital stock, and the conditions of membership shall be (In lieu of setting out the conditions of membership in the Certificate of
Incorporation, a statement may be inserted that the conditions of membership shall be
stated in the By-Laws.) as follows:

_____

_____

_____

• **Fifth:** The name and mailing address of the incorporator are as follows:
Name _____
Mailing Address _____
_____ Zip Code _____

• **I, The Undersigned,** for the purpose of forming a corporation under the laws of the
State of Delaware, do make, file and record this Certificate, and do certify that the facts
herein stated are true, and I have accordingly hereunto set my band this
_____ day of _____, A.D. 20 _____.

BY: _____

(Incorporator)

NAME: _____

(Type or Print)

To Whom it May Concern:

If you wish to file a non-profit corporation and qualify as a 501(c)(3) with the IRS please include the following language in your Certificate of Incorporation:

A) The purposes for which the (name of organization) is organized are exclusively religious, charitable, scientific, literary, and educational within the meaning of section 501(c)(3) of the Internal Revenue Code of 1986 or the corresponding provision of any future United States Internal Revenue law.

B) Notwithstanding any other provision of these articles, this organization shall not carry on any activities not permitted to be carried on by an organization exempt from Federal income tax under section 501(c)(3) of the Internal Revenue Code of 1986 or the corresponding provision of any future United States Internal Revenue law.

C) Upon the dissolution of the corporation, assets shall be distributed for one or more exempt purposes within the meaning of section 501(c)(3) of the Internal Revenue Code, or corresponding section of any future federal tax code, or shall be distributed to the federal government, or to a state or local government, for a public purpose. Any such assets not so disposed of shall be disposed of by the Court of Common Pleas of the county in which the principal office of the corporation is then located exclusively for such purposes or to such organization or organizations, as said Court shall determine which are organized and operated exclusively for such purposes.

State of Delaware
Division of Corporations
General Information 302-739-3073

STATE *of* DELAWARE
CERTIFICATE *of* INCORPORATION
A STOCK CORPORATION

• **First:** The name of this Corporation is

_____

_____

• **Second:** Its registered office in the State of Delaware is to be located at

_____

_____ Street, in the City of

_____

County of _____ Zip Code _____. The registered agent in
charge thereof is

_____

_____

_____

• **Third:** The purpose of the corporation is to engage in any lawful act or activity for
which corporations may be organized under the General Corporation Law of Delaware.
• **Fourth:** The amount of the total authorized capital stock of this corporation is
_____ Dollars (\$ _____) divided into _____ shares of _____
Dollars(\$ _____) each.
• **Fifth:** The name and mailing address of the incorporator are as follows:
Name _____
Mailing Address _____
_____ Zip Code _____
• **I, The Undersigned,** for the purpose of forming a corporation under the laws of the
State of Delaware, do make, file and record this Certificate, and do certify that the facts
herein stated are true, and I have accordingly hereunto set my hand this _____
day of _____, A.D. 20 _____.

BY: _____

(Incorporator)

NAME: _____

(Type or Print)

12.3   Anmerkungen zu Kapitel 5 Steuerrecht

Das gesamte Bundessteuerrecht und alle weiteren Gesetze des United State Code sind online über http://uscode.house.gov/ abrufbar, einer Indexseite des *Office of the Law Revision Counsel* des *U.S. House of Representatives*.

Die Föderation der Steuerbehörden der einzelnen Bundesstaaten (FTA = *Federation of Tax Administrators* – https://www.taxadmin.org/state-tax-agencies) bietet Links und Verbindungen zu den Finanzministerien der einzelnen Bundesstaaten bzw. zu deren Webseiten.

12.3.1 Doppelbesteuerungsabkommen mit den USA

Country	Content	Signed	General Effective Date	Valid
Austria	Income Tax	Vienna, May 31, 1996	January 1, 1999	Yes
Austria	Estate & Gift Tax	Vienna, June 21, 1982	July 1, 1983	De facto: No
Germany	Income Tax	Bonn, August 29, 1989	January 1, 1990 and January 1, 1991 (former GDR)	Yes
Germany	Estate & Gift Tax	Bonn, December 3, 1980	June 27, 1986	Yes
Switzerland	Income Tax	Washington, October 1996	January 1, 1998	Yes
Switzerland	Estate & Gift Tax	Washington, July 9, 1951	September 17, 1952	Yes

12.3.2 *Federal Corporate Tax Rate* – Körperschaftsteuer

Personal Holding Company
Personal Holding companies unterliegen zusätzlich einer Steuer auf nicht ausgeschüttete Gewinne (§ 541 IRC) mit einem Höchststeuersatz von 20 %.

Accumulated Earnings Tax
Zusätzlich zur regulären Steuer kann eine *Corporation* einer weiteren Steuer auf nicht ausgeschüttete Gewinne über US$ 250,000 (US$ 150,000 für *personal Service Corporations*) unterliegen (§ 531 IRC). Der Höchststeuersatz beträgt hier ebenfalls 20 %.

12.3.3 Höchststeuersätze der Einzelstaaten – Körperschaftssteuer (Stand: 2018)

State	Top Tax Rate (%)	Top Bracket (US$)
Alabama	6,50	>0
Alaska	9,40	>222,000
Arizona	4,90	>0

State	Top Tax Rate (%)	Top Bracket (US$)
Arkansas	6,50	>100,000
California	8,84	>0
Colorado	4,63	>0
Connecticut	8,25	>0
Delaware	8,70	>0
Florida	5,50	>0
Georgia	6,00	>0
Hawaii	6,40	>100,000
Idaho	7,40	>0
Illinois	9,50	>0
Indiana	6,00	>0
Iowa	12,0	>0
Kansas	7,00	>50,000
Kentucky	6,00	>100,000
Louisiana	8,00	>200,000
Maine	8,93	>250,000
Maryland	8,25	>0
Massachusetts	8,00	>0
Michigan	6,00	>0
Minnesota	9,80	>0
Mississippi	5,00	>10,000
Missouri	6,25	>0
Montana	6,75	>0
Nebraska	7,81	>100,000
Nevada	None	
New Hampshire	8,20	>500,000
New Jersey	9,00	>100,000
New Mexico	5,90	>500,000
New York	6,50	>0
North Carolina	3,00	>0
North Dakota	4,31	>50,000
Ohio	None	
Oklahoma	6,00	>0
Oregon	7,60	>1,000,000
Pennsylvania	9,99	>0
Rhode Island	7,00	>0

State	Top Tax Rate (%)	Top Bracket (US$)
South Carolina	5,00	>0
South Dakota	None	
Tennessee	6,50	>0
Texas	None	
Utah	5,00	>0
Vermont	8,50	>25,000
Virginia	6,00	>0
Washington	None	
West Virginia	6,50	>0
Wisconsin	7,90	>0
Wyoming	None	
District of Columbia	8,25	>0

Quelle: https://taxfoundation.org/state-corporate-income-tax-rates-brackets-2018/

12.3.4 Höchststeuersätze der Einzelstaaten – Einkommenssteuer *Single Filer* (Stand: 2018)

State	Top Tax Rate	Top Bracket (US$)	Standard Deduction (US$)
Alabama	5,00 %	3,000	2,500
Alaska	None		
Arizona	4,54 %	155,159	5,183
Arkansas	6,90 %	35,099	2,200
California	13,30 %	1,000,000	4,236
Colorado	4,63 % of federal taxable income		n.A.
Connecticut	6,99 %	500,000	n.A.
Delaware	6,60 %	60,000	3,250
Florida	None		
Georgia	6,00 %	7,000	4,600
Hawaii	11,00 %	200,000	2,200
Idaho	7,40 %	11,043	6,350
Illinois	4,95 % of federal adjusted gross income with modifications		n.A.
Indiana	3,23 % of federal adjusted gross income with modifications		n.A.
Iowa	8,98 %	71,910	2,030
Kansas	5,70 %	30,000	3,000
Kentucky	6,00 %	75,000	2,480

State	Top Tax Rate	Top Bracket (US$)	Standard Deduction (US$)
Louisiana	6,00 %	50,000	n.A.
Maine	7,15 %	50,750	11,800
Maryland	5,75 %	250,000	2,000
Massachusetts	5,10 %	0	n.A.
Michigan	4,25 % of federal adjusted gross income with modifications		n.A.
Minnesota	9,85 %	160,020	n.A.
Mississippi	5,00 %	10,000	2,300
Missouri	5,90 %	9,072	12,000
Montana	6,90 %	17,900	4,580
Nebraska	6,84 %	30,420	6,500
Nevada	None		
New Hampshire	5,00 %	0	n.A.
New Jersey	8,97 %	500,000	n.A.
New Mexico	4,90 %	16,000	12,000
New York	8,82 %	1,077,550	8,000
North Carolina	5,499 %	0	8,750
North Dakota	2,90 %	424,950	n.A.
Ohio	4,997 %	213,350	n.A.
Oklahoma	5,00 %	213,350	6,350
Oregon	9,90 %	7,200	2,175
Pennsylvania	3,07 %	125,000	n.A.
Rhode Island	5,99 %	149,150	8,525
South Carolina	7,00 %	14,860	12,000
South Dakota	None		
Tennessee	3,00 %	0	n.A.
Texas	None		
Utah	5,00 %	0	n.A.
Vermont	8,95 %	416,650	12,000
Virginia	5,75 %	17,000	3,000
Washington	None		
West Virginia	6,50 %	60,000	n.A.
Wisconsin	7,65 %	247,350	10,380
Wyoming	None		
District of Columbia	8,95 %	1,000,000	12,000

Quelle: https://taxfoundation.org/state-individual-income-tax-rates-brackets-2018/

12.4   Anmerkungen zu Kapitel 6 Business Plan

Der nachfolgende Business Plan stellt den idealtypischen Aufbau für die Präsentation eines Markteintrittsprojektes dar. Modifikationen sind je nach Art des Vorhabens entsprechend vorzunehmen.

A. Titelblatt

B. Inhaltsverzeichnis

C. Executive Summary
  b. Zusammenfassung des Inhalts
  I.   Überblick über den strukturellen Aufbau

  c. Motivation für das Projekt
  I.   Gründe für eine Expansion
  II.   Grund für die Wahl des amerikanischen Marktes
  III.   Potenzial des Produktes/der Dienstleistung

  d. Erwartete Ergebnisse

D. Zielsetzung
  e. Zielsetzung
  IV.   Gesamtziele des Unternehmens
  V.   Expansionsziele – welchen Beitrag liefert das Internationalisierungsprojekt zu den Gesamtzielen?

  f. Zeitliche Zieloperationalisierung

E. Marktumfeld – Marktsituation
  g. Begründung für die Exportaktivität
  VI.   Übereinstimmung mit den Unternehmenszielen
  VII.   Wirtschaftlich fundierte Entscheidungen

  h. Begründung für die Wahl des Exportmarktes
  VIII.   Warum möchte das Unternehmen speziell in den amerikanischen Markt eindringen? (pull Faktoren)

  i. Landesprofil
  IX.   Politisches, wirtschaftliches (makroökonomische Einflussgrößen) und soziales Umfeld
  X.   Regulatorisches Umfeld
  XI.   Rechtsstruktur
  XII.   Steuerrechtliche Struktur

XIII.   Beschaffenheit der Infrastruktur (z. B. Straßen, Häfen, Eisenbahn, Flughäfen, Telefon und andere Kommunikationseinrichtungen…)

XIV.   Kulturelle und geschäftliche Praktiken

j. Industrieprofil

XV.   Gesamtgröße des Marktes und Wachstumspotenzial

XVI.   Identifikation der direkten Kunden (wie z. B. Käufer, Agenten, Zwischenhändler, Lieferanten, Verkaufshäuser), der tatsächlichen Endverbraucher (Einzelpersonen oder Unternehmer), und Evaluierung der derzeitigen Marktentwicklung

XVII.   Analyse der Wettbewerbsfähigkeit

    1. Gesamte Beschaffenheit der Wettbewerbssituation

    2. Bestehende Konkurrenten: USP der Konkurrenten

    3. Das Unternehmen: (Strengths, Weaknesses, Opportunities, Threats [SWOT-Analyse] – in Bezug auf den amerikanischen Markt)

    4. Besondere unternehmensspezifische Verkaufsstrategien und Wettbewerbsvorteile der Konkurrenten

    5. Bestehende Produktions- und Vertriebskanäle

    6. Marketingpraktiken

F. Markteintrittsplanung

k. Produktpolitik

XVIII.   Ausrichtung hinsichtlich der typischen Verwendung des Produktes seitens des Endverbrauchers (welche Probleme werden gelöst?)

    1. Profil des Endverbrauchers

XIX.   Ausnutzung spezieller Verkaufstechniken oder Wettbewerbsvorteile/ Marktnischen

    1. Besondere unternehmensspezifische Verkaufsstrategien und Wettbewerbsvorteile

XX.   Beschreibung notwendiger Produktmodifikationen

    1. Charakteristik des Produktes (Design, Stil, Farbe, etc.)

    2. Qualität

    3. Produktstandards (Gesundheits- und Sicherheitsbestimmungen)

    4. Etikettierung, Verpackung, Kennzeichnung, verwendete Sprachen…)

XXI.   Potenziell notwendige Produktneuentwicklung

XXII.   Beachtung der Saisonabhängigkeit und Lebenszyklus des Produkts/ der Servicedienstleistung

XXIII.   Beachtung der Saisonabhängigkeit und Lebenszyklus des Produkts/ der Servicedienstleistung

XXIV.   Schutz immateriellen Eigentums in den USA (Handelsname, Handelsmarke, Handelsgeheimnisse, Patente, Gebrauchsmuster, Copyrights, etc.)

XXXIII.   Unterstützung bei der Vertriebsfinanzierung
1. Vorfinanzierung für den Käufer (z. B. multilaterale Entwicklungsbanken, etc.)
2. Erfüllungsgarantien und Garantiebedingungen
3. Kundendienst (Rückbringung, Reparaturen, Garantieleistungen, Wartung, Training, Kommunikation/Hotlines, etc.)

n. Kontrahierungspolitik
XXXIV.   Preisempfinden der Kunden
XXXV.   Preiseinschränkungen
1. Rechtsgebung (anti-dumping, Preiskontrollen, Preisbildung im Einzelhandel etc.)
2. Derzeitige Marktpreisgebung (wenn notwendig, sollten typische Gewinnspannen von Vertriebsketten in Betracht gezogen werden)
3. Preissensibilität (Marktakzeptanz bei höheren oder niedrigeren Preisen)
XXXVI.   Preisstrategie beim Markteintritt
1. Marktabschöpfung
2. Preisstrategie zur Marktdurchdringung
3. flexible Preisgebung
4. statische Preisgebung
XXXVII.   Flexibilität des Unternehmens bei der Preissetzung
XXXVIII.   Kostenanalyse
XXXIX.   Positionierung des Produktes abseits der Konkurrenz

G. Ressourcen
o. Finanzplan
XL.   Erfordernisse hinsichtlich des Erwerbes einer Betriebsstätte und der notwendigen Maschinen: Detaillierte Anführung des gesamten Investitionsaufwandes – speziell auf die Versorgung des amerikanischen Marktes zugeschnitten
XLI.   Umsatzprognosen: Absatzprognose für den amerikanischen Markt, Preis pro Einheit, Gesamtabsatz (Drei- bis Fünfjahresprognose, Bereitstellung monatlicher Details im ersten Jahr)
XLII.   Kostenaufwand für die verkauften Güter: Anzahl der zu produzierenden Einheiten, Kosten pro Einheit, Gesamtkosten der verkauften Güter
XLIII.   Voraussagen hinsichtlich der internationalen Gewinn-/Verlustrechnung: Absatz auf dem amerikanischen Markt abzüglich der Kosten der verkauften Produkte/Services und der Fixkosten für die Errechnung des geplanten Nettoertrags
XLIV.   Voraussagen hinsichtlich des internationalen Kapitalflusses: Voraussichtlicher Erhalt von Bargeld und erwartete Aufwendungen in bar

XLV.   Kostendeckungsanalyse (Break-Even): Anzahl der verkauften Einheiten und Höhe des Verkaufserlöses welche zur Abdeckung der Verkaufsgüterkosten und den Fixkosten notwendig sind.

XLVI.   Erforderliche Finanzierung: Identifizierung der Finanzierungsmöglichkeiten, des Bedarfs an Betriebskapital, des Beitrags von Eigenkapital und der zur Sicherstellung von notwendigen Finanzierungen zur Verfügung stehenden Sicherheiten.

XLVII.   Finanzierungen: Identifizieren von sämtlichen Quellen, die die notwendige Finanzierung zur Verfügung stellen können

XLVIII.   Berücksichtigung des Währungsrisiko im Rahmen der Finanzplanung

p. Personalplan

XLIX.   Expatriate Managers

        1. Mobilität der eigenen Arbeitskräfte

        2. Identifizieren und Bestimmen von Einzelpersonen (deren Positionen), welchen Aufgabengebiete in Sachen Markteintritt in die USA zugewiesen werden sollen.

        3. Identifizieren bestehender (und erforderlicher) Fähigkeiten und Wissensgebiete, die in Bezug zu den Markteintrittsaktivitäten stehen (z. B. Sprachen, Kulturen, internationales Marketing, Logistik, Transport, Dokumentation, Bankwesen, Politik, Wirtschaft, Recht, Finanzen, etc.)

        4. Zusätzlich erforderliches Training

        5. Formelle Erfordernisse (Arbeitsgenehmigung, Visa)

L.   Lokale Arbeitskräfte

        1. Vorhandensein der Arbeitskräfte am zukünftigen Betriebsstandort

        2. Vorhandensein notwendiger Qualifikationen, Ausbildungsniveau

        3. Möglichkeiten zur Einschulung

        4. Kompatibilität der Mentalität der lokalen Arbeitskräfte mit der Unternehmenskultur

H. Projektbeurteilung

q. Gegenüberstellung dreier Elemente

LI.   Voraussetzungen innerhalb des Unternehmens

LII.   Chancen für das Unternehmen

LIII.   Mit dem Markteintritt verbundene Risiken

r. Investitionsrechnung

LIV.   Gegenüberstellung der notwendigen Investitionen und der voraussichtlichen Einnahmen aus dem Markteintritt in den USA

LV.   ROI: Return on Investment

s. Risikomanagement

LVI. Marktrisiko: Vorausplanung für einen Wechsel der inländischen und ausländischen Marktbedingungen, Akzeptanz des Produktes, Strategiewahl,
Miteinbeziehen von unvorhersehbaren Faktoren

LVII. Produktrisiko: Plan zur Vermeidung von Produkthaftungsklagen, Kalkulation der Adaptionskosten, Bereitstellung von Garantieleistungen und Produktservices

LVIII. Personenrisiko: Vermeiden eines zu frühen Festlegens auf einen bestimmten Partner im amerikanischen Markt und somit einer Einengung der Sichtweise, Strategie für die Wahl des optimalen Partners

LIX. Wechselkursrisiko: Maßnahmen für den Erhalt des Wertes (z. B.: vertragliche Werterhaltung, Termingeschäft, Devisenoption, etc.), Finanzplanung in Dollar

12.5 Anmerkungen zu Kapitel 7 Standortwahl

Unterstützung bei der Wahl eines Standortes können sogenannte *„site selection companies"* bieten. Im Internet finden sich Verzeichnisse entsprechender Unternehmen (unter anderem hier http://ecodevdirectory.com/listings-category/site-selections/).

Beispielsweise bietet Oxford Economics Hilfe durch Analyse des geografischen Umfelds wie Verfügbarkeit qualifizierter Arbeitnehmer und Steuern sowie durch demografische und Marktgrößenanalysen gepaart mit Wirtschaftsprognosen um optimale Empfehlungen aussprechen zu können. Die Site Selection Group dient dagegen mit speziellen Analysen der Konkurrenz, des Arbeitsmarktes oder der Gewerkschaften sowie geopolitischer und natürlicher Risiken. Zudem hat das Unternehmen White Paper zu den verschiedensten Themen, darunter den *U.S. Tech City Ranking Report* sowie den *Minimum Wage Trends Report,* im Angebot. Diese Quellen bilden eine wertvolle Ressource im Entscheidungsprozess der Standortwahl.

Einzelstaatliche Wirtschaftsförderung
Stellvertretend für die klassischen vier Regionen der USA,

- Nordosten,
- Süden,
- Mittlerer Westen und
- Westen,

werden nachfolgend die Anreizprogramme jeweils zweier Bundesstaaten repräsentativ zusammengefasst.

Nordosten

New York State

Der Staat New York bietet gut 40 Programme an und legt den Fokus auf Darlehen und Zuschüsse.

- Die staatliche Entwicklungsförderungsagentur (*Empire State Development*) bietet seit 1968 Direktkredite für Unternehmen des produzierenden Gewerbes in Höhe von bis zu 60 % an (*Job Development Authority (JDA) Direct Loan Program*). Die Investitionen müssen dabei entweder den Erwerb sowie die Restauration alter Gebäude oder den Bau neuer Gebäude betreffen oder den Erwerb von Maschinen und Anlagen zum Gegenstand haben. In jedem Fall sind zehn Prozent Eigenkapital nötig, sodass maximal 90 % durch das Programm und Bankkredite fremdfinanziert werden können.
- Ein weiteres Programm stellt Steuergutschriften in Höhe von bis zu 10 % für die Schaffung neuer Jobs sowie Investitionen in Produktionsgebäude und -mittel in Aussicht (*Investment Tax Credit (ITC)*). Diese Gutschriften können auch ausgezahlt oder bis zu 15 Jahren vorgetragen werden.
- Die *New York State Environmental Facilities Corporation* hingegen lobt günstige Kredite für entsorgungsbezogene Projekte aus (*Industrial Finance Program*), indem eine Befreiung von bundesstaatlichen, einzelstaatlichen sowie lokalen Einkommenssteuern erfolgt. Gegenstand dieser Projekte können zum Beispiel der Grunderwerb, der Bau von Produktionsanlagen oder auch der Kauf von Ausrüstung sein.

Massachusetts

Massachusetts bietet 40 Programme bevorzugt zu Zuschüssen und Darlehen an.

- Im *Capital Access Program (CAP)* stellt die *Massachusetts Business Development Corporation (BDC Capital)* kleinen Unternehmen Bargeldbürgschaften eines Kreditverlustreservefonds zur Verfügung und ermöglicht ihnen damit die Kreditaufnahme. Seit 1993 wurden auf diese Weise über 5000 neue Unternehmen mit Darlehen in Höhe von über US$ 327 Mio. versorgt. Dieses Programm steht allen Unternehmern in Massachusetts offen und wird bevorzugt für Geschäftsgründungen und -erweiterungen eingesetzt.
- Für Technologiefirmen bietet *Mass Development* das Programm *Emerging Technology Fund* an. Es stellt Unternehmern Darlehen und Bürgschaften in Höhe von bis zu US$ 2,5 Mio. für die Akquisition, die Expansion, das Arbeitskapital oder die Ausrüstung in Aussicht. Darüber hinaus werden auch Bürgschaften bis zu einer Million USD für Grundstückskredite vergeben. Gebunden sind diese Programme an die operative Tätigkeit in diesem Staat zum Wohle der lokalen Wirtschaft, den Zweck der Ausgaben sowie mindestens zwei andere Kapitalgeber.

- Das *Executive Office of Labor and Workforce Development* bezuschusst im Rahmen des *Workforce Training Fund (WTF) Express Program* Weiterbildungsmaßnahmen für Mitarbeiter kleiner Unternehmen. Bis zu US$ 30.000 können erhalten werden, wenn in dem Unternehmen weniger als 50 Mitarbeiter arbeiten und die Weiterbildungen weniger als 24 Monate andauern.

Süden

Texas

Texas bietet gegenwärtig 33 Anreizprogrammen. Etwa die Hälfte davon hat Zuschüsse zum Gegenstand.

- Beispielsweise subventioniert die staatliche Entwicklungsförderungsagentur *(Economic Development and Tourism)* Neugründungen und Expansionen ab einer gewissen Größe – es müssen mindestens 75 neue Jobs geschaffen werden – sowie Weiterbildungsprogramme für Mitarbeiter *(Texas Enterprise Fund)*. Voraussetzung ist, dass Texas realistisch mit einem anderen Staat um die Gunst des Unternehmers konkurriert und der Kapitaleinsatz „signifikant" ist. Bewerber für dieses Programm müssen zudem finanziell stabil sein.
- In einem anderen Programm werden Güter, Waren und Erze, die in Texas montiert, gelagert, veredelt, repariert, gewartet oder verarbeitet werden und den Staat innerhalb von 175 Tagen wieder verlassen, von der Umsatzsteuer befreit *(Freeport Exemption)*.
- Bis 2026 gewährt der *Texas Comptroller of Public Accounts* entweder eine Umsatzsteuerbefreiung für Forschungs- und Entwicklungskosten oder eine generelle Steuergutschrift für forschende Unternehmen *(Franchise Tax Credit for Qualified Research and Development Activities)*.

Florida

Im Staate Florida gibt es 46 Anreizprogramme. Diese haben zumeist Zuschüsse und Steuerbefreiungen zum Gegenstand.

- Das *Florida Department of Revenue* befreit im Rahmen des *Energy Sales and Use Tax Exemptions* Programms beispielsweise Strom, der für landwirtschaftliche Zwecke oder in gewissen *enterprise zones* verbraucht wird, von der Umsatz- und Verbrauchssteuer. Ebenfalls steuerlich befreit werden können Sonnenenergiesysteme sowie Erdgas.
- Die staatliche Einwicklungsförderungsagentur *(Enterprise Florida, Inc.)* vergibt mittels des *High Impact Performance Incentive Grant (HIPI)* Zuschüsse an Investoren ausgewählter Branchen, beispielsweise der Luft- und Raumfahrt, der Logistik und des Vertriebs sowie der Fertigung. Berechtigt sind Projekte, die mindestens 50 neue Jobs schaffen sowie ein Volumen von mindestens US$ 50 Mio. haben, jeweils bezogen auf einen Dreijahreszeitraum.

- *Opportunity Florida* unterstützt Unternehmen mit den *Permit Streamlining Initiatives.* Dabei geht es darum, genehmigungsintensive Unterfangen zu beschleunigen und zu verbilligen, indem zum Beispiel eine zentrale Informationsplattform mit allen Regulatoren angeboten wird oder indem Anträge vor Einreichung einer intensiven Prüfung unterzogen werden.

Mittlerer Westen

Illinois
Ungefähr 20 verschiedene Programme erwarten Investoren in Illinois, die meisten haben Darlehen zum Gegenstand.

- Die *Illinois Finance Authority* stellt Agrarökonomen von bundesstaatlichen Steuern befreite Anleihen aus, um damit den Zinssatz für Darlehen zum Grunderwerb zu senken *(Beginning Farmer Bond Program)*. Dazu wird mit dem lokalen Kreditgeber des jeweiligen Kreditnehmers kooperiert. Obergrenze dieser Kredite ist 2017 US$ 524.200.
- Ein anderes Programm fördert beispielsweise explizit Investitionen in ländlichen Gebieten *(Rural Development Loan Program)*. In Gemeinden mit weniger als 25.000 Einwohnern werden bis zu 75 % der Projektkosten bis zu einer Obergrenze von US$ 250.000 finanziert. Voraussetzung ist das Vermögen zur Rückzahlung sowie die Schaffung/Erhaltung von Arbeitsplätzen in der Gemeinde.
- Entwicklungsförderung betreibt der Staat *(Office of Trade and Investment (OTI))* beispielsweise durch das *Collateral Support Program (CSP)*, in welchem er für kleine Unternehmen und Unternehmer bürgt und ihnen damit günstigere Kredite ermöglicht. Um berechtigt zu sein muss ein Unternehmen in Illinois operieren *(corporation, joint venture, partnership, sole proprietorship, or other for-profit entity)* und weltweit weniger als 750 Mitarbeiter beschäftigen.

Michigan
Knapp 30 Programme stellt der Staat Michigan in Aussicht. In vielen dieser geht es um Steuerbefreiungen sowie Darlehen.

- Die Entwicklungsförderungsagentur des Staates *(Michigan Economic Development Corporation)* fördert grenznahe Investitionen mit dem Programm *Border Crossing Renaissance Zones,* indem Unternehmen, die dort investieren wollen, spezielle Steueranreize, etwa ein kompletter Erlass der Vermögenssteuer, geboten werden. Zusätzlich wird beispielsweise die Errichtung eines neuen Warenlagers oder einer neuen Logistik- und Vertriebszentrale mit einer Halbierung der Grundsteuer für bis zu 12 Jahre subventioniert.
- Des Weiteren werden durch das *Michigan Business Development Program* Zuschüsse und Kredite an Unternehmen mit wettbewerbsintensiven Projekten, die mindestens 50 neue Jobs schaffen, vergeben. Die neuen Arbeitnehmer müssen dabei Einwohner Michigans sein. Je Projekt können bis zu USD zehn Millionen erhalten werden.

- Die *Michigan Community College Association* unterhält das *New Jobs Training Program*. Hier wird expansionswilligen Unternehmen finanzielle Unterstützung für individualisierte Mitarbeiterfortbildungen geboten. Mit einem der 21 staatlichen *community colleges* wird ein Kursplan erarbeitet, der Vollzeitangestellte weiterbildet. Finanziert wird dies durch Aufschläge auf das Mitarbeitergehalt nach Ende des Trainings, die allerdings durch Steuernachlässe wieder ausgeglichen werden. Dadurch entstehen dem Unternehmer keine Mehrkosten.

Westen

Kalifornien
Kalifornien wartet mit etwa 20 Anreizprogrammen für Investoren auf. Der Schwerpunkt liegt dabei auf Darlehen.

- Das *California Governor's Office of Business and Economic Development* gewährt Neugründungen sowie Expansionen bis zum Jahr 2025 Gutschriften auf die Einkommenssteuer *(California Competes Tax Credit)*. Einflussfaktoren der Höhe sind beispielsweise Art und Anzahl der neu geschaffenen Jobs, die Höhe der Gesamtinvestitionen sowie Umgebungsvariablen wie die Arbeitslosen- oder Armutsquote.
- Das *California Employment Training Panel* bietet seit über 35 Jahren finanzielle Aushilfe für Mitarbeiterfortbildungen an *(Employment Training Panel)*.
- Schließlich bietet das *California Franchise Tax Board* bis 2024 die Möglichkeit, Verluste in das nächste Jahr vorzutragen und zukünftiges Einkommen zu reduzieren *(Net Operating Loss Carryover)*, um die Fortführung der Geschäftätigkeit zu gewährleisten. Zurückgeschrieben werden können Verluste dagegen nicht. Vorträge können über bis zu 15 Jahre und bis zur vollen Höhe geschehen.

Arizona
Über 20 Programme erwarten Investoren in Arizona, fast alle haben Steuergutschriften oder -befreiungen zum Gegenstand.

- Die staatliche Entwicklungsförderungsagentur *(Arizona Commerce Authority)* fördert im Rahmen des *Healthy Forest Incentives Program* die Waldgesundheit. Beispielsweise wird durch Steuernachlässe auf Treibstoffe der Transport von Waldprodukten gefördert. Eine Reduktion der Grundsteuer ist möglich. Steuergutschriften für die Einkommenssteuer sowie Weiterbildungsmaßnahmen stehen ebenfalls auf dem Programm und sind ab der ersten Vollzeitstelle möglich.
- Mit der Initiative *Qualified Facility Tax Credit* wird bis 2019 die Errichtung einer Niederlassung mit Fokus auf Fertigung oder Forschung und Entwicklung in Arizona gefördert. Bis zu US$ 30 Mio. können als Steuergutschrift erhalten werden.

- Das *Arizona Department of Revenue* lobt *Sales and Use Tax Exemptions for Manufacturers* aus. Um die lokale Fertigung zu fördern, werden Ausnahmen in Bezug auf die Umsatz- und Verbrauchssteuer von beispielsweise Fertigungsmaschinen oder -ausrüstung gemacht. Für Unternehmen, die mehr als die Hälfte ihres Stromverbrauches durch die Fertigung erzielen, sind weitere Ausnahmen in Bezug auf die Umsatzsteuer des Stromes denkbar.

Fazit

Nach eingehender Prüfung hat sich ein wiederkehrendes Muster ergeben. Die Einzelstaaten bieten ähnliche Anreize – beispielsweise Steuergutschriften, Zuschüsse oder Darlehen – an und verlangen dafür das Erfüllen gewisser Vorgaben – wie einer Branchenzugehörigkeit oder einer bestimmten Investitionshöhe, gemessen in Geld oder in neu erschaffenen Arbeitsplätzen.

Daneben heben die einzelnen Staaten ihre lokalen Besonderheiten hervor. Beispielsweise bietet die *California Film Commission* einen *Film and TV Production Tax Credit* an. Ein Viertel steuerlich gutgeschrieben wird zum Beispiel bei Filmproduktionen mit einem Budget von USD einer bis 100 Mio. Im ländlich geprägten North Dakota sind Programme der Agrarförderung verbreitet. Gefördert wird durch Einkommenssteuergutschriften für Investitionen in landwirtschaftliche Verarbeitungsanlagen, Steuerbefreiungen von Baustoffen für den Bau solcher Anlagen und Beratung in Angelegenheiten betreffend landwirtschaftliche Immobilienkredite.

12.6   Anmerkungen zu Kapitel 8 Finanzierung

Auswahl erfolgreicher US-*Venture Capital* Unternehmen

Venture Capital Unternehmen	Gebiete (Auswahl)	Investitionen (Auswahl)
Benchmark www.benchmark.com	*Mobile, Social, Marketplace, Infrastructure, Enterprise Software*	Dropbox, Twitter, Uber, Snapchat, Instagram, WeWork, Yelp, Zipcar
Lightspeed Venture Capital www.lsvp.com/	*Enterprise Software, Consumer Space*	Snapchat, DoubleClick, AppDynamics, Brocase, Nicira, Playdom
Sequoia www.sequoiacap.com	*Technology, Financial Services, Healthcare, Outsourcing*	Apple, Google, Oracle, Youtube, Instagram, Paypal, Whatsapp, Stripe
Greycroft Partners www.greycroft.com	*Food and Beverage, Internet Retail, Gaming, Data and AI, Marketplaces, Healthcare, Legal Service, Restaurants, Hotels, Household Products, Recreational Goods*	Braintree, Trunk Club, Buddy Media, Maker Studios, Venmo, Elite Daily, Vitals, Teem, Raze, Sourcepoint, Pulse, Overtime Sports, M5 Networks, Nativo, Karmic Labs, JW Player

Auswahl erfolgreicher US-*Venture Capital* Unternehmen		
Venture Capital Unternehmen	Gebiete (Auswahl)	Investitionen (Auswahl)
Kleiner Perkins www.kleinerperkins.com	*Renewable Energy, Technology, Life Science*	Genetech, Amazon, Sun Microsystems, Electronic Arts, Google, Netscape, Snapchat, Twitter

Auswahl erfolgreicher *US-Acceleratoren*		
Acceleratoren	Leistung/Kosten	Investitionen (Auswahl)
500 Startups www.500.co	*Leistung:* US$ 150.000 Investment *Kosten:* 6 % Firmenanteil +US$ 37.500 Programmgebühr	Eat App, IDreamBooks, Little Eye Labs, Cucumbertown, Visual.ly, Udemy, Canva, RidePal
Techstars www.techstars.com	*Leistung:* US$100.000 optionale Wandelanleihe + US$ 20.000 Investment *Kosten:* 6 % Firmenanteil	Uber, PillPack, DigitalOcean, SendGrid, ClassPass, Sphero, Twilio, Distil Networks
The Y Combinator www.ycombinator.com	*Leistung:* US$ 120.000 Investment *Kosten:* 7 % Firmenanteil	Dropbox, AirBnB, Reddit, Coinbasem Twitch, Docker, DoorDash, Mixpanel

12.7   Anmerkungen zu Kapitel 9 Personalmanagement

▷ Alle nachfolgenden juristischen Dokumente sind den jeweiligen Gegebenheiten anzupassen und sollten nur als Beispiel verstanden werden. Unterschiede ergeben sich auch von Bundesstaat zu Bundesstaat. Das Hinzuziehen eines Anwalts ist unbedingt anzuraten.

12.7.1 Visa Waiver Program

Programm für Visafreies Reisen			
	Bezeichnung	Kommentar	Aufenthaltsdauer
Programm für Visafreies Reisen	ESTA	Spätestens 72 h vor Abflug beantragen Bis zu zwei Jahre oder bis zum Ablauf der Gültigkeit des Passes des Reisenden gültig Gültig für mehrere Anreisen in die Vereinigten Staaten Begründet keinen Rechtsanspruch auf Einreise in die Vereinigten Staaten. Weitere Informationen vor Reiseantritt finden sich auf www.cbp.gov/travel/. Kosten: US$ 14	Bis zu 90 Tage

Quelle: https://de.usembassy.gov/de/visa/nicht-einwanderungsvisa/

12.7.2 Nicht-Einwanderungsvisa

Visarichtlinienüberblick in den USA: Nichteinwanderungsvisa – Besuchervisa

	Bezeichnung	Kommentar	Aufenthaltsdauer
Geschäftsreisende	B-1	Geschäfts- und Kundenkontakte knüpfen; Konferenzen, Forschung (nur unabhängig und ohne Bezahlung) Geschäftsgründung (Ankauf/ Pacht eines Objektes) Verträge schließen Innerbetriebliche Ausbildung Montagearbeiten	Ein Beamter der amerikanischen Zoll- und Grenzschutzbehörde, stellt die maximale Aufenthaltsdauer in den Vereinigten Staaten von Amerika fest.
Private Zwecke	B-2	Touristische Zwecke oder Familienbesuch Medizinische Behandlung Teilnahme an einer gesellschaftlichen Veranstaltung Familienangehörige eines US-Militärdienstleistenden Familienangehörige eines Besatzungsmitgliedes Kurzer Aufenthalt für Teilzeit-Studenten Amateure Unterhaltungskünstler und Athleten	Ein Beamter der amerikanischen Zoll- und Grenzschutzbehörde, stellt die maximale Aufenthaltsdauer in den Vereinigten Staaten von Amerika fest
Geschäftliche und private Zwecke	B1/B2	Bei Verbringung von Geschäfts- und touristische Reisen in die USA wird unter Umständen ein kombiniertes B1/B2 Visum erteilt.	Ein Beamter der amerikanischen Zoll- und Grenzschutzbehörde, stellt die maximale Aufenthaltsdauer in den Vereinigten Staaten von Amerika fest

Quelle: https://de.usembassy.gov/de/visa/tourismus-und-reisen/

Visarichtlinienüberblick in den USA: Nichteinwanderungsvisa – kurzfristige Beschäftigung

	Bezeichnung	Kommentar	Aufenthaltsdauer
Hoch qualifizierte Fachkräfte	H-1B	Hoch spezialisierte Fachberufe Ein Abschluss einer spezifischen Hochschulausbildung wird vorausgesetzt Bescheinigung des Arbeitsministeriums erforderlich Forschungs- und Entwicklungsprojekte auf Regierungsebene sowie kooperative Projekte unter der Leitung des Verteidigungsministeriums	Zeitliche Beschränkung

Visarichtlinienüberblick in den USA: Nichteinwanderungsvisa – kurzfristige Beschäftigung

	Bezeichnung	Kommentar	Aufenthaltsdauer
Saisonarbeit (Landwirt- schaft)	H-2A	Zeitlich befristete oder saisonale Arbeit im landwirtschaftlichen Bereich	Zeitliche Beschränkung
Saisonarbeit (außerhalb der Landwirtschaft)	H-2B	Zeitlich befristete oder saisonal Beschäftigte bestimmter Nationalitäten *(Eligible Countries List)* Befristete Arbeitserlaubnis, ausgestellt vom Arbeitsministerium erforderlich	Zeitliche Beschränkung
Auszubildende	H-3	Auszubildende im nichtmedizinischen und nichtakademischen Bereich Praktikum im Rahmen der Erziehung behinderter Kinder	Zeitliche Beschränkung
Manager, leitende Angestellte oder spezialisierte Fachkraft	L-1	Firmeninterne Versetzung einer Arbeits- kraft, die innerhalb der drei voran- gegangenen Jahre ein Jahr ständig bei diesem Arbeitgeber im Ausland beschäftigt gewesen sein muss Kosten: US$ 500	Zeitliche Beschränkung
Personen mit außergewöhn- lichen Fähig- keiten	O-1	Personen mit außergewöhnlichen Fähig- keiten auf den Gebieten Wissenschaft, Kunst, Erziehung, Geschäftswesen oder Sport, oder für Personen mit überragenden Leistungen in der Filmindustrie	Zeitliche Beschränkung
Begleitung eines O-1 Visainhabers	O-2	Personen, die den Inhaber eines O-1 Visums begleiten, um ihm bei einer künst- lerischen oder sportlichen Darbietung anlässlich einer speziellen Veranstaltung oder Vorführung zu assistieren	Zeitliche Beschränkung
Sportler	P-1	Einzelne Athleten, ein Team von Athle- ten, oder Mitgliedern einer Gruppe von Unterhaltungskünstlern, die internationale Anerkennung genießen	Zeitliche Beschränkung
Unterhaltungs- branche	P-2	Künstler und Personen aus der Unter- haltungsbranche, die im Rahmen eines gegenseitigen Austauschprogramms an einer Aufführung mitwirken	Zeitliche Beschränkung
Künstler/Enter- tainer	P-3	Künstler oder Entertainer, die ein Programm darbieten, das als kulturell ein- malig einzustufen ist	Zeitliche Beschränkung
Kultureller Aus- tausch	Q-1	Teilnehmer an einem internationalen kulturellen Austauschprogramm, das eine praktische Ausbildung oder eine Arbeits- aufnahme ermöglicht Ziel ist, dass die Teilnehmer Informationen über Geschichte, Kultur und Traditionen ihrer Heimatländer vermitteln	Zeitliche Beschränkung

Visarichtlinienüberblick in den USA: Nichteinwanderungsvisa – kurzfristige Beschäftigung

	Bezeichnung	Kommentar	Aufenthaltsdauer
Crew/ Besatzungs- mitglieder	C1/D	Besatzungsmitglieder von internationalen Fluggesellschaften Beschäftigte/Personal auf Schiffen/ Kreuzfahrtschiffen	Zeitliche Beschränkung
Ausländische Medienvertreter	I	Journalisten und andere Vertreter/innen ausländischer Medien	Zeitliche Beschränkung

Quelle: https://de.usembassy.gov/de/visa/befristete-beschaftigung/

Visarichtlinienüberblick in den USA: Nichteinwanderungsvisa – Studium & Austausch

	Bezeichnung	Kommentar	Aufenthaltsdauer
Studierende	F	Universität oder College (Privatorganisiert, nicht im Rahmen von Austauschprogrammen) (High) School (Privatorganisiert) *Seminary/Conservatory* Weitere akademische Bildungseinrichtungen, einschließlich Sprachkurse	Zeitliche Beschränkung
Austauschprogramm	J	Teilnehmer an Austauschprogrammen (Schulbesuch, Au Pair, Praktikant, Forscher, Universitätsstudium etc.)	Zeitliche Beschränkung
Studierende in berufsbildenden oder anerkannten nicht-akademischen Programmen	M	Berufsbildende oder anerkannte nicht-akademischen Programme außer Sprachkursen	Zeitliche Beschränkung

Quelle: https://de.usembassy.gov/de/visa/studium-und-austausch/

Visarichtlinienüberblick in den USA: Nichteinwanderungsvisa – Treaty Trader/Investor Visa

	Bezeichnung	Kommentar	Aufenthaltsdauer
Handelsvisum	E1	Antragsteller eines Vertragslandes (ein- schließlich Deutschland) Firma selbst muss die Nationalität des Ver- tragslandes besitzen Die Firma muss Handel im Sinne des *Immigration Nationality Act* (INA) betreiben Der Handel muss beträchtlich sein und zwischen den USA und dem Vertragsland stattfinden	Bis zur Beendigung des Handels

Visarichtlinienüberblick in den USA: Nichteinwanderungsvisa – Treaty Trader/Investor Visa			
	Bezeichnung	Kommentar	Aufenthaltsdauer
Investoren-visum	E2	Antragsteller eines Vertragslandes (einschließlich Deutschlands) Die Firma selbst besitzt die Nationalität des Vertragslandes Der Antragsteller hat bereits investiert oder ist gerade dabei zu investieren Die Firma muss real existieren und startbereit sein Die Investition muss beträchtlich sein	Bis zur Beendigung des Investments

Quelle: https://de.usembassy.gov/de/visa/e-1e-2-handels-investorenvisum/

12.7.3 Einwanderungsvisa

Arbeitsvertrag (At Will Employment Agreement)

Visarichtlinienüberblick in den USA: Einwanderungsvisa – Green Card	
	Kommentar
Einwanderung durch Familie	• Um ein Einwanderungsvisum beantragen zu können, muss ein ausländischer Staatsbürger im Allgemeinen von einem US-Staatsbürger oder einem *Lawful Permanent Resident Immediate Relative* gesponsert werden. • Eine bewilligte Petition muss vorliegen.
Verlobtenvisum	• Verlobte von US-Staatsbürgers können mit einem Nichteinwanderungsvisum (K-1) in die USA reisen um dort zu heiraten und dauerhaft zu leben.
Einwanderung durch Arbeitgeber	• Um ein Einwanderungsvisum beantragen zu können, muss ein ausländischer Staatsbürger im Allgemeinen von einem US-Staatsbürger oder einem US-Arbeitgeber gesponsert werden.
Diversity Visa (DV-Lotterie)	• Wenn auf der *Electronic Diversity Visa* (E-DV) Webseite bekannt gegeben wird, dass die DV-Lotterie gewonnen wurde, kann das Visum im Anschluss beantragt werden.
Zurückkehrende Einwohner (SB-1 Visum)	• Daueraufenthaltsberechtigte (*Lawful Permanent Resident* oder LPR), welche sich länger als ein Jahr oder über den Gültigkeitszeitraum einer *Re-entry Permit* außerhalb der USA aufgehalten haben, benötigen ein neues Einwanderungsvisum für eine dauerhafte Rückkehr in die USA.

Quelle: https://de.usembassy.gov/de/visa/einwanderungsvisa/

▶ Der Vertrag muss den jeweiligen Gegebenheiten angepasst werden und sollte nur als Beispiel verstanden werden. Das Hinzuziehen eines fachkundigen Rechtsberaters wird empfohlen.

Date

Address

Dear:

This will confirm the terms of the job offer, which xyz ("x") made to you:

Salary:	$ annually, paid monthly;
Discretionary Bonus:	A discretionary bonus may be awarded to you the amount and timing of which will be entirely at the discretion of x;
Hours:	Monday through Friday, from 9:00 a.m. to 6:00 p.m. with a 60 min lunch period;
Holidays:	Same as those for the entire office staff;
Vacation:	15 business days paid vacation;
Keogh/401 K:	(you will be eligible after 2 years employment as that term is defined in the Keogh plan, copies of which will be provided to you on commencement of employment;).
Health Insurance:	Single person coverage will be provided at no cost to you;
Confidentiality:	You agree that all confidential or proprietary information of x whether created or prepared by you or otherwise coming into your possession or knowledge i) will remain the exclusive property of x, ii) is material to the conduct of the business of x and will not be used or discussed by you other than on behalf of x and iii) if included in a written document in your possession or control, will be delivered to x immediately after the termination of your employment. Confidential and proprietary information includes but is not limited to pricing, profit margins, customer identification, business plans and strategies, financial information, computer systems, client prospects, employee records, accounting procedures, and any other information which could be of benefit to a competitor, is not in the public domain, or which could not be readily ascertained except by reason of your position as an employee of x.

Non-Solicitation:	For a period of one year from the termination of your employment, you shall not solicit, directly or indirectly, either for yourself or for any firm, corporation or other person, any employee of x.
Non-Competition:	You acknowledge that x will suffer irreparable injury if you compete with x. Accordingly, you agree that you will not, directly or indirectly, operate, organize, maintain, establish, manage, own, participate in, be employed by, or have any other interest in (as owner, operator, partner, stockholder, director, trustee, officer, lender, principal, agent, consultant or in any other capacity) any other business or venture that engages in (executive recruiting), while employed by x and, within one year after the termination of your employment, will not do so within a 100 mile radius of New York City.
Remedies:	You acknowledge that any breach or threatened breach by you of the above terms related to Confidentiality, No-Solicitation, and Non-Competition shall cause x irreparable harm for which damages alone would not be an adequate remedy. Accordingly, in any suit, which may be commenced by x in any court relating to any breach or threatened breach of such provisions, you recognize the right of x to seek injunctive relief, or damages, or both and you consent to the grant of injunctive relief against you upon proof of any such breach or attempted breach. Any such application for an injunction shall be without prejudice to any other course of action that may be available to x.

You will commence employment, 200. You are hired as an at-will employee. An at-will employee may be terminated at any time for a reason or for no reason.

I hope the above meets with your approval and that you will accept the offer. We very much look forward to working with you.

To indicate your acceptance of this offer, please sign in the space indicated below and return the original to me. The enclosed copy is for your files.

Sincerely yours,

x

Offer Accepted:

_____

Date:

12.8 Anmerkungen zu Kapitel 10 Interkulturelle Beobachtungen

Nachfolgend einige weiterführende Literaturangaben die zur besonderen Auseinandersetzung mit den USA, der amerikanischen Gesellschaft und ihren Besonderheiten anregen können.

12.8.1 Weiterführende deutschsprachige Literatur

1. Ders. Die USA im 20. Jahrhundert. München 2000.
2. Hübner E: Das politische System der USA. Eine Einführung. München 2001.
3. Kronzucker D: Unser Amerika. Hamburg 1987
4. Leggewie C: Amerikas Welt. Die USA in unseren Köpfen. Hamburg 2000.
5. Lojewski W: Amerika. Ein Traum vom neuen Leben. München 2000.
6. Lösche P: Amerika in Perspektive. Politik und Gesellschaft der Vereinigten Staaten. Darmstadt 1989.
7. Redling J: Kleines USA – Lexikon. Wissenswertes über Land und Leute. München 1995.
8. Sautter U: Geschichte der Vereinigten Staaten von Amerika. Stuttgart 1998.
9. Tocqueville de A: Über die Demokratie in Amerika. Hamburg 1956.
10. Thomä D: Unter Amerikanern. Eine Lebensart wird besichtigt. München 2001.
11. Unger F: Amerikanische Mythen. Zur inneren Verfassung der Vereinigten Staaten. Frankfurt/Main 1988.
12. Waldherr G: Amerika, du hast es besser. Lektionen aus dem Land der unbegrenzten Möglichkeiten. München 2001.
13. Watzlawick P: Gebrauchsanweisung für Amerika. München 2000.
14. Wersich B R: USA – Lexikon. Schlüsselbegriffe zu Politik, Wirtschaft, Gesellschaft, Kultur, Geschichte und zu den deutsch – amerikanischen Beziehungen. Berlin 1995.

12.8.2 Weiterführende englischsprachige Literatur

1. Bernstein R: Dictatorship of Virtue: Multiculturalism and the Battle for America's Future. New York 1994.
2. Baritz L: The Good Life: Tue Meaning of Success for the American Middle Class. New York 1989.
3. Evans H: The American Century. New York 1998.
4. Foner E: The Story of American Freedom. New York 1998.
5. Girgus S: The American Seif. Myth, Ideology, and Popular Culture. Albuquerque 1981.
6. Kammen M: American Culture – American Tastes. Social Change and the 20th Century. New York 1999.

7. Lipset S M: American Exceptionalism. A Double-Edged Sword. New York 1996.
8. Myers D G: The American Paradox. Spiritual Hunger in an Age of Plenty. New Haven, Connecticut 2000.
9. Robertson J O: American Myth, American Reality. New York 1980.
10. Stephenson A, Manifest Destiny: American Expansion and the Empire of Right. New York 1995.
11. Tebbel J W: From Rags to Riches. Horatio Alger, Jr. and the American Dream. New York 1963.
12. Wilkinson R: The Pursuit of American Character. New York 1988.

12.9 Nützliche US Informationen

12.9.1 Deutsche Vertretungsorganisationen in den USA

Generelle Informationen zu den Auslandsvertretungen Deutschlands finden sich hier: http://www.germany.info/

Botschaft der Bundesrepublik Deutschland
Embassy of the Federal Republic of Germany
4645 Reservoir Road, N.W.
Washington, DC 2007–1998
Phone (202) 298-4000
Phone (202) 298-4224 (Passport & Visa)

Deutsches Generalkonsulat in Atlanta
German Consulate General
Marquis Two Tower, Suite 901
285 Peachtree Center Avenue, N.E.
Atlanta, Georgia, 30.303-1221
Tel. (404) 659-4760
Fax (404) 659-1280

Deutsches Generalkonsulat in Boston
Consulate General of the Federal Republic of Germany
Three Copley Place, Suite 500
Boston, MA 02116
Tel. (617) 369 4900
Fax (617) 369 4940

Deutsches Generalkonsulat in Chicago
Consulate General of the Federal Republic of Germany
676 North Michigan Avenue, Suite 3200
Chicago, IL 60611
Tel. (312) 202-0480
Fax (312) 202-0466

Deutsches Generalkonsulat in Houston
German Consulate General Houston
1330 Post Oak Blvd., Suite 1850
Houston, TX 77056
Tel. (713) 627 7770

Deutsches Generalkonsulat in Los Angeles
Consulate General of the Federal Republic of Germany
6222 Wilshire Boulevard, Suite 500
Los Angeles, CA 90048
Tel. (213) 930-2703
Fax (213) 930-2805

Deutsches Generalkonsulat in Miami
Consulate General of the Federal Republic of Germany
100 N. Biscayne Blvd. Suite 2200
Miami, Florida, 33132
Tel. (305) 358 0290
Fax (305) 358 0307

Deutsches Generalkonsulat in New York
Consulate General of the Federal Republic of Germany
871 United Nations Plaza
(1st Avenue between 48th and 49th Streets)
New York, NY 10017
Tel. 212-610-9700
Fax 212-940-0402

Deutsches Generalkonsulat in San Francisco
German Consulate General
1960 Jackson Street
San Francisco, CA 94109
Passport and Visa Information only
Tel.: (415) 353 0343
Fax: (415) 353-0340

Other Consular Services
Tel.: (415) 775 1061
Fax: (415) 775 0187

Deutsch-Amerikanische Handelskammer Atlanta und Houston
German American Chamber of Commerce of the Southern U.S., Inc.
Atlanta Office
1170 Howell Mill Rd, Ste 300
Atlanta, GA 30318
Tel. +1 (404) 586-6800
Fax +1 (404) 586-6820
E-Mail: info@gaccsouth.com

Houston Office
1900 West Loop S., Ste 1550
Houston, TX 77027
Tel. +1 (832) 384 1200
Fax +1 (713) 715-6599
E-Mail: info@gacctexas.com

Deutsch-Amerikanische Handelskammer Chicago und Detroit
German American Chamber of Commerce of the Midwest, Inc. Headquarters
321 North Clark Street, Suite 1425
Chicago, IL 60654
Tel. +1 (312) 644-2662
Fax +1 (312) 644-0738
E-Mail: info@gaccmidwest.org

German American Chamber of Commerce of the Midwest, Inc., Michigan Office
One Woodward Avenue, Suite 1900
PO Box 33840
Detroit, MI 48232

Stefan Noeth
Project Manager, Consulting Services
Tel. +1 (313) 596-0399
E-Mail: noeth@gaccmidwest.org

Deutsch-Amerikanische Handelskammer Michigan
German American Chamber of Commerce of the Midwest – Michigan Chapter
Janina Luomala, Administrative Director/Event Manager

PO Box 1448
Brighton, MI 48116
Tel. 248-826-8806
E-Mail: info@gaccmi.org

Deutsch-Amerikanische Handelskammer New York
German American Chamber of Commerce, Inc.
80 Pine Street, 24th Floor
New York, NY 10005
Tel. (212) 974-8830
Fax (212) 974-8867
E-mail: info@gaccny.com

Deutsch-Amerikanische Handelskammer Philadelphia
German-American Chamber of Commerce, Philadelphia
200 South Broad Street, Suite 910
Philadelphia, PA 19103
Tel. (215) 501-7102
E-Mail: info@gaccphiladelphia.com

Deutsch-Amerikanische Handelskammer San Francisco
German American Chamber of Commerce, Inc., Office for the Western U. S.
101 Montgomery Street, Suite 2050
San Francisco, CA 94104
Tel. (415) 248.1240
Fax (415) 248.7800
E-Mail: info@gaccwest.com
www.gaccwest.com

12.9.2 Österreichische Vertretungsorganisationen in den USA

Botschaft der Republik Österreich
Austrian Embassy
3524 International Court N.W.
Washington, DC 20008
Tel. (202) 895-6700
Fax 202-895-6750
Email: inbox@austria.org

Österreichisches Generalkonsulat – Los Angeles
Austrian Consulate General
11859 Wilshire Blvd., Suite 501

Los Angeles, CA 90025
Tel. (310) 444-9310
Fax (+1/310) 47 79 897
E-Mail: los-angeles-gk@bmeia.gv.at
Web: www.aussenministerium.at/losangeles
www.austria-la.org

Österreichisches Generalkonsulat – New York
Austrian Consulate General
31 East 69th Street
New York, NY 10021
Fax +1 (212) 585 1992
E-mail: info@austria-ny.org

Österreichische Aussenhandelsstelle Chicago
AußenwirtschaftsCenter Chicago
500 North Michigan Avenue, Suite 1950
IL 60611 Chicago
Tel. +1 312 64 45 556
Fax +1 312 64 46 526
E-Mail: chicago@wko.at
Web: http://wko.at/aussenwirtschaft/us

Österreichische Aussenhandelsstelle Los Angeles
AußenwirtschaftsCenter Los Angeles
11601 Wilshire Blvd. – Suite 2420
90025 Los Angeles/California
Tel. +1 310 47 79 988
Fax +1 310 47 71 643
E-Mail: losangeles@wko.at

Österreichische Aussenhandelsstelle New York
AußenwirtschaftsCenter New York
120 West 45th Street, 9th Floor
N.Y. New York 10036
Tel. +1 212 42 15 250
Fax +1 212 42 15 251
E-Mail: newyork@wko.at
Web: http://wko.at/aussenwirtschaft/us

Österreichische Aussenhandelsstelle Washington, DC
AußenwirtschaftsCenter Washington

818, 18th Street, N.W., Suite 500
20006 Washington, D.C
Tel. +1 202 656 00 60
E-Mail: washington@wko.at
Web: http://wko.at/aussenwirtschaft/us

U. S. – Austrian Chamber of Commerce
U.S. Austrian Chamber of Commerce
c/o RB Int'l Finance
1177 Avenue of the Americas, 5th Floor
New York, NY 10036
Tel. (212) 819-0117
Email: office@usaustrianchamber.org

12.9.3 Schweizerische Vertretungsorganisationen in den USA

Schweizerische Botschaft
Embassy of Switzerland
2900 Cathedral Avenue N.W.
Washington, DC 20008-3499
United States of America
Tel. +1 202 745 7900
Fax +1 202 387 2564
E-Mail: was.information@eda.admin.ch
http://www.eda.admin.ch/washington

Schweizerisches Generalkonsulat Atlanta
Consulate General of Switzerland
1349 W Peachtree Street NW, Suite 1000
Atlanta, GA 30309
United States of America
Tel. +1 404 870 2000
Fax +1 404 870 2011
E-Mail: atl.vertretung@eda.admin.ch
http://www.eda.admin.ch/atlanta

Schweizerisches Generalkonsulat Los Angeles
Consulate General of Switzerland
11859 Wilshire Blvd., Suite 501
Los Angeles, CA 90025
United States of America

Tel. +1 310 575 1145
Fax +1 310 575 198
E-Mail: los.vertretung@eda.admin.ch
http://www.eda.admin.ch/la

Schweizerisches Generalkonsulat New York
Consulate General of Switzerland
633 Third Avenue, 30th floor
New York, NY 10017-6706
United States of America
Tel. +1 212 599 5700
Fax +1 212 599 4266
E-Mail: nycver@eda.admin.ch
https://www.eda.admin.ch/newyork

Schweizerisches Generalkonsulat San Francisco
Consulate General of Switzerland
Pier 17, Suite 600
San Francisco, CA 94111
Tel. +1 415 788 2272
Fax +1 415 788 1402
E-Mail: sfr.vertretung@eda.admin.ch
http://www.eda.admin.ch/sf

Schweizerisch – Amerikanische Handelskammer in Boston
Swiss-American Chamber of Commerce, Boston Chapter
420 Broadway
Cambridge, MA 02138
E-Mail: boston@amcham.ch

Schweizerisch – Amerikanische Handelskammer in Los Angeles
Swiss-American Chamber of Commerce, Los Angeles Chapter
9461 Charleville Boulevard, #537
Beverly Hills, CA 90212
Tel. +1 (626) 974-5429
E-Mail: losangeles@amcham.ch
www: http://www.amcham.ch/la

Schweizerisch – Amerikanische Handelskammer in New York
Swiss-American Chamber of Commerce, New York Chapter
500 Fifth Avenue, Room 1800
New York, NY 10110
Attention: Christina Yildiz

Tel. +1 (212) 246-0655
Fax +1 (212) 246-1366
E-Mail: newyork@amcham.ch

Schweizerisch – Amerikanische Handelskammer in San Francisco
Swiss-American Chamber of Commerce, San Francisco Chapter
P.O. Box 26007
San Francisco, CA 94.126-6007
Tel. +1 (415) 433-6679
E-Mail: swissamericanchamber@saccsf.com
Internet: http://www.saccsf.com

Schweizerisch – Amerikanische Handelskammer im Südosten
Swiss-American Chamber of Commerce, Southeast USA Chapter
c/o Alcon Laboratories, Inc.
11460 Johns Creek Parkway
Johns Creek, GA 30097
Attention: Karen Wright
Tel. +1 (678) 415-4219
Fax +1 (678) 415-4258
E-Mail: southeastusa@amcham.ch

Schweizerische Exportrisikoversicherung – SERV
Zeltweg 63
8032 Zürich
Tel. +41 (0)58 551 5555
Fax +41 (0)58 551 5500
E-Mail: info@serv-ch.com

S-GE Zürich
Switzerland Global Enterprise
Stampfenbachstrasse 85
CH-8006 Zürich
Tel. 044 365 51 51
Fax 044 365 52 21
E-Mail: info@s-ge.com
Internet: www.s-ge.com

S-GE Lausanne
Switzerland Global Enterprise Western Switzerland
Avenue d'Ouchy 47
1001 Lausanne, Switzerland

Tel. 021 545 94 94
E-Mail: info.lausanne@s-ge.com

S-GE Lugano
Switzerland Global Enterprise Southern Switzerland
Corso Elvezia 16
6901 Lugano, Switzerland
Tel. 091 601 86 86
E-Mail: info.lugano@s-ge.com

12.9.4 US – Behörden und wichtige nichtstaatliche Organisationen

Economic Development Administration (EDA)
U.S. Department of Commerce
1401 Constitution Avenue, NW
Suite 71014
Washington, DC 20230
Tel. (202) 482-5081
Internet: https://www.eda.gov/

Environmental Protection Agency (EPA)
1200 Pennsylvania Avenue, N.W.
Washington, DC 20460
Tel. (202) 564-4700
Internet: http://www.epa.gov/

Export-Import Bank (Ex-Im BANK)
811 Vermont Avenue, N.W.
Washington, D.C. 20571
Tel. (1-800) 565-EXIM
Tel. (202) 565-3946
Fax (202) 565-3380
Internet: http://www.exim.gov

Federal Trade Commission Office
U.S. Federal Trade Commission
600 Pennsylvania Avenue, NW
Washington, D.C. 20580
Tel. (202) 326-2222
Internet: http://www.ftc.gov/

Federation of Tax Administrators
444 N. Capitol St., N.W., Suite 348
Washington, D.C. 20001
Tel. (202) 624-5890
Internet: http://www.taxadmin.org/

Internal Revenue Service
1111 Constitution Avenue, NW
Washington, DC 20224
Tel. 800-829-1040 (Einzelpersonen)
Tel. 800-829-4933 (Geschäfte)
Internet: https://www.irs.gov/

International Trade Administration (ITA)
U.S. Department of Commerce
1401 Constitution Ave NW
Washington, DC 20230
Tel. (1-800) USA-TRAD(E)
E-Mail: oismail@trade.gov
Internet: http://www.trade.gov/

Minority Business Development Agency (MBDA)
10750 Columbia Pike
Suite 200
Silver Spring, MD 20901
United States
Tel. 301-242-5320
Internet: http://www.mbda.gov/

National Business Association (NBA)
2201 Midway Road, Suite 106
Carrollton, TX 75006
Tel. (1-800) 456-0440
Fax (888) 269-4387
E-Mail: database@nationalbusiness.org
Internet: http://nationalbusiness.org/

Occupational Safety & Health Administration (OSHA)
U.S. Department of Labor
200 Constitution Avenue, NW, Room Number N3626
Washington, D.C. 20210
Tel. (1-800) 321-6742
Internet: http://www.osha.gov/

Sales Tax Institute
910 W. Van Buren Street, Suite 100-321
Chicago, IL 60607
Tel. 312.701.1800
Fax 312.701.1801
E-Mail: info@salestaxinstitute.com
Internet: http://www.salestaxinstitute.com/

Small Business Administration
409 Third Street, S.W.
Washington, D.C. 20416
Tel. 800-827-5722
E-Mail answerdesk@sba.gov
Internet: http://www.sba.gov

U.S. Census Bureau
Via U.S. Postal Service (USPS):
U.S. Census Bureau
4600 Silver Hill Road
Washington, DC 20233
Via private carriers (FedEx, DHL, UPS, couriers and suppliers):
U.S. Census Bureau
4600 Silver Hill Road
Suitland, MD 20746
Tel. 301-763-INFO (4636)
Internet: http://www.census.gov/

U.S. Citizenship and Immigration Services (USCIS)
Einwanderungs- und Ausländerbehörde
Tel. 1-800-375-5283
Internet: https://www.uscis.gov/

U.S. Copyright Office
Library of Congress
101 Independence Avenue S.E.
Washington, D.C. 20559-6000
Tel. (202) 707-3000 oder 1-877-476-0778 (24 h-Informationsdienst)
Internet: https://www.copyright.gov/

U.S. Council for International Business
1212 Avenue of the Americas

New York, NY 10036
Tel. (212) 354-4480
Fax (212) 5750-327
E-Mail: news@uscib.org
Internet: http://www.uscib.org/

U.S. Customs and Border Protection (CBP)
Zoll- und Grenzschutzbehörde
Ronald Reagan Building
1300 Pennsylvania Ave NW
Washington, DC 20004
Tel. (877-227-5511) (inside US)
Tel. 202-325-8000 (outside US)
Internet: https://www.cbp.gov/

U.S. Department of Agriculture (USDA)
1400 Independence Ave., S.W.
Washington, DC 20250
Tel. (202) 720-2791
Internet: http://www.usda.gov/

U.S. Department of Labor
Frances Perkins Building
200 Constitution Avenue, NW
Washington, DC 20210
Tel. 1-866-4-USA-DOL (1-866-487-2365)
Internet: http://www.dol.gov

U.S. Department of Commerce
1401 Constitution Ave., NW
Washington, D.C. 20230
Tel. (202) 482-2000
Internet: https://www.commerce.gov/

U.S. Department of Justice
950 Pennsylvania Avenue, NW
Washington, DC 20530-0001
Tel. (202) 353-1555
Internet: https://www.justice.gov

U.S. Department of State
2201 C Street NW
Washington, DC 20520
Tel. (202) 647-4000
Internet: http://www.state.gov

U.S. Immigration and Customs Enforcement (ICE)
Polizei- und Zollbehörde
500 12th St, SW
Washington, D.C. 20024
Tel. (866) 347-2423
Internet: https://www.ice.gov

U.S. International Trade Commission (ITC)
500 E St. SW
Washington, DC 20436
Tel. (202) 205-2000
Internet: https://www.usitc.gov/

U.S. Patent and Trademark Office
USPTO Madison Building
600 Dulany Street
Alexandria, VA 22314
Tel. (800)-786-9199
E-Mail: usptoinfo@uspto.gov
Internet: http://www.uspto.gov/

U.S. Government Publishing Office (GPO)
732 North Capitol Street, NW
Washington, DC 20401-0001
Tel. 866.512.1800
Fax 202.512.2104
E-Mail: ContactCenter@gpo.gov
Internet: http://www.gpo.gov/

U.S. Department of the Treasury
1500 Pennsylvania Avenue, N.W.
Washington, D.C. 20220
Tel. (202) 622-2000
Internet: https://www.treasury.gov

The Company Corp. (TTC)
2711 Centerville Road, Suite 400
Wilmington, DE 19808
Tel. 855-397-6770
Fax: 302-636-5454
Email: info@corporate.com
Internet: http://www.incorporate.com

12.10 Weiterführende Internetadressen

Interna! Revenue Service (IRS): www.irs.ustreas.gov
Simplified Fax and Wage Reporting System (STAWRS): www.tax.gov
U.S. Business Advisor: www.business.gov
Equal Employment Opportunity Commission: www.eeoc.gov
Social Security Administration: www.ssa.gov
Risikoanleger: www.ventureone.com
World Trade Organisation: www.wto.org
The World Bank Group: www.worldbank.org
United States Trade Representative's: www.ustr.gov

12.11 Geschäftsadressen der Autoren:

AT Consult, Inc
The Chrysler Building
405 Lexington Avenue, 37th Floor
New York, NY 10174
Tel. (212) 681-7974
Fax. (212) 681-7975
E-mail: office@atconsult.net
Internet: www.atconsult.net

European-American Business Organization, Inc
The Chrysler Building
405 Lexington Avenue, 37th Floor
New York, NY 10174
Tel. (212) 972-3035
Fax (212) 972-3026
E-Mail: info@eabo.org
Internet: www.eabo.org

12.12 Umrechnungstabellen

Siehe Tab. 12.2
Siehe Tab. 12.3
Siehe Tab. 12.4
Siehe Tab. 12.5

Tab. 12.2 Längenmaße

1 foot (ft)	=	12 inches (in)	=	30,479 cm
1 foot	=	0,30479 m		
1 m	=	3,2809 feet		
1 inch	=	25,4 mm		
1 mm	=	0,039371 inch		
1 pole	=	5,5 yards (yd)	=	5,03 m
1 mile	=	1,60934 km		
1 km	=	0,62137 mile		
1 geogr. Meile	=	7,42044 km		
1 chain	=	4 poles	=	20,12 m
1 furlong	=	10 chains	=	201,17 m
1 yard	=	91,44 cm		

Tab. 12.3 Gewichte

100 kg	=	1 Doppelzentner (dz)		
1000 kg	=	1 Tonne (t)		
1 dram (dr)	=	27,34 grains	=	1,772 g
1 long ton	=	20 cwt	=	1,772 g
1 t	=	0,98421 long ton		
1 stone (st)	=	14 lb	=	1,772 g
1 brit. quarter (qr)	=	2 st	=	12,70 kg
1 amerik. quarter	=	11,339 kg		
1 kg	=	0,001102311 short ton		
1 short ton	=	0,9071847 t		
1 t	=	1,10231 short ton		
1 brit. Hundredweight	=	4 qr	=	50,802 kg
1 amerik. Hundredweight	=	45,359 kg		
1 oz	=	28,35 g		
1 lb	=	453 g		

Tab. 12.4 Körper und Hohlmaße

1 cbm	=	1000 (cdm)	=	1.000.000 ccm
1 l	=	10 Deziliter (dl)	=	0,01 hl
1 hl	=	1000dl	=	100 l
1 Kubikmeter	=	10.000 dl	=	10.00 l
1 ccm	=	0,06103 cubic inch		
1 cubic inch	=	16,387 ccm		
1 cubic foot (cu. ft.)	=	1728 cubic inches	=	28,32 cdm
1 cbm	=	35,317 cubic feet		
1 cubic yard (cu. yd.)	=	27 cubic feet	=	0,7646 cdm
1 imperial bushel	=	0,36368 hl		
1 hl	=	2,7511 imperial bushel		
1 hl	=	21,997 engl. gallons	=	26,41 amerik. gallons
1 l	=	1,760 engl. pints	=	2,144 amerik. prints
1 pint	=	0,473 l		
1 quart	=	0,946 l		
1 gallon	=	3,785 l		
1 barre!		159 l		

Tab. 12.5 Flächenmaße

1 Ar (a)	=	100 qm	=	0,01 ha
1 Ar (a)	=	10000 qdm	=	119,599 sq. yds.
1 Hektar (ha)	=	10000 qm		
1 Hektar (ha)	=	2,4711 acres		
1 qm	=	10000 qcm	=	10,765 sq. ft.
1 qkm	=	0,3861 sq. miles	=	247,11 acres
1 qkrn	=	100 ha	=	1.000.000 pm
1 square foot	=	0,0929 qm		
1 square foot	=	144 sq. in.	=	929,029 qcm
1 square inch (sq. in.)	=	6,45 qcm		
1 square yard (sq. yd.)	=	9 sq. ft.	=	0,836 qm
1 square mile	=	2,5889 qkrn		
1 rood	=	40 rod	=	10,12 a
1 rod, pole, perch	=	30,24 sq. yds.	=	25,93 qm
1 acre	=	4 rod	=	0,40467 ha

12.13 Feste und bewegliche Feiertage

Feste Feiertage:
- New Year's Day: 01. Januar
- Independence Day: 04. Juli
- Veterans Day: 11. November
- Christmas Day: 25. Dezember

Bewegliche Feiertage:
- Martin Luther King Day dritter Montag im Januar
- President's Day: dritter Montag im Februar
- Memorial Day: letzter Montag im Mai
- Labor Day: erster Montag im September
- Columbus Day: zweiter Montag im Oktober
- Thanksgiving Day: vierter Donnerstag im November

(Beachte: die Feiertage können je nach Jahr und Bundesstaat abweichen. Lokale und jüdische Feiertage sind nicht aufgeführt.)

12.14 Liste der Bundesstaaten und Abkürzungen für Anschriften

Liste der Bundesstaaten und Abkürzungen für Anschriften			
Alabama	AL	Montana	MT
Alaska	AK	Nebraska	NE
Arizona	AZ	Nevada	NV
Arkansas	AR	New Hampshire	NH
California	CA	New Jersey	NJ
Canal Zone	cz	New Mexico	NM
Colorado	CO	New York	NY
Connecticut	CT	North Carolina	NC
Delaware	DE	North Dakota	ND
District of Colombia	DC	Ohio	OH
Florida	FL	Oklahoma	OK
Georgia	GA	Oregon	OR
Guam	GU	Pennsylvania	PA
Hawaii	HI	Puerto Rico	PR
Idaho	1D	Rhode Island	RI

Liste der Bundesstaaten und Abkürzungen für Anschriften

Illinois	IL	South Carolina	SC
Indiana	IN	South Dakota	SD
Iowa	IA	Tennessee	TN
Kansas	KS	Texas	TX
Kentucky	KY	Utah	UT
Louisiana	LA	Vermont	VT
Maine	ME	Virginia	VA
Maryland	MD	Virgin Islands	VI
Massachusetts	MA	Washington	WA
Michigan	MI	West Virginia	wv
Minnesota	MN	Wisconsin	WI
Mississippi	MS	Wyoming	WY
Missouri	MO		

12.15 Top Universitäten

Harvard University (MA)
Princeton University (NJ)
Yale University
Massachusetts Institute of Technology
Stanford University (CA)
Cornell University (NY)
Duke University (NC)
University of Pennsylvania
California Institute of Technology
Brown University (RI)
Columbia University (NY)
Dartmouth College (NH)
Northwestern University (IL)

12.16 Wichtigsten Zeitungen

Boston Globe
Chicago Tribune
Daily News (New York)
Denver Post
Herald (Boston)
Los Angeles Times
Miami Herald
New York Times
San Francisco Chronicle
Sun Times (Chicago)
USA Today
Wall Street Journal
Washington Post

Literatur

Adler Lou: Hire with your Head. New York 2007

Barreiro Sachi: Your Rights in the Workplace: An Employee's Guide to Fair Treatment, 2018.

Basta V. (2017): Venture investing in the US and Europe are totally different industries. Zugriff am 26.06.2108. Verfügbar unter: https://techcrunch.com/2017/06/07/venture-investing-in-the-us-and-europe-are-totally-different-industries/.

Catalyst, CEOs Of The S&P 500, 2017.

Cavanagh Gerald F.: American Business Values: A Global Perspective, 5th Edition 2005.

Cavanagh Gerald F.: American Business Values, 6th Edition 2009.

Collin M (2015): The difference between raising early-stage capital in the US vs. Europe. Zugriff am 26.06.2108. Verfügbar unter: https://medium.com/@collinmathilde/the-difference-between-raising-early-stage-capital-in-the-us-vs-europe-15cc32ab7ecd.

derStandard.at (2016): Voestalpine investiert 550 Millionen in Texas. Zugriff am 16.05.2018. Verfügbar unter https://derstandard.at/2000046519203/Voestalpine-investiert-550-Millionen-in-Texas.

Coyle Daniel: The Culture Code. New York 2018.

Ernst & Young: Step by step, helping you succeed in the US – 2017.

Falkner M. (2018): Printwerbung vs. Online-Marketing – Vorteile und Nachteile. Zugriff am 13.07.2018. Verfügbar unter: https://www.werbemedien-ratgeber.de/news/printwerbung-vs-online-marketing-vorteile-und-nachteile/.

FocusEconomics (2018): U.S. Economic Outlook. Zugriff am 31.05.2018. Verfügbar unter https://www.focus-economics.com/countries/united-states.

Geifert H: Typisch amerikanisch. München 2012.

Gründerszene Lexikon (2018): Accelerator. Zugriff am 26.06.2108. Verfügbar unter: https://www.gruenderszene.de/lexikon/begriffe/accelerator.

Gründerszene Lexikon (2018): Inkubator. Zugriff am 26.06.2108. Verfügbar unter: https://www.gruenderszene.de/lexikon/begriffe/inkubator.

Gisiger C (2015): Schweizer Industrie auf Expansionskurs in den USA. Zugriff am 14.05.2018. Verfügbar unter https://www.fuw.ch/article/swiss-connection-die-schweizer-industrie-geht-auf-expansionskurs-in-den-usa/.

Haberland Patrick: Die Produkthaftung im deutschen und US-amerikanischen Recht: Unter besonderer Beruecksichtigung der Produktbeobachtungspflicht, 1st Edition 2015.

Ha Duong M. (2015): The 3 Key Differences Between European vs US Startups. Zugriff am 26.06.2018. Verfügbar unter: https://www.startupgrind.com/blog/the-3-key-differences-between-european-vs-us-startups/.

Hall ET: Understanding cultural differences. New York 1990.

Haluani M: So verhandeln Sie erfolgreich in den USA. Köln 2000.

Hofstede G: Cultures Consequences: Comparing Values, Behaviors, Institutions and Organizations Across Nations. Tillburg University, Netherlands 2001.

Industrie- und Handelskammer Dresden (2017): Crowdfunding auch Schwarmfinanzierung. Zugriff am 26.06.2018. Verfügbar unter: http://www.existenzgruendung-sachsen.de/servlet/link_file?link_id=33643&ref_knoten_id=72387&ref_detail=portal&ref_sprache=deu.

© Springer-Verlag GmbH Deutschland, ein Teil von Springer Nature 2019
N. Buch und S. C. Oehme (Hrsg.), *Firmengründung in den USA*,
https://doi.org/10.1007/978-3-662-58422-4

Industrie- und Handelskammer Dresden (2016): The Pros and Cons of Popular Job Sites. Zugriff am 13.07.2018. Verfügbar unter: https://www.inc.com/samuel-edwards/the-pros-and-cons-of-popular-job-sites.html.

Industrie- und Handelskammer zu Köln (2017): Crowdfunding und Crowdinvesting. Zugriff am 26.06.2108. Verfügbar unter: https://www.ihk-koeln.de/upload/Merkblatt_Crowdfunding_und_investing_28385.pdf.

IRS Internal Revenue Service: Publication 541 Partnerships, 2018.

IRS Internal Revenue Service: Publication 542 Corporations, 2018.

IRS Internal Revenue Service: Publication 15, Employer's Tax Guide, 2018.

IRS Internal Revenue Service: Publication 334, Tax Guide for Small Business, 2018.

IRS Internal Revenue Service: Publication 519 U.S Tax Guide for Aliens, 2018.

Johnson Lance: What Foreigners Need to Know About America From A to Z, Los Angeles 2015.

Kaufmann S. (2016): Deutschland ist auf die USA als wichtigsten Exportmarkt angewiesen. Zugriff am 25.05.2018. Verfügbar unter https://www.ksta.de/wirtschaft/absatzrekord-deutschland-ist-auf-die-usa-als-wichtigsten-exportmarkt-angewiesen-23952800.

Knower D, Spemann T und Würtele G: Business Guide USA: So gestalten sie ihre US – Aktivitäten erfolgreich. Frankfurt/Main 2000.

KPMG: The US – German Corridor – 2018.

KPMG: German American Business Outlook – 2018.

LeVine Robert M.: The Uniform Commercial Code Made Easy, 1st Edition 2010.

Levinson C: Guerilla Marketing: Easy and Inexpensive Strategies for Marking Big Profits from Your Small Business. New York 2007.

Mouratova Ekaterina: Business Law for Entrepreneurs: A Legal Guide to Doing Business in the United States, 2013.

The Natl. Conf. Of Commissioners on Uniform State Laws American Law Institute: Uniform Commercial Code, 2017–2018 ed.

OECD Report (2017): Research and Development Statistics. Zugriff am 12.05.2018. Verfügbar unter http://www.oecd.org/innovation/inno/researchanddevelopmentstatisticsrds.htm.

Peavler R. (2018): 6 Types of Equity Financing for Small Business. Zugriff am 26.06.2108. Verfügbar unter: https://www.thebalancesmb.com/types-of-equity-financing-for-small-business-393181.

Plasil V. (2018): Inkubator versus Accelerator – Worin besteht der Unterschied? Zugriff am 26.06.2108. Verfügbar unter: https://blog.cushmanwakefield.de/2018/03/inkubator-versus-accelerator-worin-besteht-der-unterschied/.

Pütter C. (2017): E-Recruiting: Die Erwartungen an Jobportale. Zugriff am 13.07.2018. Verfügbar unter: https://www.cio.de/a/e-recruiting-die-erwartungen-an-jobportale,3563198.

Robinson David E.: Commercial Law Applied: Learn to Play the Game, 2012.

Schmidt Patrick L: Understanding American and German Business Cultures, New York 2007.

Sepulveda F. (2012): The Difference Between a Business Accelerator and a Business Incubator? Zugriff am 26.06.2108. Verfügbar unter: https://www.inc.com/fernando-sepulveda/the-difference-between-a-business-accelerator-and-a-business-incubator.html.

Siu Woon-Wah: Doing Business in the United States, New York 2016.

Social Security Administration: Social Security Handbook, 2018.

Swegle Paul A.: Contract Drafting and Negotiation for Entrepreneurs and Business Professionals, 2018.

Tages Anzeiger (2017): Trotz "America First" –Schweizer Export boomt in den USA.. Zugriff am 22.05.2018. Verfügbar unter https://www.tagesanzeiger.ch/wirtschaft/konjunktur/trotz-america-first-schweizer-export-boomt-in-den-usa/story/20823378.

Theil A. (2017): Crowdfunding: Die 12 häufigsten Fragen von Journalisten. Zugriff am 26.06.2108. Verfügbar unter: https://www.startnext.com/blog/Blog-Detailseite/crowdfunding-die-12-haeu-figsten-fragen-von-journalisten~ba921.html.

U.S. Bureau of Economic Analysis, FDI 2016.

US Bureau of Economic Analysis: International Economic Accounts, 2018.

U.S. Bureau of Labor Statistics, Current Employment Statistics 2016.

U.S. Bureau of Labor Statistics, Employment Projections 2014.

U.S. Bureau of Labor Statistics, Union Member 2017.

U.S. Census Bureau, 2015 American Community Survey.

U.S. Census Bureau, Census 2010.

U.S. Census Bureau, Current Population Survey, Annual Social and Economic Supplements 2016.

U.S. Census Bureau, Population Division, 2012.

U.S. Census Bureau, The Hispanic Population: 2010.

US Courts: Federal Rules of Bankruptcy Procedure 2018–2019.

U.S. Department of Commerce, International Trade Administration, SelectUSA.

U.S. Department of Commerce (2017): Foreign Direct Investment in the United States. Zugriff am 09.05.2018. Verfügbar unter https://www.esa.gov/sites/default/files/FDIUS2017update.pdf.

U.S. Department of Education, National Center for Education Statistics, State Dropout and Completion Data File 2016.

US Department of Education: Structure of US education, 2018.

U.S. Department of Health and Human Services, 2017 Poverty Guidelines.

US Government: US Code Title 15 Commerce and Trade, 2018 Edition.

Williamson Harvey: The Attorney's Handbook on Small Business Reorganization Under Chapter 11 (2017): A Legal Practitioner's Handbook on Chapter 11 Bankruptcy.

Whitney, Meredith: Fate of the States, New York 2009.

Woon-Wah Siu: A Starter Guide to Doing Business in the United States, 2016.

World Competitiveness Yearbook. Lausanne 2017.

Yate Martin: Knock'em Dead Hiring the Best. Avon 2014.

Zhuplev Anatoly: Doing Business in the United States: A guide for Small Business Entrepreneurs with a Global Mindset, 2018.

Sachverzeichnis

© Springer-Verlag GmbH Deutschland, ein Teil von Springer Nature 2019
N. Buch und S. C. Oehme (Hrsg.), *Firmengründung in den USA*,
https://doi.org/10.1007/978-3-662-58422-4

Printed in Poland
by Amazon Fulfillment
Poland Sp. z o.o., Wrocław

90342548R10148